表現論入門セミナー【新装版】

■第II巻■

リー代数と表現論

山下 博

日本評論社

はじめに

表現論とは大学院修士課程以来の結構長いつきあいである．大学 4 年の卒業ゼミで偏微分方程式や関数解析を学びはじめ，その延長線上になぜか表現論との出会いがあった．このような経緯で，リー群の (無限次元) ユニタリ表現とつきあい始めたころ，解析的なアプローチによる研究からこの世界へ入っていった．しかし，先に進むにつれて，ユニタリ表現に対してもその本質をズバリと捕らえる代数的手法に魅《み》了《りょう》され，研究は自然にその方向へ傾斜していった．第 II 巻では著者のこのような生きざまを反映し，代数的立場から無限次元表現論の初歩を著してみたい．なお，第 II 巻の内容は，群の表現の解析的な側面や物理学との関連を重視した本書第 I 巻と当然深くつながっているが，それとは独立して読めるように工夫した．

さて，リー代数 (またはリー環) とは，括弧積《かっこせき》とよばれる演算を備えた線形空間のことであり，数学や物理学のさまざまな分野によく顔を出す人気者である．とりわけ，リー群とよばれる座標の入った位相群があれば，単位元における接ベクトルたちのなす線形空間 (接空間) は，群における交換子積《こうかんしせき》から引き起こされる括弧積をもち，それによりリー代数となる．ここで驚くべきことは，リー群の線形近似を与えるリー代数が，指数写像をとおして，もともとの群をほとんど決定してしまう，という事実である．さらに，リー群の連続表現に関する問題は，表現を微分して得られるリー代数の表現の代数的な話に帰着できる場合が多く，しかも後者は前者に比べてはるかに初等的で取り扱いやすい．

リー群といってもいろいろな種類があるわけだが，なかでも半単純リー群は，ローレンツ群などの物理学の立場からも重要な行列群を含み，幾何的・代数的に豊富な構造を備えている．本書第 I 巻でも論じたように，行列式が 1 である 2 次実正方行列がつくる特殊線形群 $SL(2,\mathbb{R})$ は，1 次分数変換により複素上半平面やその境界 (実軸に無限遠点を加えた射影直線) に推移的に作用する．この作用を一般の半単純リー群に対して定式化すると，リーマン対称空間や旗《はた》多《た》様《よう》体《たい》の概念にいたる．また，有限次元の複素単純リー代数は，カルタン部分代数の随《ずい》伴《はん》表現によってルート空間分解され，対応するルート系を特徴づけるディンキン図形によって分類できる．

こういった構造を反映して，前世紀中ごろ以降，半単純リー群の無限次元連続表現の理論がめざましく発展しているが，ここでもやはり対応するリー代数の表現による代数的な研究手法が絶大な威力を発揮している．つまり，群の既約表現そのものを取り扱うかわりに，それに対応して得られる (既約) ハリシュ-チャンドラ加群というリー代数の表現を，当該のリー群やリー代数の内部構造と関連させて深く研究する，という立場が大変有効である．比《ひ》喩《ゆ》的な言い方をすれば，群の (無限次元) 既約表現という饅《まん》頭《じゅう》の薄皮を剥《は》いだものがハリシュ-チャンドラ加群である．そして，おいしい餡《あん》子《こ》は，ほとんどハリシュ-チャンドラ加群のなかに詰まっている．

近年，半単純リー群の既約ユニタリ表現の分類問題 (現時点では未完成である) などのいくつかの動機から，リー代数の冪《べき》零《れい》軌道に対応する既約ユニタリ表現を構成すること，すなわち冪零軌道の量子化，の重要性が強く認識されるようになってきた．この量子化の問題と関連して，特異的でサイズの小さな無限次元既約ユニタリ表現が注目を集めている．なかでも，メタプレクティック群のヴェイユ表現は，ハイゼンベルグ群の無限次元既約ユニタリ表現の拡張として得られ，極小な冪零軌道の量子化を与える．また，ヴェイユ表現は，保型形式やテータ級数と深くかかわり応用上も重要であり，表現論的には，さまざまな特異的既約ユニタリ表現を創り出すための「打《う》ち出《で》の小《こ》槌《づち》」となる優《すぐ》れものである．さらに，ハイゼンベルグ群のユニタリ表現論は量子力学の数学的構造を制御している点でも興味深い．

こういった研究の動向を見すえ，第 II 巻では，リー代数とその表現についてごく初歩的なことがらを具体的に解説することから始めて，後半ではハイゼンベルグ代数のフォック表現とシンプレクティックリー代数のヴェイユ表現を題材に，実リー代数の無限次元ユニタリ表現論の一端を紹介してみたい．とりわけ，ヴェイユ表現が，非コンパクトなユニタリリー代数や直交リー代数に制限することにより，はしご表現とよばれる最低ウェイトをもった既約ハリシュ-チャンドラ加群の直和に分岐する様子を明らかにすることを目標のひとつとする．この理論は，簡約《かんやく》なデュアルペアに関する表現のハウ対応の枠組みで拡張・整備され，現在，半単純群の表現論で大切な働きをしている．

本稿は，大学 1・2 年次で学ぶ程度の数学を身につけた読者を念頭に，リー代数の表現論における基本的な考え方を，初等的な題材をとおして正確に伝えることを目的に著されている．表現の分類，構成 (拡張，誘導や制限を含む)，既約分解 (分岐) などについてのエスプリが，豊富な具体例をとおして身につくよう，工夫されている．標準的な教科書とは異なって内容は網羅的ではないが，無限次元表現論のホットな話題との連携も視野に入れている．また，コラム的な記事「トピックス」を設けて，関連する研究やその背景にもふれた．

なお，ヴェイユ表現やその分岐則について，大学 3・4 年次の諸君にもわかり得るように解説した書物はこれまでにあまりなかったのではないかと思う．実際，これをリー群のユニタリ表現のレベルで理解しようとすれば，代数学，解析学，および幾何学にわたる広汎な知識が必要になる．本書が想定する読者にこれを要求するのは酷《こく》であろう．しかし，対応するリー代数の表現を扱うことに意を決すると，線形代数学の続編として，自己完結的に理解可能になる！ おまけに，議論が単純化され，何が本質であるかがはっきりする，という利点もある．第 II 巻では後者の立場に立って，表現論の部分の主要な定理には，ゼミのテキストとして使用に耐える程度にきちんとした証明をつけた．単なるお話ではないので，多少骨があると思うが，大志をいだき，紙と鉛筆を用意してじっくりと取り組んでほしい：*Bon courage!*

本稿は，平成 12 年度と平成 14 年度の 2 回にわたり，著者が北海道大学において行った講義の内容をもとにしている．また，高校生のための数学春季講座における講演「行列の魅力 — 群の作用と表現」(北海道大学，平成 13 年 3 月) や北海道大学大学院理学研究科ホームページに掲載のサイエンストピックス記事「無限次元表現と冪零軌道・等方表現」(平成 14 年 2 月) の内容も一部とり入れている．

本書執筆中，ハイゼンベルグ代数の表現について貴重な情報を新井朝雄氏 (北海道大学) からご提供いただいた．また，落合啓之氏 (名古屋大学)，西山享氏 (京都大学)，和地輝仁氏 (北海道工業大学) には，原稿を読んでいただき貴重なご意見を頂いた．厚く御礼を申し上げる．

平成 15 年 10 月
北海道にて
第 II 巻著者

目次

●コラム

第 I 巻目次

■第7章■

行列とリー代数

この章では，リー代数 (またはリー環) とは何であるかを，正方行列のなすリー代数の例を用いて，具体的に解説する．読者にリー群に関する知識があれば，本章の内容をより深く理解できることになるのは当然であるが，そういった予備知識は仮定せずに話を進める．

本章と次章は，第 9 章以降でリー代数の表現論を展開するために必要な「基礎工事」にあたる．基礎に手抜きがあっては，本論の表現論の部分が「砂上《さじょう》の楼閣《ろうかく》」と化してしまおう．かといって，過度に入念な準備を行っていては，本論に到達する前に紙面が尽きてしまうし，読者も面白いところに行き着く前に疲れ果ててしまうかもしれない．そこで本書では系統的なリー代数の構造理論には深入りせず，必要な概念を定式化した後は，実際に手を動かして，身近なリー代数の具体的な取り扱いに慣れることに重きをおくことにする．後章の準備を兼ねて，古典リー代数とハイゼンベルグ代数およびワイル代数を詳しく扱う．

7.1　線形空間と双 1 次形式

まず，リー代数を具体的に取り扱うために，線形空間 (またはベクトル空間) 上の非退化な双 1 次《そういちじ》形式やエルミート形式についての必要事項を整理しておくことから始める．これは，線形代数学への理解を深めるためにも，格好の機会となろう．

7.1.1　シンプレクティック基底と直交基底

$\mathbb{K}$ を標数 0 の可換体とし，V と F を $\mathbb{K}$ 上の $\{0\}$ でない線形空間とする．ここで，可換体とは (積が) 交換法則を満たす四則演算が定義された集合のことであり，$\mathbb{K}$ の標数が 0 であるとは，積に関する単位元 $1 \in \mathbb{K}$ を n 倍 $(n = 1, 2, \cdots)$ しても決して 0 にはならないことを意味する．こういった概念に不慣れな読者は，$\mathbb{K}$ は実数全体の集合 $\mathbb{R}$ あるいは複素数全体の集合 $\mathbb{C}$ と思っても，本書を読む上で支障はない．

写像 $f : V \to F$ が条件

$$f(av + bv') = af(v) + bf(v') \quad (v, v' \in V,\ a, b \in \mathbb{K})$$

を満たすとき f を V から F への**線形写像**という．とくに $F = V$ のとき，線形写像 $f : V \to V$ を V 上の**線形変換** (または **1 次変換**) とよぶ．また，集合 $V \times V$ から F への写像 B が条件

$$\begin{aligned} B(av + bv', w) &= aB(v, w) + bB(v', w) \\ B(v, aw + bw') &= aB(v, w) + bB(v, w') \\ &\qquad (v, v', w, w' \in V,\ a, b \in \mathbb{K}) \end{aligned}$$

を満たすとき，B を $V \times V$ から F への**双 1 次写像**という．とくに $F = \mathbb{K}$ のとき，f を V 上の**線形形式** (または **1 次形式**)，B を V 上の**双 1 次形式**とよぶ．V 上の線形形式全体は自然に線形空間となる．これを V^* で表し，V の**双対《そうつい》空間**という．V が有限次元のときには，V^* の次元は V の次元に等しい．

線形空間 V の基底 $(v_i)_{i \in I}$ (I は添字集合) に対して，$a_{ij} := B(v_i, v_j)$ を第 (i, j)-成分にもつ正方行列 $A := (a_{ij})$ を，双 1 次形式 $B : V \times V \to \mathbb{K}$ の基底 $(v_i)_{i \in I}$ に関する**表現行列**という．$v = \sum_i x_i v_i$，$w = \sum_i y_i v_i \in V$ $(x_i, y_i \in \mathbb{K})$ のとき，

$$B(v, w) = \sum_{i, j \in I} a_{ij} x_i y_j$$

となって，双 1 次形式 B はその表現行列 A から復元される．

V 上の双 1 次形式 B が条件

$$B(v,w)=B(w,v) \quad (v,w\in V)$$

を満たすとき，B は**対称**であるという．一方，

$$B(v,w)=-B(w,v) \quad (v,w\in V)$$

なる B を**反対称** (あるいは**交代**) 双 1 次形式とよぶ．B が対称 (あるいは反対称) であるためには，対応する表現行列 A が対称 (あるいは反対称)：${}^tA=A$ (あるいは ${}^tA=-A$) であることが必要十分条件となる．ここに，${}^tA$ は A の転置行列を表す．

以下，双 1 次形式 B は対称あるいは反対称のいずれかであるものとする．このような双 1 次形式 B が**非退化**であるとは，すべての $w\in V$ に対して $B(v,w)=0$ なる $v\in V$ が零ベクトル $v=0$ に限るときをいう．

V の部分空間 W に対して，

$$W^{\perp}:=\{v\in V \mid \text{すべての } w\in W \text{ に対し } B(v,w)=0\} \tag{7.1}$$

は V の部分空間になる．$W^{\perp}$ を W の (B に関する) **直交部分空間**という．

直交部分空間に関する基本的なことがらを次の補題にまとめておこう．

補題 7.1. V を非退化な対称 (あるいは反対称) 双 1 次形式 B をもつ有限次元線形空間とする．V の部分空間 W, W_1, W_2 につき，次の等式がなりたつ．

(i) $\dim W^{\perp}=\dim V-\dim W$.

(ii) $(W^{\perp})^{\perp}=W$.

(iii) $(W_1+W_2)^{\perp}=W_1^{\perp}\cap W_2^{\perp}$.

(iv) $(W_1\cap W_2)^{\perp}=W_1^{\perp}+W_2^{\perp}$.

証明. (i) 任意の $v\in V$ に対して，$\varphi(v)\in V^*$ を，

$$(\varphi(v))(x):=B(v,x) \quad (x\in V)$$

により定義する．このとき，B の非退化性から，φ は V から V^* への単射な線形写像であることがわかる．さらに，双対空間 V^* の次元は V の次元に等しいので，φ は全射，よって，線形同型 $V\cong V^*$ を与えることになる．

W を V の部分空間とする．V 上の線形形式を W に制限する写像

$$\pi_W : V^* \ni \xi \longmapsto \pi_W(\xi) := \xi_{|W} \in W^*$$

は V^* から W^* への全射な線形写像になることに注意せよ．このとき，合成写像 $\pi_W \circ \varphi$ は V から W^* の上への線形写像であり，その核は W の直交部分空間 $W^\perp$ に他ならない．したがって，

$$\dim W^* = \dim V - \dim W^\perp$$

を得る．これと $\dim W = \dim W^*$ から (i) が従う．

(ii) 定義から明らかに $W \subset (W^\perp)^\perp$ である．一方 $(W^\perp)^\perp$ と $W^\perp$ に対して (i) を 2 回使うと，

$$\dim(W^\perp)^\perp = \dim V - \dim W^\perp = \dim W$$

がわかる．このふたつをあわせて，$W = (W^\perp)^\perp$ が得られる．

(iii) は直交部分空間の定義から明らかである．また，(iv) は (ii) と (iii) から直ちに従う． □

定義 7.1. V 上の非退化な反対称双 1 次形式 B を**シンプレクティック形式** (または**斜交形式**) という．シンプレクティック形式 B を備えた線形空間 (V, B) を**シンプレクティック線形空間** (または**斜交線形空間**) とよぶ．

シンプレクティック基底

(V, B) を $\mathbb{K}$ 上の有限次元シンプレクティック線形空間とする．

命題 7.2. シンプレクティック線形空間 V は

$$B(p_i, p_j) = B(q_i, q_j) = 0, \quad B(p_i, q_j) = -B(q_j, p_i) = \delta_{ij} \quad (i, j = 1, \cdots, n)$$

なる基底 $p_1, \cdots, p_n, q_1, \cdots, q_n$ をもつ．ここに

$$\delta_{ij} := \begin{cases} 1 & (i = j \text{ のとき}) \\ 0 & (i \neq j \text{ のとき}) \end{cases}$$

は**クロネッカーのデルタ**である．とくに $\dim V = 2n$ は偶数である．

上の条件を満たす基底を V の (B に関する) **シンプレクティック基底** (または**斜交基底**) という．この基底に関する B の表現行列は，

$$J := \begin{pmatrix} O & E_n \\ -E_n & O \end{pmatrix} \quad (E_n \text{ は } n \text{ 次の単位行列}) \tag{7.2}$$

となる．

命題 7.2 の証明. V の次元に関する数学的帰納法により証明する．

V の 0 でないベクトル p_1 をとる．B は非退化ゆえ，$B(p_1, q_1) \neq 0$ なる $q_1 \in V$ が存在する．q_1 を適当に定数倍することにより，$B(p_1, q_1) = 1$ となるように正規化しておく．B は反対称であることから，p_1 と q_1 は 1 次独立であることがわかり，$W := \mathbb{K}p_1 \oplus \mathbb{K}q_1$ は V の 2 次元部分空間となる．

いま，W の直交部分空間 $W^\perp$ を考える．

$$W^\perp = \{u \in V \mid B(u, p_1) = B(u, q_1) = 0\}$$

であるから，$v \in V$ と $c, d \in \mathbb{K}$ に対して，$v - cp_1 - dq_1 \in W^\perp$ となるためには，

$$c = B(v, q_1), \quad d = -B(v, p_1)$$

であることが必要十分条件であることが容易に検証できる．このことは，V が部分空間 W と $W^\perp$ の直和であることを示している： $V = W \oplus W^\perp$.

この結果より，B を $W^\perp \times W^\perp$ に制限して得られる $W^\perp$ 上の反対称形式は非退化であることがわかる．したがって，帰納法の仮定より，シンプレクティック線形空間 $(W^\perp, B_{|W^\perp \times W^\perp})$ は

$$B(p_i, p_j) = B(q_i, q_j) = 0, \quad B(p_i, q_j) = -B(q_j, p_i) = \delta_{ij} \quad (i, j = 2, \cdots, n)$$

なる基底 $p_2, \cdots, p_n, q_2, \cdots, q_n$ をもつ．これと，W の基底 p_1, q_1 をあわせて，$V = W \oplus W^\perp$ のシンプレクティック基底 $p_1, \cdots, p_n, q_1, \cdots, q_n$ を得る．　□

V のベクトル v, v' をシンプレクティック基底の 1 次結合

$$v = \sum_{i=1}^{n} (x_i p_i + y_i q_i), \quad v' = \sum_{i=1}^{n} (x'_i p_i + y'_i q_i) \quad (x_i, x'_i, y_i, y'_i \in \mathbb{K}) \tag{7.3}$$

にそれぞれ表すとき，双 1 次形式 B は，

$$B(v, v') = \sum_{i=1}^{n} (x_i y_i' - y_i x_i') \tag{7.4}$$

と書き表される．

直交基底

次に，非退化な対称双 1 次形式を備えた線形空間の直交基底について論じる．命題 7.2 の証明と全く同様にして，次のことを示すことができる．

命題 7.3. V を $\mathbb{K}$ 上の有限次元線形空間とし，B を V 上の非退化な対称双 1 次形式とする．このとき，零でないスカラー $\kappa_i \in \mathbb{K}$ $(i = 1, \cdots, n)$ と V の基底 $v_1, \cdots, v_n$ が存在して，

$$B(v_i, v_j) = \kappa_i \delta_{ij} \quad (i, j = 1, \cdots, n) \tag{7.5}$$

を満たす．すなわち，基底 $v_1, \cdots, v_n$ に関する B の表現行列は，$\kappa = (\kappa_1, \cdots, \kappa_n)$ として，

$$I(\kappa) = \mathrm{diag}(\kappa_1, \cdots, \kappa_n) := \begin{pmatrix} \kappa_1 & 0 & \cdots & 0 \\ 0 & \kappa_2 & \cdots & 0 \\ \vdots & \vdots & \ddots & \vdots \\ 0 & 0 & \cdots & \kappa_n \end{pmatrix} \tag{7.6}$$

で与えられる．

問題 7.1. 命題 7.3 を証明せよ．

上記の基底 $v_1, \cdots, v_n$ を，対称双 1 次形式 B に関する V の**直交基底**とよぶ．とくに，$\kappa_1 = \cdots = \kappa_n = 1$ であるとき，$v_1, \cdots, v_n$ は V の**正規**直交基底であるという．

一般に，$a_0, \cdots, a_n \in \mathbb{K}$ $(a_n \neq 0)$ を係数とする n 次多項式

$$f(x) = a_n x^n + a_{n-1} x^{n-1} + \cdots + a_0 \quad (n \geq 1)$$

が必ず $\mathbb{K}$ において零点をもつとき，すなわち，$f(x) = 0$ なる $x \in \mathbb{K}$ が存在す

るとき，$\mathbb{K}$ は**代数閉体**であるという．$x^2+1>0\ (x\in\mathbb{R})$ より，$\mathbb{R}$ は代数閉体ではない．一方，複素数体 $\mathbb{C}$ は代数閉である (**代数学の基本定理**，例えば [38] 附録 I 定理 2.1 参照).

系 7.4. $\mathbb{K}$ が代数閉体 (例えば複素数体 $\mathbb{C}$) ならば，V は B に関する正規直交基底をもつ．

証明. $\mathbb{K}$ は代数閉だから，$x^2-\kappa_i=0$ なる $x\in\mathbb{K}^\times:=\mathbb{K}\backslash\{0\}$ が存在する．そのひとつを $\sqrt{\kappa_i}$ とするとき，直交基底 $v_1,\cdots,v_n$ を

$$\frac{v_1}{\sqrt{\kappa_1}},\ \cdots,\ \frac{v_n}{\sqrt{\kappa_n}}$$

と正規化することにより，V の正規直交基底を得る． □

一方，例えば $\mathbb{K}$ が実数体 $\mathbb{R}$ の場合は，$\kappa_i\in\mathbb{R}, \kappa_i\neq 0,$ の正負に注意する必要がある．$0\leq p\leq n$ なる整数 p と $1\leq i\leq n$ に対して，

$$\varepsilon(p)_i:=\begin{cases}1 & (1\leq i\leq p \text{ のとき})\\ -1 & (p<i\leq n \text{ のとき})\end{cases} \tag{7.7}$$

とおく．(7.5) を満たす V の直交基底 $v_1,\cdots,v_n$ を $v_1/\sqrt{|\kappa_1|},\cdots,v_n/\sqrt{|\kappa_n|}$ で置き換え，さらに適当に順番を入れかえることにより，次の主張が得られる．

系 7.5. B が n 次元実線形空間 V 上の非退化な対称双 1 次形式であるとき，$0\leq p\leq n$ なる整数 p があって，V には，

$$B(v_i,v_j)=\varepsilon(p)_i\delta_{ij}\quad (i,j=1,\cdots,n)$$

なる V の直交基底 $v_1,\cdots,v_n$ が存在する．この基底に関する B の表現行列は，

$$I(p):=I(\varepsilon(p))=\begin{pmatrix}E_p & O\\ O & -E_q\end{pmatrix}\quad (q:=n-p) \tag{7.8}$$

となる．

線形代数学で学ぶように，上の系において，非負整数 p は，直交基底 $v_1,\cdots,v_n$ の取り方にはよらず，B のみによって定まる (**シルヴェスタの慣性法則**，例えば [38]

第 5 章, 定理 4.2 を見よ). p と q の組 (p,q) を非退化対称双 1 次形式 B の**符号**という.

7.1.2　ラグランジュ部分空間

定義 7.2. (V,B) を有限次元シンプレクティック線形空間とする. V の部分空間 W について,

(i)　$W \subset W^{\perp}$, すなわち $B(w,w') = 0$ $(w,w' \in W)$ なるとき, W を**全等方《ぜんとうほう》部分空間**という.

(ii)　$W = W^{\perp}$ なるとき, W を**ラグランジュ** (Lagrange) **部分空間**とよぶ.

シンプレクティック形式 B は反対称ゆえ, 任意の $v \in V$ に対して $B(v,v) = 0$ がなりたつ. したがって, V の任意の 1 次元部分空間は全等方的である.

補題 7.6. V の全等方部分空間 W について, 次の 3 条件 (a), (b), (c) は互いに同値である.

(a)　W はラグランジュ部分空間である.

(b)　W は極大全等方部分空間である. すなわち, $W \subset W_1$ なる V の全等方部分空間 W_1 は $W_1 = W$ のみである.

(c)　$2 \dim W = \dim V$.

証明. (a) $\Longrightarrow$ (b):　W_1 を $W \subset W_1$ なる全等方部分空間とする. このとき, $W_1 \subset W^{\perp} = W$, したがって $W = W_1$ となる.

(b) $\Longrightarrow$ (a):　W はラグランジュ部分空間でないとする. このとき, $v \in W^{\perp}$ かつ $v \notin W$ なる v が存在し, $W_1 := W + \mathbb{K}v$ は, W を真に含む全等方部分空間になる.

(a) $\Longleftrightarrow$ (c):　$W \subset W^{\perp}$ より, W と $W^{\perp}$ の次元の間には, 不等号

$$\dim W \leq \dim W^{\perp} = \dim V - \dim W \tag{7.9}$$

がなりたつ. ここで, W がラグランジュ部分空間になる (すなわち $W = W^{\perp}$ となる) のは, (7.9) で等号が成立するときである. □

例 7.1. $p_1, \cdots, p_n, q_1, \cdots, q_n$ を V のシンプレクティック基底とするとき,

$$W := \mathbb{K}p_1 \oplus \cdots \oplus \mathbb{K}p_n \quad \text{および} \quad W' := \mathbb{K}q_1 \oplus \cdots \oplus \mathbb{K}q_n$$

はともに V の n 次元全等方部分空間である．したがって，上の補題よりラグランジュ部分空間であることがわかる．

命題 7.7. V の任意のラグランジュ部分空間 W に対して，$V = W + W'$, $W \cap W' = \{0\}$ (すなわち V は部分線形空間 W と W' の直和) となるラグランジュ部分空間 W' が存在する．

証明. $W \cap U = \{0\}$ なる V の全等方部分空間 U たちのなかで極大なもの W' をとる．このとき，$V = W + W'$ を証明すればよい．

補題 7.1 (iv) と W がラグランジュ部分空間であることを用いて，$W \cap W' = \{0\}$ から $V = W^{\perp} + W'^{\perp} = W + W'^{\perp}$ を得る．したがって，命題の証明は，

$$W'^{\perp} \subset W + W' \tag{7.10}$$

を示すことに帰着される．

いま，任意の $v \in W'^{\perp}$ に対して，$\mathbb{K}v + W'$ は W' を含む全等方部分空間になることは容易にわかる．W' の極大性より，$v \notin W'$ のとき $(\mathbb{K}v + W') \cap W \neq \{0\}$ がなりたつ．$0 \neq \lambda v + u \in W$ $(\lambda \in \mathbb{K}, u \in W')$ とすると，もし $\lambda = 0$ ならば，$u \in W \cap W'$ となり矛盾．よって $\lambda \neq 0$ でなければならず，これより $v \in W + W'$ が従う．

以上により，包含関係 (7.10) が成立する．　□

命題 7.7 から次の事実を導きだすことができる．その証明はちょうど手頃な頭の体操なので，練習問題としておこう．

問題 7.2. V の任意のラグランジュ部分空間 W に対して，$W = \mathbb{K}p_1 \oplus \cdots \oplus \mathbb{K}p_n$ となるシンプレクティック基底 $p_1, \cdots, p_n, q_1, \cdots, q_n$ が存在することを示せ．

さて，$B(f(v), f(v')) = B(v, v')$ $(v, v' \in V)$ を満たす V 上の 1 次変換 f を**シンプレクティック変換**とよぶ．言い換えれば，シンプレクティック変換とは，シンプレクティック形式 B を保存する，あるいは，V のシンプレクティック基底をまたシンプレクティック基底に移す V 上の線形同型のことである．シンプレクティック変換全体のなす集合 $Sp(V)$ は写像の合成を積演算として群をつくる．これを V 上の**シンプレクティック群**とよぶ．問題 7.2 より，W_1, W_2 を V のラグランジュ部分空間とするとき，$f(W_1) = W_2$ なる $f \in Sp(V)$ が存在する，す

なわち，群 $Sp(V)$ は V のラグランジュ部分空間全体の集合に推移的に作用することがわかる．

7.1.3　実シンプレクティック形式と非退化エルミート形式

いま，(V, B) を実数体 $\mathbb{R}$ 上のシンプレクティック線形空間とし，$p_1, \cdots, p_n, q_1, \cdots, q_n$ を V のシンプレクティック基底とする．

$$\varepsilon := (\varepsilon_1, \cdots, \varepsilon_n), \quad \varepsilon_i = \pm 1 \ (i = 1, \cdots, n)$$

に対して，V 上の線形変換 $J = J_\varepsilon$ を

$$J(p_i) = \varepsilon_i q_i, \ J(q_i) = -\varepsilon_i p_i \quad (i = 1, \cdots, n) \tag{7.11}$$

で定めると，J は

$$J^2 = -\mathrm{id}_V, \quad B(Jv, Jv') = B(v, v') \quad (v, v' \in V) \tag{7.12}$$

を満たすことが容易にわかる．ただし，id_V は V 上の恒等変換を表す．

一般に，実線形空間 V 上に $J^2 = -\mathrm{id}_V$ なる線形変換 J が与えられたとき，V に複素線形空間の構造を，

$$(a + \sqrt{-1}b) \cdot v := av + bJv \quad (a, b \in \mathbb{R}, \, v \in V) \tag{7.13}$$

により定めることができる．ここに，$\sqrt{-1}$ は虚数単位を表す．逆に，任意の複素線形空間 V は，スカラー倍を実数に限って考えることにより，自然に実線形空間となる．これを $V_{\mathbb{R}}$ で表す．このとき，$Jv := \sqrt{-1}v \ (v \in V_{\mathbb{R}})$ とおけば，J は $V_{\mathbb{R}}$ 上の線形変換で，$J^2 = -\mathrm{id}_{V_{\mathbb{R}}}$ を満たす．以上のことから，複素線形空間とは $J^2 = -\mathrm{id}_V$ なる線形変換 J を備えた実線形空間 V のことに他ならないことがわかった．これは非常に単純なことを述べているにすぎないが，初学者が納得するには多少の時間が必要になるかもしれない．最も簡単な例 $V = \mathbb{C}, \, Jz = \sqrt{-1}z \ (z \in \mathbb{C})$ をもとに考えてみるとよいだろう．

いま，V を複素線形空間とするとき，

$$h(\alpha v + \beta v', w) = \alpha h(v, w) + \beta h(v', w), \quad h(w, v) = \overline{h(v, w)}$$
$$(v, v', w \in V, \, \alpha, \beta \in \mathbb{C})$$

なる写像 $h : V \times V \to \mathbb{C}$ を V 上の**エルミート形式**という．ここに，$z = x + \sqrt{-1}y \in \mathbb{C}$ $(x, y \in \mathbb{R})$ に対し，$\overline{z} = x - \sqrt{-1}y$ は z の複素共役《きょうやく》を表す．エルミート形式 h が**非退化**であるとは，(双 1 次形式の場合と同様に) すべての $w \in V$ に対して $h(v, w) = 0$ となるベクトル $v \in V$ は $v = 0$ のみであるときをいう．非退化なエルミート形式を V 上の (エルミート) **内積**ともよぶ．また，零でない任意の $v \in V$ に対して $h(v, v) > 0$ となるとき，エルミート内積 h は**正定値**であるという．

シンプレクティック実線形空間は，非退化なエルミート形式をもつ複素線形空間と次のように対応している．

命題 7.8. (i)　シンプレクティック実線形空間 (V, B) 上の線形変換 J が条件 (7.12) を満たすとき，(7.13) により V に複素線形空間の構造を入れる．このとき，

$$h_J(v, v') := B(Jv, v') + \sqrt{-1}B(v, v') \quad (v, v' \in V)$$

は，複素線形空間 V 上の非退化なエルミート形式を与える．

(ii)　h を複素線形空間 V 上の非退化なエルミート形式とする．$h(v, v')$ の虚部 $B(v, v') := \mathcal{I}m(h(v, v'))$ $(v, v' \in V)$ は，V を自然に $\mathbb{R}$ 上の線形空間とみなした $V_{\mathbb{R}}$ 上のシンプレクティック形式 B を定める．したがって，$(V_{\mathbb{R}}, B)$ はシンプレクティック実線形空間になる．

証明の方針. (i)　$h_J : V \times V \to \mathbb{C}$ が $\mathbb{R}$-双 1 次写像であることは明らかなので，h_J が V 上のエルミート形式であることを示すには，

$$h_J(Jv, v') = \sqrt{-1}h_J(v, v'), \quad h_J(v', v) = \overline{h_J(v, v')} \quad (v, v' \in V) \tag{7.14}$$

のふたつを，条件 (7.12) を用いて検証すればよい．また，h_J の非退化性は $h_J(v, v')$ の虚部が $B(v, v')$ に等しいことから直ちに従う．

(i) の証明の詳細，および (ii) の証明は読者に委ねる．　□

問題 7.3. 命題 7.8 を証明せよ．

例 7.2. シンプレクティック実線形空間 V のベクトル v, v' を (7.3) のようにシンプレクティック基底を用いて表すとき，(7.11) で定まる $J = J_\varepsilon$ に対応する

エルミート形式 h_{J_ε} は,

$$h_{J_\varepsilon}(v,v') = \sum_{i=1}^{n}(-\varepsilon_i)\times(x_i+\sqrt{-1}\varepsilon_i y_i)(x_i'-\sqrt{-1}\varepsilon_i y_i') \quad (v,v'\in V)$$

となる. これより, $p_1,\cdots,p_n$ は, h_{J_ε} に関して, 複素線形空間 (V,J_ε) の直交基底をなすことがわかる：

$$h_{J_\varepsilon}(p_i,p_j) = -\varepsilon_i\delta_{ij} \quad (i,j=1,\cdots,n).$$

とくに, $\varepsilon=(-1,\cdots,-1)$ のとき,

$$h_{J_\varepsilon}(v,v) = \sum_{i=1}^{n}|x_i+\sqrt{-1}\varepsilon_i y_i|^2 = \sum_{i=1}^{n}(x_i^2+y_i^2)$$

ゆえ, エルミート形式 h_{J_ε} は正定値であり, $p_1,\cdots,p_n$ は V の正規直交基底をなす.

一般に, h を有限次元複素線形空間 V 上の非退化なエルミート形式とする. 対称双 1 次形式の場合 (7.1.1 節後半) と同様, V には h に関する直交基底が存在する：

命題 7.9. $0\le p\le n$ なる整数 p があって, V には,

$$h(v_i,v_j) = \varepsilon(p)_i\delta_{ij} \quad (i,j=1,\cdots,n) \tag{7.15}$$

なる V の基底 $v_1,\cdots,v_n$ が存在する. ここに, $\varepsilon(p)_i=\pm1$ は (7.7) により定まる定数である.

この命題は, (実) 対称形式に関する命題 7.3 および 系 7.5 と同様の考え方で証明することができる.

なお, 上の命題に現れる整数 p は, 直交基底 $v_1,\cdots,v_n$ の取り方によらず, エルミート形式 h のみにより定まる (エルミート形式に対するシルヴェスタの慣性法則). p, $q:=n-p$, の組 (p,q) を h の**符号** という.

最後に, V の直交基底から, 対応するシンプレクティック線形空間 $(V_{\mathbb{R}},B)$ (命題 7.8 (ii) 参照) のシンプレクティック基底が得られることを示しておこう.

命題 7.10. h を有限次元複素線形空間 V 上の非退化エルミート形式とする.

等式 (7.15) を満たす直交基底 $v_1, \cdots, v_n$ に対し,

$$p_i := v_i, \quad q_i := -\sqrt{-1}\varepsilon(p)_i \cdot v_i \qquad (i = 1, \cdots, n)$$

はシンプレクティック線形空間 $(V_{\mathbb{R}}, B)$, $V_{\mathbb{R}} = V$, $B = \mathcal{I}m\, h$ のシンプレクティック基底をなす.

証明. (7.15) より, $i, j = 1, \cdots, n$ に対して,

$$h(p_i, p_j),\ h(q_i, q_j) \in \mathbb{R}, \quad h(p_i, q_j) = \sqrt{-1}\delta_{ij}$$

がなりたつ. これらの数の虚部をとることにより, $p_1, \cdots, p_n, q_1, \cdots, q_n$ が $V_{\mathbb{R}}$ のシンプレクティック基底であることがわかる. □

7.2 いろいろなリー代数

いよいよリー代数に登場願おう. この節では, まず, リー代数という代数系の定義を与え, 部分リー代数, イデアル, 直和, 準同型など, この代数系に関する基本用語を用意する. また, リー代数が実際にどのような文脈で現れるかを, 一般的見地から解説する (例 7.3–7.5). これを踏まえて, 単純リー代数や冪零・可解リー代数のうちのいくつかを, 行列のなすリー代数として具体的に実現する. ごく簡単な例は 3.7, 4.5, 5.3 の各節でも扱ったが, ここではいろいろなリー代数に接して, この代数系に関する感覚を養っておこう.

7.2.1 リー代数の定義, 基本的な諸概念

定義 7.3. $\mathbb{K}$ を標数 0 の可換体とする. $\mathbb{K}$ 上の**リー代数** (あるいは**リー環**) とは, 次の 2 条件 (7.16) および (7.17) を満たす双 1 次写像

$$\mathfrak{g} \times \mathfrak{g} \ni (X, Y) \longmapsto [X, Y] \in \mathfrak{g}$$

を備えた $\mathbb{K}$ 上の線形空間 $\mathfrak{g}$ のことをいう.

$$[X, Y] = -[Y, X] \quad (\text{交代性}), \tag{7.16}$$
$$[X, [Y, Z]] + [Y, [Z, X]] + [Z, [X, Y]] = 0 \quad (\text{ヤコビ恒等式}). \tag{7.17}$$

$[X, Y]$ を X と Y の**括弧積**とよぶ.

定義 7.4. $\mathfrak{g}$ を $\mathbb{K}$ 上のリー代数とする．

(i)　$\mathfrak{g}$ の部分線形空間 $\mathfrak{h}$ が括弧積に関して閉じているとき，すなわち，

$$X, Y \in \mathfrak{h} \quad \text{ならば} \quad [X, Y] \in \mathfrak{h}$$

を満たすとき，$\mathfrak{h}$ を $\mathfrak{g}$ の**部分リー代数**という．このとき，$\mathfrak{g}$ 上の括弧積の $\mathfrak{h} \times \mathfrak{h}$ への制限を考えることにより，$\mathfrak{h}$ は $\mathbb{K}$ 上のリー代数となる．

(ii)　$\mathfrak{g}$ の部分線形空間 $\mathfrak{m}$ が，条件

$$X \in \mathfrak{g}, Y \in \mathfrak{m} \quad \text{ならば} \quad [X, Y] \in \mathfrak{m}$$

を満たすとき，$\mathfrak{m}$ を $\mathfrak{g}$ の**イデアル**という．なお，括弧積の交代性 (7.16) より，イデアルに左右の区別はない．

定義から，明らかに，イデアルは部分リー代数である．部分リー代数 (またはイデアル) たちの共通部分もまた部分リー代数 (またはイデアル) になる．

さて，リー代数がどのようにして得られるのかを一般的な観点から述べてみよう．$\mathbb{K}$ 上の線形空間 R が**分配的代数**であるとは，R に積の演算が定義されていて，

$$R \times R \ni (a, b) \longmapsto ab \in R$$

が $\mathbb{K}$ 上の双 1 次写像であるときをいう．さらに，乗法の演算が結合法則

$$(ab)c = a(bc) \quad (a, b, c \in R)$$

を満たすとき，R を ($\mathbb{K}$ 上の) **結合代数**あるいは**多《た》元環《げんかん》**という．

例 7.3. $\mathbb{K}$ 上の結合代数 R は，括弧積

$$[a, b] := ab - ba \quad (a, b \in R)$$

により $\mathbb{K}$ 上のリー代数になる．以降，結合代数をリー代数とみなすときには，断らないかぎりこの方法をとる．

V を $\mathbb{K}$ 上の線形空間とする (有限次元である必要はない)．V 上の線形変換全体のなす線形空間 $\mathrm{End}_{\mathbb{K}}(V)$ は，線形変換の和と積 (合成) について，結合代数，

したがってリー代数の構造をもつ．これを V 上の**一般線形リー代数**とよび，記号 $\mathfrak{gl}(V)$ を用いて表す．

例 7.4. Q を $\mathbb{K}$ 上の分配的代数とする．$D \in \mathrm{End}_{\mathbb{K}}(Q)$ が Q 上の**微分**であるとは，

$$D(ab) = D(a)b + aD(b) \quad (a, b \in Q)$$

を満たすときをいう．Q 上の微分全体を $\mathrm{Der}(Q)$ で表す．$\mathrm{Der}(Q)$ は $\mathfrak{gl}(Q)$ の部分リー代数である．

例えば，M が C^∞-多様体であるとき，M 上の C^∞-関数全体 $C^\infty(M)$ が関数の和，スカラー倍，および積に関してつくる多元環について，$C^\infty(M)$ 上の微分のなすリー代数 $\mathrm{Der}(C^\infty(M))$ は M 上の C^∞-ベクトル場全体と一致する (例えば [34]1.8 節 定理 1 を参照)．

次の簡単な練習問題をとおして，微分のなすリー代数 $\mathrm{Der}(Q)$ に対する理解を深めておこう．

問題 7.4. $\mathbb{K}[x]$ を $\mathbb{K}$ に係数にもつ x の多項式全体がなす結合代数とする．

(i) $\mathbb{K}[x]$ 上の任意の微分 D は，$a(x) \in \mathbb{K}[x]$ を用いて，

$$(Df)(x) = a(x)\left(\frac{d}{dx}f\right)(x) \quad (f(x) \in \mathbb{K}[x])$$

と表されることを示せ．ここに，d/dx は，$(d/dx)x^n = nx^{n-1}$ $(n = 0, 1, \cdots)$ なる $\mathbb{K}[x]$ 上の線形写像である．

(ii) リー代数 $\mathrm{Der}(\mathbb{K}[x])$ における交換関係式

$$\left[a(x)\frac{d}{dx}, b(x)\frac{d}{dx}\right] = \left\{a(x)\left(\frac{d}{dx}b\right)(x) - b(x)\left(\frac{d}{dx}a\right)(x)\right\}\frac{d}{dx}$$

を確かめよ．

本書で詳しく扱うリー代数は，次の例で述べる手続きに従って，一般線形リー代数からつくられるものである．

例 7.5. V を $\mathbb{K}$ 上の任意の線形空間とする．

(i) B を V 上の双 1 次形式とする．このとき，

$$B(f(v), v') + B(v, f(v')) = 0 \quad (v, v' \in V) \tag{7.18}$$

を満たす $f \in \mathfrak{gl}(V)$ たち全体のなす集合を $\mathfrak{h}(B)$ で表す．このとき，$\mathfrak{h}(B)$ は $\mathfrak{gl}(V)$ の部分リー代数になる．

また，複素線形空間 V 上のエルミート形式 h についても，h の実部・虚部を，それぞれ，V 上の実双 1 次形式とみなすことにより，

$$\mathfrak{u}(h) := \{f \in \mathfrak{gl}(V) \mid h(f(v), w) + h(v, f(w)) = 0 \ (v, w \in V)\} \tag{7.19}$$

は，$\mathfrak{gl}(V)$ の**実**部分リー代数 (定義 8.1 (a) 参照) になる．

(ii)　V の部分線形空間の増大列

$$\mathcal{F} : \{0\} = V_0 \subset V_1 \subset \cdots \subset V_m \subset V_{m+1} \subset \cdots$$

に対し，

$$\mathfrak{b}(\mathcal{F}) := \{f \in \mathfrak{gl}(V) \mid f(V_m) \subset V_m \ (m = 0, 1, \cdots)\} \tag{7.20}$$

は $\mathfrak{gl}(V)$ の部分リー代数になる．さらに，

$$\mathfrak{n}(\mathcal{F}) := \{f \in \mathfrak{gl}(V) \mid f(V_{m+1}) \subset V_m \ (m = 0, 1, \cdots)\} \tag{7.21}$$

は $\mathfrak{b}(\mathcal{F})$ のイデアルをなす．7.3 節で取り扱うハイゼンベルグ代数はリー代数 $\mathfrak{n}(\mathcal{F})$ たちのなかで特殊な $\mathcal{F}$ に対応するものである．

問題 7.5. 上の例 7.3 – 7.5 で述べた主張を検証せよ．

定義 7.5. $\mathbb{K}$ 上のリー代数 $\mathfrak{g}_1, \mathfrak{g}_2$ に対し，線形写像 $\varphi : \mathfrak{g}_1 \to \mathfrak{g}_2$ が

$$\varphi([X, Y]) = [\varphi(X), \varphi(Y)] \quad (X, Y \in \mathfrak{g}_1)$$

を満たすとき，φ を $\mathfrak{g}_1$ から $\mathfrak{g}_2$ への (リー代数としての) **準同型写像**という．さらに φ が全単射のとき，φ を $\mathfrak{g}_1$ と $\mathfrak{g}_2$ の間の**同型写像**とよぶ．

ふたつのリー代数 $\mathfrak{g}_1$ と $\mathfrak{g}_2$ が**同型**であるとは，$\mathfrak{g}_1$ と $\mathfrak{g}_2$ の間に同型写像が存在するときをいい，これを $\mathfrak{g}_1 \cong \mathfrak{g}_2$ で表す．

例 7.6. $\mathfrak{g}$ を $\mathbb{K}$ 上のリー代数とする．括弧積に関して $\mathfrak{g}$ は分配的代数であることに注意する．$X \in \mathfrak{g}$ に対して，$\mathfrak{g}$ 上の線形変換 $\operatorname{ad} X$ を

$$(\operatorname{ad} X)(Y) := [X, Y] \quad (Y \in \mathfrak{g}) \tag{7.22}$$

により定める．ヤコビ恒等式 (7.17) から，$\operatorname{ad} X$ は $\mathfrak{g}$ 上の微分である：

$$(\operatorname{ad} X)([Y,Z]) = [(\operatorname{ad} X)(Y), Z] + [Y, (\operatorname{ad} X)(Z)] \quad (Y, Z \in \mathfrak{g}).$$

さらに，対応

$$\operatorname{ad} : \mathfrak{g} \ni X \longmapsto \operatorname{ad} X \in \operatorname{Der}(\mathfrak{g})$$

は，リー代数としての準同型写像を与えることがわかる．このようにして，$\operatorname{ad} X$ $(X \in \mathfrak{g})$ によりリー代数 $\mathfrak{g}$ は $\mathfrak{g}$ 自身に作用することになる．この作用 ad を $\mathfrak{g}$ の**随伴作用**あるいは**随伴表現** (adjoint representation) という．ここで，リー代数の作用・表現という言葉を用いたが，これについては，第 9 章以降で詳しく扱う．

問題 7.6. $\operatorname{ad}\mathfrak{g} := \{\operatorname{ad} X \mid X \in \mathfrak{g}\}$ は $\operatorname{Der}(\mathfrak{g})$ のイデアルであることを示せ．

定義 7.6. $\mathfrak{g}$ を $\mathbb{K}$ 上のリー代数とする．

(i) $[X, Y] = 0$ がなりたつとき，$\mathfrak{g}$ の要素 X と Y は**可換**であるという．

(ii) すべての $Y \in \mathfrak{g}$ と可換である $X \in \mathfrak{g}$ 全体の集合 $\mathfrak{z}(\mathfrak{g})$ は $\mathfrak{g}$ のイデアルになる．$\mathfrak{z}(\mathfrak{g})$ を $\mathfrak{g}$ の**中心**とよぶ．

(iii) $\mathfrak{z}(\mathfrak{g}) = \mathfrak{g}$ なるとき，$\mathfrak{g}$ を**可換リー代数**という．

定義 7.7. リー代数 $\mathfrak{g}_1$, $\mathfrak{g}_2$ に対して，線形空間としての直和

$$\mathfrak{g} := \mathfrak{g}_1 \oplus \mathfrak{g}_2 = \{(X_1, X_2) \mid X_i \in \mathfrak{g}_i \ (i = 1, 2)\}$$

に，括弧積を

$$[(X_1, X_2), (Y_1, Y_2)] := ([X_1, Y_1], [X_2, Y_2])$$

により定めると，$\mathfrak{g}$ はリー代数になる．これを，リー代数 $\mathfrak{g}_1$, $\mathfrak{g}_2$ の**直和**という．

このとき，

$$\tilde{\mathfrak{g}}_1 := \{(X_1, 0) \mid X_1 \in \mathfrak{g}_1\}, \quad \tilde{\mathfrak{g}}_2 := \{(0, X_2) \mid X_2 \in \mathfrak{g}_2\}$$

は $\mathfrak{g}$ のイデアルであり，それぞれ，$\mathfrak{g}_1$, $\mathfrak{g}_2$ と自然に同型になる．さらに，$\mathfrak{g}$ は，部分線形空間 $\tilde{\mathfrak{g}}_1$ と $\tilde{\mathfrak{g}}_2$ の (線形空間としての) 直和に同型であり，$\tilde{\mathfrak{g}}_1$ の各要素は，

$\tilde{\mathfrak{g}}_2$ の各要素と可換になる：

$$\mathfrak{g} = \tilde{\mathfrak{g}}_1 \oplus \tilde{\mathfrak{g}}_2, \quad [\tilde{\mathfrak{g}}_1, \tilde{\mathfrak{g}}_2] = \{0\}.$$

問題 7.7. $\mathfrak{z}(\mathfrak{g}_1 \oplus \mathfrak{g}_2) = \mathfrak{z}(\mathfrak{g}_1) \oplus \mathfrak{z}(\mathfrak{g}_2)$ を示せ．

なお，n 個のリー代数 $\mathfrak{g}_1, \cdots, \mathfrak{g}_n$ の直和も全く同様に定義することができる．

7.2.2　古典リー代数

ここで，正方行列のなすリー代数の古典的な例を紹介する．

例 7.7. $\mathbb{K}$ に成分をもつ n 次正方行列全体のなす線形空間 $M_n(\mathbb{K})$ は，括弧積

$$[X, Y] := XY - YX \quad (X, Y \in M_n(\mathbb{K}))$$

により $\mathbb{K}$ 上のリー代数になる．これを $\mathfrak{gl}(n, \mathbb{K})$ と書き，$\mathbb{K}$ 上の n 次一般線形リー代数という．リー代数 $\mathfrak{gl}(n, \mathbb{K})$ は，n 次元線形空間 V 上の一般線形リー代数 $\mathfrak{gl}(V)$ と同型である．実際，線形空間 V の基底 $\mathcal{E} = (v_1, \cdots, v_n)$ を定めたとき，V 上の線形変換 $f \in \mathfrak{gl}(V)$ に，基底 $\mathcal{E}$ に関する表現行列 $A_f = (a_{ij})_{n \times n} \in \mathfrak{gl}(n, \mathbb{K})$ を

$$f(v_j) = \sum_{i=1}^{n} a_{ij} v_i \quad (j = 1, \cdots, n)$$

により対応させる．このとき，表現行列を対応させる写像

$$R_{\mathcal{E}} : f \longmapsto A_f \tag{7.23}$$

は，

$$R_{\mathcal{E}}(f \circ g) = R_{\mathcal{E}}(f) R_{\mathcal{E}}(g) \quad (f, g \in \mathfrak{gl}(V))$$

を満たし，したがって，リー代数の同型 $\mathfrak{gl}(V) \cong \mathfrak{gl}(n, \mathbb{K})$ を与える．

例 7.8. 行列 $X = (x_{ij})_{n \times n} \in M_n(\mathbb{K})$ のトレースを $\operatorname{tr} X = \sum_{i=1}^{n} x_{ii}$ とするとき，

$$\mathfrak{sl}(n, \mathbb{K}) := \{X \in \mathfrak{gl}(n, \mathbb{K}) \mid \operatorname{tr} X = 0\}$$

は $\mathfrak{gl}(n, \mathbb{K})$ のイデアル (したがって部分リー代数) になる．$\mathfrak{sl}(n, \mathbb{K})$ を，$\mathbb{K}$ 上の

n 次**特殊線形リー代数**という．また，同型写像 (7.23) による $\mathfrak{sl}(n,\mathbb{K})$ の逆像

$$\mathfrak{sl}(V) := R_{\mathcal{E}}^{-1}\mathfrak{sl}(n,\mathbb{K})$$

は $\mathfrak{gl}(V)$ のイデアルであり，V の基底 $\mathcal{E}$ の取り方によらずに定まる．$\mathfrak{sl}(V)$ を V 上の特殊線形リー代数とよぶ．

とくに，$n=2$ のとき，$\mathfrak{sl}(2,\mathbb{K})$ は，

$$X_+ := \begin{pmatrix} 0 & 1 \\ 0 & 0 \end{pmatrix}, \quad H := \begin{pmatrix} 1 & 0 \\ 0 & -1 \end{pmatrix}, \quad X_- := \begin{pmatrix} 0 & 0 \\ 1 & 0 \end{pmatrix} \tag{7.24}$$

を基底とする 3 次元線形空間であり，

$$[H, X_+] = 2X_+, \quad [H, X_-] = -2X_-, \quad [X_+, X_-] = H \tag{7.25}$$

がなりたつ．この交換関係を満たす 3 つ組 (X_+, H, X_-) を $\mathfrak{sl}(2,\mathbb{K})$ の**標準トリプル**という．(3.7 節の 3 つ組 $(Y_+, 2H, Y_-)$ は標準トリプルをなす．)

例 7.9. (V, B) を体 $\mathbb{K}$ 上の $2n$ 次元シンプレクティック線形空間とする．シンプレクティック形式 B に付随した $\mathfrak{gl}(V)$ の部分リー代数 $\mathfrak{h}(B)$ (例 7.5 (i) 参照) を V 上の**シンプレクティックリー代数** (または**斜交リー代数**) とよび，記号 $\mathfrak{sp}(V,B)$ あるいは単に $\mathfrak{sp}(V)$ で表す．$\mathcal{E}=(p_1,\cdots,p_n,q_1,\cdots,q_n)$ を V のシンプレクティック基底とするとき，同型写像 $R_{\mathcal{E}}:\mathfrak{gl}(V)\to\mathfrak{gl}(2n,\mathbb{K})$ による $\mathfrak{sp}(V)$ の像は次のような行列のなすリー代数になる．

$$\mathfrak{sp}(n,\mathbb{K}) := \{X \in \mathfrak{gl}(2n,\mathbb{K}) \mid {}^tXJ + JX = 0\}. \tag{7.26}$$

ここに，J はシンプレクティック形式 B の表現行列 (7.2) である．具体的には，$\mathfrak{sp}(n,\mathbb{K})$ に属する行列 X は，$X_{11}, X_{12}, X_{21} \in M_n(\mathbb{K})$ を用いて，

$$X = \begin{pmatrix} X_{11} & X_{12} \\ X_{21} & -{}^tX_{11} \end{pmatrix}, \quad \text{ただし，} \quad {}^tX_{12} = X_{12},\ {}^tX_{21} = X_{21},$$

の形をしている．

ここで，$\mathfrak{sp}(n,\mathbb{K})$ の n はこのリー代数の「階数」を表す．行列のサイズ $2n$ とは異なるので注意が必要 (文献によっては，これを $\mathfrak{sp}(2n,\mathbb{K})$ と書くこともある)．

例 7.10. B を n 次元線形空間 V 上の非退化な対称双 1 次形式とする．このとき，$\mathfrak{h}(B)$ を B に付随する V 上の**直交リー代数**とよび，$\mathfrak{o}(V,B)$ あるいは $\mathfrak{o}(V)$ と書く．V の B に関する直交基底 $\mathcal{E}=(v_1,\cdots,v_n)$：

$$B(v_i,v_j)=\kappa_i\delta_{ij}\quad(i,j=1,\cdots,n)$$

をとる ((7.5) 参照)．このとき，同型写像 $R_{\mathcal{E}}:\mathfrak{gl}(V)\to\mathfrak{gl}(n,\mathbb{K})$ による $\mathfrak{o}(V,B)$ の像は，基底 $\mathcal{E}$ に関する B の表現行列 $I(\kappa)$, $\kappa=(\kappa_1,\cdots,\kappa_n)$ ((7.6) 参照) を用いて，

$$\mathfrak{o}(\kappa;\mathbb{K}):=\{X\in\mathfrak{gl}(n,\mathbb{K})\mid {}^tXI(\kappa)+I(\kappa)X=0\}\tag{7.27}$$

と書き表される．とくに，$\kappa=(1,\cdots,1)$ のとき，リー代数 $\mathfrak{o}(\kappa;\mathbb{K})$ は n 次反対称行列 (または交代行列) 全体からなる．これを単に

$$\mathfrak{o}(n,\mathbb{K}):=\{X\in\mathfrak{gl}(n,\mathbb{K})\mid {}^tX+X=0\}\tag{7.28}$$

と書くことにする．

注意 7.1. (i) $\mathbb{K}$ が代数閉体のときには，V 上には B に関する正規直交基底が存在する (系 7.4)．このとき，直交リー代数 $\mathfrak{o}(V,B)$ は $\mathfrak{o}(n,\mathbb{K})$ と同型であることがわかる．

(ii) $\mathbb{K}=\mathbb{R}$ のとき，対称形式 B の符号 (p,q), $q=n-p$, によって，κ を，

$$\varepsilon(p):=(\overbrace{1,\cdots,1}^{p},\overbrace{-1,\cdots,-1}^{q}),\quad p=0,1,\cdots,n,\tag{7.29}$$

のいずれかにとることができる (系 7.5)．この場合，$\mathbb{R}$ 上の直交リー代数 $\mathfrak{o}(\varepsilon(p);\mathbb{R})$ を記号 $\mathfrak{o}(p,q)$ で表す．

定義 7.8. $\mathfrak{gl}(n,\mathbb{K})$, $\mathfrak{sl}(n,\mathbb{K})$, $\mathfrak{o}(n,\mathbb{K})$, および $\mathfrak{sp}(n,\mathbb{K})$ を体 $\mathbb{K}$ 上の**古典リー代数** (classical Lie algebra) という．

古典リー代数の基本的性質のうち，容易に確認ができるものを，3 題ばかり，練習問題として提示しておこう．

問題 7.8. $\mathfrak{sp}(V)\subset\mathfrak{sl}(V)$, $\mathfrak{o}(V,B)\subset\mathfrak{sl}(V)$ を示せ．

問題 7.9. $\mathfrak{sl}(n,\mathbb{K})$, $\mathfrak{sp}(n,\mathbb{K})$, および $\mathfrak{o}(n,\mathbb{K})$ の $\mathbb{K}$ 上の線形空間としての次元は，それぞれ，n^2-1, $2n^2+n$, $(n^2-n)/2$ に等しいことを確かめよ．

問題 7.10. 直交リー代数 $\mathfrak{o}(p,q)$ に属する行列 X は，

$$X = \begin{pmatrix} X_{11} & X_{12} \\ {}^t X_{12} & X_{22} \end{pmatrix}, \quad X_{11} \in \mathfrak{o}(p,\mathbb{R}),\ X_{22} \in \mathfrak{o}(q,\mathbb{R}), X_{12} \in M_{p,q}(\mathbb{R}), \tag{7.30}$$

の形であることを示せ．ただし，$M_{p,q}(\mathbb{K})$ は体 $\mathbb{K}$ に成分をもつ $p \times q$ 行列全体の集合を表す．

注意 7.2. $\mathfrak{o}(V,B) \subset \mathfrak{sl}(V)$ を反映して，直交リー代数 $\mathfrak{o}(V,B)$, $\mathfrak{o}(\kappa;\mathbb{K})$, $\mathfrak{o}(n,\mathbb{K})$, $\mathfrak{o}(p,q)$ を，それぞれ，$\mathfrak{so}(V,B)$, $\mathfrak{so}(\kappa;\mathbb{K})$, $\mathfrak{so}(n,\mathbb{K})$, $\mathfrak{so}(p,q)$ と表記することもある (3.7, 5.3 節参照).

7.2.3 単純リー代数

定義 7.9. $\mathfrak{g}$ を $\mathbb{K}$ 上のリー代数とする．$\mathfrak{g}$ が可換でなく，かつ，$\{0\}$ と $\mathfrak{g}$ 自身以外にイデアルをもたないとき，$\mathfrak{g}$ を**単純リー代数**という．また，単純リー代数のいくつかの直和と同型なリー代数を**半単純**という．

半単純リー代数の中心は $\{0\}$ である (問題 7.7 参照)．しかしこの逆は成立しない．

次の定理は重要である．

定理 7.11. 古典リー代数 $\mathfrak{sl}(n,\mathbb{K})$ $(n \geq 2)$, $\mathfrak{sp}(n,\mathbb{K})$ $(n \geq 1)$, および $\mathfrak{o}(n,\mathbb{K})$ $(n \geq 3,\ n \neq 4)$ はみな $\mathbb{K}$ 上単純である．

ここでは，最も基本的な $\mathfrak{sl}(2,\mathbb{K})$ の場合に上の定理を証明しよう．他の古典リー代数についても，($\mathfrak{o}(n,\mathbb{K})$ の場合は $\mathbb{K}$ を代数閉体に係数拡大して) リー代数の**ルート空間分解**を用いることにより，同様の考え方で単純性を示すことができる．複素古典リー代数のルート空間分解については，第 11 章で詳しく論じる．

証明 ($\mathfrak{sl}(2,\mathbb{K})$ が単純であることの証明). 交換関係 (7.25) より，リー代数 $\mathfrak{g} := \mathfrak{sl}(2,\mathbb{K})$ は可換でない．$\mathfrak{h}$ を $\mathfrak{g}$ の零でないイデアルとして，$\mathfrak{h} = \mathfrak{g}$ を示す．

そのため，標準トリプル (X_+, H, X_-) に属する対角行列 H が定める $\mathfrak{g}$ 上の随伴作用：

$$\mathrm{ad}\, H : \mathfrak{g} \ni X \longmapsto (\mathrm{ad}\, H)(X) = [H,X] \in \mathfrak{g}$$

を考える．(7.25) より，$\mathrm{ad}\,H$ は $\mathbb{K}$ 上対角化可能である．実際，$\mathrm{ad}(H)$ の固有値は，$2, 0, -2$ の 3 個であり，$\mathbb{K}X_+$, $\mathbb{K}H$, $\mathbb{K}X_-$ が，それぞれ対応する固有空間になっている．一方，$\mathfrak{h}$ は $\mathfrak{g}$ のイデアルなので，

$$(\mathrm{ad}\,H)\mathfrak{h} = [H, \mathfrak{h}] \subset [\mathfrak{g}, \mathfrak{h}] \subset \mathfrak{h}$$

となる．つまり $\mathrm{ad}\,H$ は $\mathfrak{h}$ を不変にする (さらに，$\mathrm{ad}\,H$ の $\mathfrak{h}$ 上への制限もまた $\mathbb{K}$ 上対角化可能になることもわかる：問題 7.11)．よって，$\mathfrak{h}$ には $\mathrm{ad}\,H$ の零でない固有ベクトルが少なくともひとつ存在する．つまり，X_+, H, X_- の少なくともひとつは $\mathfrak{h}$ に属する．

いま，$X_- \in \mathfrak{h}$ とすると，

$$H = [X_+, X_-] \in [\mathfrak{g}, \mathfrak{h}] \subset \mathfrak{h}, \quad X_+ = -\frac{1}{2}[X_+, H] \in [\mathfrak{g}, \mathfrak{h}] \subset \mathfrak{h}$$

となって，$X_+ \in \mathfrak{h}$ がわかる．$H \in \mathfrak{h}$ としても同様である．結局，いずれの場合も $X_+ \in \mathfrak{h}$ が従う．

結局，$X_+ \in \mathfrak{h}$ に注意して，再び交換関係 (7.25) をみると，$H, X_- \in \mathfrak{h}$ を得る．$\mathfrak{h}$ は $\mathfrak{g}$ の基底を含むので，$\mathfrak{h} = \mathfrak{g}$ となる．□

問題 7.11. 線形空間 V 上の線形変換 f は ($\mathbb{K}$ 上で) 対角化可能であるとし，$V = \bigoplus_{\lambda \in \mathbb{K}} V(\lambda)$ を V の f-固有空間分解とする．ここに，$V(\lambda) = \{v \in V \mid f(v) = \lambda v\}$ は固有値 $\lambda \in \mathbb{K}$ に対応する f の固有空間を表す．このとき，V の部分空間 W が f で不変 (すなわち $f(W) \subset W$) ならば，$W = \bigoplus_{\lambda \in \mathbb{K}} W \cap V(\lambda)$ であることを示せ．これより，f を W へ制限して得られる W 上の線形変換も対角化可能であることがわかる．

◆**トピックス 1** (ディンキン図形). ……………………………………

代数閉体 $\mathbb{K}$ 上の単純リー代数は，同型を除き，対応するルート系のデータから定まる**ディンキン図形** (Dynkin diagram) により分類できることが知られている．分類に現れるディンキン図形は図 7.1 の 9 種類である．

A_ℓ, B_ℓ C_ℓ, D_ℓ 型の単純リー代数は，それぞれ，$\mathfrak{sl}(\ell+1, \mathbb{K})$, $\mathfrak{o}(2\ell+1, \mathbb{K})$, $\mathfrak{sp}(\ell, \mathbb{K})$, $\mathfrak{o}(2\ell, \mathbb{K})$ と同型である．これらの単純リー代数を**古典型**とよぶ．また，残りの 5 種類のディンキン図形 E_ℓ ($\ell = 6, 7, 8$), F_4, G_2 をもつ単純リー代数を**例外型**という．

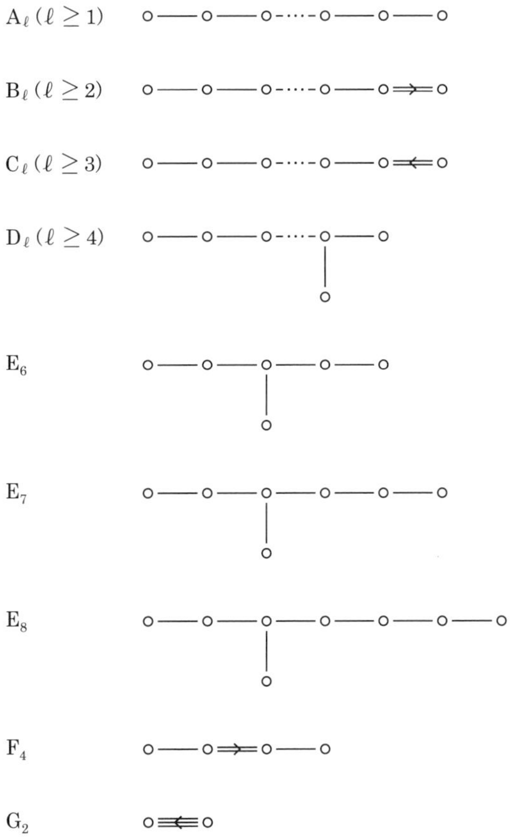

図 **7.1.** ディンキン図形

なお，次元の低い古典リー代数については，次の同型関係がある：

$$
\begin{aligned}
&\mathfrak{o}(3, \mathbb{K}) \cong \mathfrak{sp}(1, \mathbb{K}) = \mathfrak{sl}(2, \mathbb{K}), \\
&\mathfrak{o}(4, \mathbb{K}) \cong \mathfrak{sl}(2, \mathbb{K}) \oplus \mathfrak{sl}(2, \mathbb{K}), \\
&\mathfrak{o}(5, \mathbb{K}) \cong \mathfrak{sp}(2, \mathbb{K}).
\end{aligned}
\tag{7.31}
$$

とくに，$\mathfrak{o}(4, \mathbb{K})$ は単純ではなく，単純なリー代数 $\mathfrak{sl}(2, \mathbb{K})$ のふたつの直和と同型になる．

リー代数やルート系については，入門的なものから専門書に至るまで，現在では多くの教科書が出版されている ([3], [22], [33], [42], [43], [49] などなど).

7.2.4　可解リー代数と冪零リー代数

$\mathfrak{m}_1, \mathfrak{m}_2$ がリー代数 $\mathfrak{g}$ のイデアルであるとき，$[X_1, X_2]$ $(X_1 \in \mathfrak{m}_1,\ X_2 \in \mathfrak{m}_2)$ たちが生成する $\mathfrak{g}$ の部分空間を $[\mathfrak{m}_1, \mathfrak{m}_2]$ で表す．ヤコビ恒等式 (7.17) から，$[\mathfrak{m}_1, \mathfrak{m}_2]$ は $\mathfrak{g}$ のイデアルをなすことがわかる．とくに，$D(\mathfrak{g}) := [\mathfrak{g}, \mathfrak{g}]$ を $\mathfrak{g}$ の**導来《どうらい》イデアル**とよぶ．いま，

$$D^0(\mathfrak{g}) := \mathfrak{g}, \quad D^k(\mathfrak{g}) := [D^{k-1}(\mathfrak{g}), D^{k-1}(\mathfrak{g})],$$
$$N^0(\mathfrak{g}) := \mathfrak{g}, \quad N^k(\mathfrak{g}) := [\mathfrak{g}, N^{k-1}(\mathfrak{g})] \quad (k = 1, 2, \cdots),$$

により $D^k(\mathfrak{g})$ と $N^k(\mathfrak{g})$ を帰納的に定めると，$\mathfrak{g}$ のイデアルの (広義) 減少列：

$$\mathfrak{g} = D^0(\mathfrak{g}) \supset D^1(\mathfrak{g}) \supset D^2(\mathfrak{g}) \supset \cdots,$$
$$\mathfrak{g} = N^0(\mathfrak{g}) \supset N^1(\mathfrak{g}) \supset N^2(\mathfrak{g}) \supset \cdots,$$

が得られる．定義から，$D^k(\mathfrak{g}) \subset N^k(\mathfrak{g})$ であることに注意しよう．

定義 7.10. $D^k(\mathfrak{g}) = \{0\}$ なる k が存在するとき，リー代数 $\mathfrak{g}$ は**可解**であるという．また，$N^k(\mathfrak{g}) = \{0\}$ なる k が存在するとき，$\mathfrak{g}$ は**冪零**リー代数であるという．

◆トピックス **2** (べきという字).　……………………………………

《巾　冪　羃　[音：ベキ　訓：(用いない)] 》　羃の字の本来の意味は，‘おおう (to cover)’，‘おおうもの (cover, curtain)’ であるが，1940 年代以前には，累乗の意味に用いられていた．冪はその俗字であり，巾は，和算家が用いた略字であるが，数学以外でこれらの文字を用いることがほとんどないため，1950 年代よりこの漢字は用いないことになり，代わりに累乗を用いることになった．以来，‘冪’ を伴う用語は，学校数学では，すべて ‘累乗’ を伴なう用語におきかえられている．例えば，冪指数⇒累乗指数，冪根⇒累乗根．しかし，大学程度の数学では，‘power series’ をベキ級数といったりして一部にベキという語は残っている．この場合，学術用語集では ‘べき’ と平仮名で表記している．一方，岩波の数学辞典では ‘ベキ’ と片仮名で表記している．(『数学用語の漢字』数学言語研究会，執筆 島田茂氏より引用)

なお，巾は「雑巾《ぞうきん》」や「磯巾着《いそぎんちゃく》」の「きん (ぎん)」であり，幅 (はば) の代用字としても用いられる．著者 (山下) はある時期まで「巾零」と表記していたのだが，何かのきっかけで『はばれい』なる誤読が気になりはじめ，それ以降「べき零」あるいは「冪零」と書くことにしている．ここでは「冪」の字を用いることにする．

問題 7.12. 次のことを示せ.

(i)　冪零リー代数は可解である.

(ii)　$\{0\}$ でない冪零リー代数の中心は零でない要素を含む.

(iii)　リー代数 $\mathfrak{g}$ が半単純ならば, $D(\mathfrak{g}) = \mathfrak{g}$ である. したがって, 半単純リー代数は可解ではない.

問題 7.13. リー代数 $\mathfrak{g}$ について, $[\mathfrak{g}, \mathfrak{g}]$ が冪零ならば $\mathfrak{g}$ は可解であることを証明せよ.

例 7.11. V を n 次元線形空間とし, V の m 次元部分空間 V_m $(m = 0, 1, \cdots, n)$ の増大列

$$\mathcal{F} : V_0 = \{0\} \subset V_1 \subset \cdots \subset V_n = V$$

を考える. このような $\mathcal{F}$ を V の旗《はた》とよぶ. 旗 $\mathcal{F}$ に対応して定まる $\mathfrak{gl}(V)$ の部分リー代数 $\mathfrak{b}(\mathcal{F})$, $\mathfrak{n}(\mathcal{F})$ (例 7.5 (ii) 参照) はそれぞれ可解, 冪零であることがわかる. さらに, $v_1, \cdots, v_m$ が各 V_m の基底となるように V の基底 $\mathcal{E} = (v_1, \cdots, v_n)$ を選べば, リー代数の同型写像 $R_{\mathcal{E}} : \mathfrak{gl}(V) \to \mathfrak{gl}(n, \mathbb{K})$ (例 7.7 参照) をとおして, $\mathfrak{b}(\mathcal{F})$ は上半三角行列全体のつくる $\mathfrak{gl}(n, \mathbb{K})$ の部分リー代数と同型になる. また, $\mathfrak{n}(\mathcal{F})$ は対角成分がすべて零であるような上半三角行列たちのなすリー代数と同型になる.

$$\mathfrak{b}(\mathcal{F}) \cong \left\{ \begin{pmatrix} * & * & \cdots & * & * \\ 0 & * & \cdots & * & * \\ \vdots & \vdots & \ddots & \vdots & \vdots \\ 0 & 0 & \cdots & * & * \\ 0 & 0 & \cdots & 0 & * \end{pmatrix} \in \mathfrak{gl}(n, \mathbb{K}) \right\},$$

$$\mathfrak{n}(\mathcal{F}) \cong \left\{ \begin{pmatrix} 0 & * & \cdots & * & * \\ 0 & 0 & \cdots & * & * \\ \vdots & \vdots & \ddots & \vdots & \vdots \\ 0 & 0 & \cdots & 0 & * \\ 0 & 0 & \cdots & 0 & 0 \end{pmatrix} \in \mathfrak{gl}(n, \mathbb{K}) \right\}.$$

問題 7.14. 上の例 7.11 で述べたことがらを検証せよ.

問題 7.15. 例 7.11 における $\mathfrak{b}(\mathcal{F})$, $\mathfrak{n}(\mathcal{F})$ の中心をそれぞれ求めよ．

注意 7.3. 任意の有限次元リー代数 $\mathfrak{g}$ は，包含関係に関して最大の可解イデアル $\mathfrak{r}$ (**根《こん》基《き》**) をもつ．さらに，$\mathfrak{g}$ の半単純部分リー代数 $\mathfrak{s}$ で，

$$\mathfrak{g} = \mathfrak{s} + \mathfrak{r}, \quad \mathfrak{s} \cap \mathfrak{r} = \{0\} \qquad \text{(レビ分解)}$$

を満たすものが存在することが知られている (例えば [25]Appendix B, [42] 第 6 章を参照せよ)．したがって，リー代数の構造に関する問題は，可解リー代数と半単純リー代数の場合の話に帰着する．

7.3 ハイゼンベルグ代数とその拡大

ハイゼンベルグ代数は，可換でない冪零リー代数のなかで最も簡単な構造をもつ．にもかかわらず，ワイル代数への埋め込みをとおして得られるハイゼンベルグ代数の無限次元既約表現は，量子力学の数学的構造を制御し，後の章で調べるように，エルミート型の実リー代数 AIII, CI, DIII のユニタリ最低ウェイト表現の構成にも本質的に用いられる．本節では，ハイゼンベルグ代数およびワイル代数とそのシンプレクティックリー代数による拡大について論じる．

7.3.1 ハイゼンベルグ代数

(V, B) を標数 0 の体 $\mathbb{K}$ 上の $2n$ 次元シンプレクティック線形空間とする．V と 1 次元線形空間 $\mathbb{K}\boldsymbol{e}$ の直和線形空間 $\mathfrak{n}(V) := V \oplus \mathbb{K}\boldsymbol{e}$ 上に，括弧積を

$$[v + t\boldsymbol{e}, v' + t'\boldsymbol{e}] := B(v, v')\boldsymbol{e} \quad (v, v' \in V,\ t, t' \in \mathbb{K}) \tag{7.32}$$

により定める．シンプレクティック形式 B は反対称な双 1 次形式であるから，上の括弧積は $\mathfrak{n}(V) \times \mathfrak{n}(V)$ から $\mathfrak{n}(V)$ への双 1 次写像を定め，かつ条件 (7.16) を満たす．また，定義から $[\mathfrak{n}(V), \mathfrak{n}(V)] = \mathbb{K}\boldsymbol{e}$, $[\mathfrak{n}(V), [\mathfrak{n}(V), \mathfrak{n}(V)]] = \{0\}$ なので，ヤコビ恒等式 (7.17) も自明に成立する．これより，$\mathfrak{n}(V)$ は $N^2(\mathfrak{n}(V)) = \{0\}$ なる冪零リー代数の構造をもつことがわかる．さらに，$\mathfrak{n}(V)$ の中心 $\mathfrak{z}(\mathfrak{n}(V))$ は，1 次元イデアル $\mathbb{K}\boldsymbol{e}$ と一致すること：$\mathfrak{z}(\mathfrak{n}(V)) = \mathbb{K}\boldsymbol{e}$，も容易に確かめることができる．

定義 7.11. リー代数 $\mathfrak{n}(V) = V \oplus \mathbb{K}\boldsymbol{e}$ を $r := 2n + 1$ 次元**ハイゼンベルグ代数**という．

ハイゼンベルグ代数 $\mathfrak{n}(V)$ を行列のなすリー代数として実現しよう．$\mathbb{K}$ に成分をもつ n 次の行ベクトル全体のなす線形空間を $\mathbb{K}^n_{\mathrm{row}}$ で表す．$x = (x_1, \cdots, x_n)$, $y = (y_1, \cdots, y_n) \in \mathbb{K}^n_{\mathrm{row}}$, および $t \in \mathbb{K}$ に対して，$n+2$ 次正方行列 $Z(x, y, t)$ を，

$$Z(x,y,t) := \begin{pmatrix} 0 & x_1 & \cdots & x_n & t \\ 0 & 0 & \cdots & 0 & y_1 \\ \vdots & \vdots & \ddots & \vdots & \vdots \\ 0 & 0 & \cdots & 0 & y_n \\ 0 & 0 & \cdots & 0 & 0 \end{pmatrix} \tag{7.33}$$

により定める．行列の括弧積を直接計算することにより，

$$[Z(x,y,t), Z(x',y',t')] = Z(0, 0, x\,{}^t y' - x'\,{}^t y) \quad (x, x', y, y' \in \mathbb{K}^n_{\mathrm{row}},\ t, t' \in \mathbb{K}) \tag{7.34}$$

がなりたつことがわかる (右辺において ${}^t y$, ${}^t y'$ はそれぞれ行ベクトル y, y' の転置を表す)．したがって，

$$\mathfrak{n}_r(\mathbb{K}) := \{Z(x,y,t) \mid x, y \in \mathbb{K}^n_{\mathrm{row}}, t \in \mathbb{K}\} \quad (r = 2n+1) \tag{7.35}$$

は $\mathfrak{gl}(n+2, \mathbb{K})$ の部分リー代数になる．

いま，$p_1, \cdots, p_n, q_1, \cdots, q_n$ を V のシンプレクティック基底 (命題 7.2 参照) とする．$v + t\boldsymbol{e} \in \mathfrak{n}(V)$, $v = \sum_{i=1}^{n} (x_i p_i + y_i q_i)$ に対して，$Z(x, y, t) \in \mathfrak{n}_r(\mathbb{K})$ を対応させる．このとき，等式 (7.4) および (7.34) から次の命題を得る．

命題 7.12. 写像

$$\iota : \mathfrak{n}(V) \ni v + t\boldsymbol{e} \longmapsto Z(x,y,t) \in \mathfrak{n}_r(\mathbb{K}) \tag{7.36}$$

はハイゼンベルグ代数 $\mathfrak{n}(V)$ から $\mathfrak{n}_r(\mathbb{K})$ の上へのリー代数としての同型写像である．

問題 7.16. U を $\mathbb{K}$ 上 $n+2$ 次元の線形空間とし，U の部分空間の増大列

$$\mathcal{F} : U_0 = \{0\} \subset U_1 \subset U_2 \subset U_3 = U$$

を，$\dim U_1 = 1, \dim U_2 = n+1$ なるようにえらぶ．このとき，(7.21) により定まる $\mathfrak{gl}(U)$ の部分リー代数 $\mathfrak{n}(\mathcal{F})$ は $\mathfrak{n}_r(\mathbb{K})(\cong \mathfrak{n}(V))$ と同型であることを示せ．

ハイゼンベルグ代数 $\mathfrak{n}(V)$ の基底 $p_1, \cdots, p_n, q_1, \cdots, q_n, \boldsymbol{e}$ は括弧積に関して次の交換関係をもつ：$i, j = 1, \cdots, n$ として，

$$\begin{cases} [p_i, q_j] = \delta_{ij}\boldsymbol{e}, \\ [p_i, p_j] = [q_i, q_j] = 0, \\ [p_i, \boldsymbol{e}] = [q_i, \boldsymbol{e}] = 0. \end{cases} \tag{CCR}$$

これらの関係式は**正準《せいじゅん》交換関係** (canonical commutation relation, 略して CCR)，あるいは**ハイゼンベルグの交換関係**とよばれるものである．

問題 7.17. ベクトル

$$\frac{p_1+q_1}{\sqrt{2}}, \cdots, \frac{p_n+q_n}{\sqrt{2}}, \frac{-p_1+q_1}{\sqrt{2}}, \cdots, \frac{-p_n+q_n}{\sqrt{2}}, \boldsymbol{e},$$

も $\mathfrak{n}(V)$ の基底をなし，(CCR) を満たすことを確かめよ．

7.3.2 ワイル代数

交換関係 (CCR) に着目して，$\mathfrak{n}(V)$ を微分作用素のなすリー代数として実現してみよう．$\mathbb{K}[z_1, \cdots, z_n]$ を $\mathbb{K}$ 上の n 変数多項式環とする．簡単のためこれを $\mathbb{K}[z]$, $z = (z_1, \cdots, z_n)$ と略記する．$\alpha = (\alpha_1, \cdots, \alpha_n)$ を非負整数 $\alpha_1, \cdots, \alpha_n$ のなす**多重指数**とするとき，単項式 $z^\alpha := z_1^{\alpha_1} \cdots z_n^{\alpha_n}$ たちは，$\mathbb{K}[z]$ の線形空間としての基底をなす．いま，$\mathbb{K}[z]$ 上の線形変換 $\partial_i, m(z_i) \in \mathrm{End}_{\mathbb{K}}(\mathbb{K}[z])$ $(i = 1, \cdots, n)$ を，それぞれ

$$\partial_i \cdot z^\alpha := \alpha_i z^{\alpha - \delta(i)}, \quad m(z_i) \cdot z^\alpha = z^{\alpha + \delta(i)} \tag{7.37}$$

により定義する．ここで，$\delta(i) = (\delta_{1i}, \cdots, \delta_{ni})$ は第 i 成分のみが 1，他の成分は 0 なる多重指数である．∂_i は z_i に関する**偏微分作用素**，$m(z_i)$ は多項式に 1 次式 z_i を掛けるという**掛け算作用素**である．以降，誤解の恐れがないときには，$m(z_i)$ を単に z_i で表すことにする．$\mathbb{K}[z]$ 上の恒等変換を $\mathbf{1} = \mathrm{id}_{\mathbb{K}[z]}$ と書くとき，作用素 ∂_i, z_j $(i, j = 1, \cdots, n)$ および $\mathbf{1}$ は，リー代数 $\mathfrak{gl}(\mathbb{K}[z])$ のなかで，正準交

換関係

$$\begin{cases} [\partial_i, z_j] = \delta_{ij}\mathbf{1}, \\ [\partial_i, \partial_j] = [z_i, z_j] = 0, \\ [\partial_i, \mathbf{1}] = [z_j, \mathbf{1}] = 0, \end{cases} \tag{7.38}$$

を満たすことが容易に確かめられる．したがって，

$$\sum_{i=1}^{n} \mathbb{K}\partial_i + \sum_{i=1}^{n} \mathbb{K}z_i + \mathbb{K}\mathbf{1} \tag{7.39}$$

は，ハイゼンベルグ代数 $\mathfrak{n}(V)$ と同型なリー代数をなすことがわかる．

$\mathbb{K}[z]$ 上の線形変換全体 $\mathrm{End}_{\mathbb{K}}(\mathbb{K}[z])$ は，線形変換の合成を積演算として，$\mathbb{K}$ 上の結合代数の構造をもつ．このなかで，∂_i, z_i $(i = 1, \cdots, n)$ および $\mathbf{1}$ から生成される部分代数を n 次の**ワイル代数**とよび，記号 $A_n(\mathbb{K})$ で表す．交換関係 (7.38) より，$A_n(\mathbb{K})$ は多項式係数の n 変数微分作用素：

$$\sum_{\alpha,\beta} c_{\alpha,\beta} z^{\alpha}\partial^{\beta} \quad (c_{\alpha,\beta} \in \mathbb{K},\ \text{有限個の多重指数}\ \alpha, \beta\ \text{を除き}\ c_{\alpha,\beta} = 0)$$

たち全体の集合に等しいことがわかる．ここで，

$$\partial^{\beta} = \partial_1^{\beta_1} \cdots \partial_n^{\beta_n}, \quad \beta = (\beta_1, \cdots, \beta_n),$$

である．結合代数 $A_n(\mathbb{K})$ はリー代数 $\mathfrak{gl}(\mathbb{K}[z])$ の部分リー代数でもある (例 7.3)．後の章で詳しく扱うヴェイユ表現の作用素は，$\mathbb{K} = \mathbb{C}$ の場合に，シンプレクティックリー代数 $\mathfrak{sp}(n, \mathbb{C})$ をワイル代数 $A_n(\mathbb{C})$ のなかに次のような形で実現することをとおして得られるものである：

$$\mathfrak{sp}(n, \mathbb{C}) \cong \sum_{i,j} \mathbb{C}z_i z_j + \sum_{i,j} \mathbb{C}\Big(z_i\partial_j + \frac{1}{2}\Big) + \sum_{i,j} \mathbb{C}\partial_i\partial_j \subset A_n(\mathbb{C}). \tag{7.40}$$

この同型は定理 10.17 で詳しく取り上げるが，その予備的考察として，ここでは次の練習問題に取り組んでおこう．

問題 7.18. $1 \leq i \leq n$ なる自然数 i を固定する．このとき，

$$\mathbb{C}z_i^2 + \mathbb{C}\Big(z_i\partial_i + \frac{1}{2}\Big) + \mathbb{C}\partial_i^2 \ (\subset A_n(\mathbb{K}))$$

は $\mathfrak{sl}(2,\mathbb{C}) = \mathfrak{sp}(1,\mathbb{C})$ と同型な $A_n(\mathbb{C})$ の部分リー代数をなすことを，交換関係

$$\begin{aligned}
&[z_i\partial_i + (1/2),\ \sqrt{-1}z_i^2/2] = 2\left(\sqrt{-1}z_i^2/2\right),\\
&[z_i\partial_i + (1/2),\ \sqrt{-1}\partial_i^2/2] = -2\left(\sqrt{-1}\partial_i^2/2\right),\\
&[\sqrt{-1}z_i^2/2,\ \sqrt{-1}\partial_i^2/2] = z_i\partial_i + (1/2),
\end{aligned}$$

を確かめることにより示せ．

ワイル代数の性質やその表現については，教科書 [17] 第 5 章あるいは [4] Chap. V などを参照されたい．

7.3.3　ハイゼンベルグ代数の拡大

一般に，$\mathfrak{n}$ を体 $\mathbb{K}$ 上のリー代数とするとき，$\mathfrak{n}$ をイデアルとして含むリー代数 $\tilde{\mathfrak{n}} \supset \mathfrak{n}$ のことを，$\mathfrak{n}$ の**拡大**という．ここでは，ハイゼンベルグ代数 $\mathfrak{n}(V)$ のシンプレクティックリー代数 $\mathfrak{sp}(V)$ による自然な拡大を与えよう．

そのために，リー代数の拡大の一般的な構成法を用意する．

命題 7.13. $\mathfrak{g}, \mathfrak{n}$ を $\mathbb{K}$ 上のリー代数とし，$\mathfrak{g}$ から $\mathfrak{n}$ の微分全体のなすリー代数 $\mathrm{Der}(\mathfrak{n})$ への準同型写像 $\rho : \mathfrak{g} \to \mathrm{Der}(\mathfrak{n})$ が与えられたとせよ．このとき，$\mathfrak{g}$ と $\mathfrak{n}$ の線形空間としての直和空間 $\tilde{\mathfrak{n}} := \mathfrak{g} \oplus \mathfrak{n}$ は，括弧積

$$\begin{aligned}
[X+Y, X'+Y'] &:= [X,X'] + \{\rho(X)Y' - \rho(X')Y + [Y,Y']\}\\
&\qquad\qquad (X, X' \in \mathfrak{g},\ Y, Y' \in \mathfrak{n})
\end{aligned} \tag{7.41}$$

によりリー代数となり，$\mathfrak{n}$ の拡大を与える．($\tilde{\mathfrak{n}}$ を $\mathfrak{n}$ の $(\rho, \mathfrak{g})$ による**半直積**とよび，$\tilde{\mathfrak{n}} = \mathfrak{g} \ltimes \mathfrak{n}$ と書く.)

証明. まず，$\tilde{\mathfrak{n}}$ が括弧積 (7.41) によりリー代数となることを確かめる．括弧積が $\tilde{\mathfrak{n}}$ 上の交代双 1 次写像であることは直ちにわかるので，ヤコビ恒等式 (7.17) を示せばよい．$Z = X + Y$, $Z = X' + Y'$, $Z'' = X'' + Y'' \in \tilde{\mathfrak{n}}$ $(X, X', X'' \in \mathfrak{g}$, $Y, Y', Y'' \in \mathfrak{n})$ とする．このとき，$\rho : \mathfrak{g} \to \mathrm{Der}(\mathfrak{n})$ が準同型であることを用いて括弧積 $[Z, [Z', Z'']]$ を計算すると，

$$
\begin{aligned}
[Z,[Z',Z'']] = [X,[X',X'']] &+ [Y,[Y',Y'']] \\
&+ \rho(X)\rho(X')Y'' - \rho(X)\rho(X'')Y' \\
&- \rho(X')\rho(X'')Y + \rho(X'')\rho(X')Y \\
&- [Y'',\rho(X)Y'] + [Y',\rho(X)Y''] \\
&+ [Y,\rho(X')Y''] - [Y,\rho(X'')Y']
\end{aligned}
$$

を得る．次に，$Z \to Z' \to Z''$ と巡回的に置き換えて，括弧積 $[Z',[Z'',Z]]$ と $[Z'',[Z,Z']]$ を同様に書き下す．このようにして得られる 3 つの等式の右辺を足し合わせると結局零になり，$\tilde{\mathfrak{n}}$ においてヤコビ恒等式がなりたつことがわかる (あるいは，括弧積の双 1 次性より，Z, Z', Z'' のそれぞれが $\mathfrak{g}$ または $\mathfrak{n}$ に属するとして，場合分けをして調べることもできる)．また，$\mathfrak{n}$ が $\tilde{\mathfrak{n}}$ のイデアルであることは，括弧積の定義から明らかである． □

さて，$f \in \mathfrak{sp}(V)$ に対して，ハイゼンベルグ代数 $\mathfrak{n}(V)$ 上の 1 次変換 $\rho(f)$ を

$$
\rho(f)(v + t\boldsymbol{e}) := f(v) \quad (v \in V,\ t \in \mathbb{K}) \tag{7.42}
$$

により定める．このとき，$v + t\boldsymbol{e}, v' + t'\boldsymbol{e} \in \mathfrak{n}(V)$ について，

$$
\rho(f)([v + t\boldsymbol{e},\ v' + t'\boldsymbol{e}]) = \rho(f)(B(v,v')\boldsymbol{e}) = 0
$$

であり，一方で，

$$
\begin{aligned}
&[\rho(f)(v + t\boldsymbol{e}),\ v' + t'\boldsymbol{e}] + [v + t\boldsymbol{e},\ \rho(f)(v' + t'\boldsymbol{e})] \\
&\quad = \{B(f(v),v') + B(v,f(v'))\} \cdot \boldsymbol{e} = 0 \qquad ((7.18)\ \text{参照})
\end{aligned}
$$

であることから，$\rho(f)$ は $\mathfrak{n}(V)$ 上の微分を与える．また，対応 $f \mapsto \rho(f)$ がリー代数 $\mathfrak{sp}(V)$ から $\mathrm{Der}(\mathfrak{n}(V))$ への準同型写像であることは，$\rho(f)$ の定義から直ちに従う．したがって，命題 7.13 より，この準同型 ρ から，ハイゼンベルグ代数 $\mathfrak{n}(V) \cong \mathfrak{n}_r(\mathbb{K})$ のシンプレクティックリー代数 $\mathfrak{sp}(V) \cong \mathfrak{sp}(n,\mathbb{K})$ による拡大

$$
\tilde{\mathfrak{n}}(V) := \mathfrak{sp}(V) \ltimes \mathfrak{n}(V) \quad (\text{行列形では } \tilde{\mathfrak{n}}_r(\mathbb{K}) := \mathfrak{sp}(n,\mathbb{K}) \ltimes \mathfrak{n}_r(\mathbb{K})) \tag{7.43}
$$

が得られる．

7.3.4 ハイゼンベルグ群

ハイゼンベルグ代数 $\mathfrak{n}(V)$ に対応する群について，基本的な事柄を解説しておこう．

$\mathbb{K}$ に成分をもつ正方行列 Z が冪零であるとは，ある自然数 l が存在して $Z^l = 0$ なるときをいう．このとき，指数行列 $\exp Z$ を

$$\exp Z := \sum_{k=0}^{\infty} \frac{Z^k}{k!} = E + Z + \frac{1}{2}Z^2 + \cdots + \frac{1}{(l-1)!}Z^{l-1} \tag{7.44}$$

により定義することができる (E は単位行列)．ふたつの冪零行列 Z, Z' が互いに可換であれば，

$$\exp(Z + Z') = \exp Z \exp Z' \tag{7.45}$$

がなりたつことは，指数行列の定義を用いて容易にわかる．これより，とくに，

$$\exp Z \exp(-Z) = \exp(-Z) \exp Z = E, \quad \exp 0 = E,$$

が従う．よって，行列 $\exp Z$ は正則であり，その逆行列は $\exp(-Z)$ で与えられる．

いま，$Z(x, y, t) \in \mathfrak{n}_r(\mathbb{K})$ とする．$Z(x, y, t)^3 = 0$ ゆえ，$n + 2$ 次正方行列 $Z(x, y, t)$ は冪零行列である．対応する指数行列は，簡単な計算により，

$$\exp Z(x, y, t) = E + Z(x, y, t + (1/2) \cdot x\,{}^t y) \tag{7.46}$$

になる．これを用いて行列の積を計算すると，$Z(x, y, t), Z(x', y', t') \in \mathfrak{n}_r(\mathbb{K})$ に対し，等式

$$\begin{aligned} &\exp Z(x, y, t) \exp Z(x', y', t') \\ &\quad = \exp Z(x + x',\ y + y',\ t + t' + (1/2) \cdot (x\,{}^t y' - x'\,{}^t y)) \end{aligned} \tag{7.47}$$

がなりたつことがわかる．

問題 7.19. 等式 (7.46) および (7.47) を示せ．

さて，$n + 2$ 次正方行列の集合 $N_r(\mathbb{K})$ を，

$$N_r(\mathbb{K}) := E + \mathfrak{n}_r(\mathbb{K}) = \left\{ \begin{pmatrix} 1 & * & \cdots & * & * \\ 0 & 1 & \cdots & 0 & * \\ \vdots & \vdots & \ddots & \vdots & \vdots \\ 0 & 0 & \cdots & 1 & * \\ 0 & 0 & \cdots & 0 & 1 \end{pmatrix} \right\} \tag{7.48}$$

により定める．(7.46) と (7.47) から次の命題が直ちに得られる．

命題 7.14. (i) 指数写像 $\exp : Z(x,y,t) \mapsto \exp Z(x,y,t)$ は集合 $\mathfrak{n}_r(\mathbb{K})$ から集合 $N_r(\mathbb{K})$ への全単射を与える．

(ii) $N_r(\mathbb{K})$ は行列の積に関して群をなす．

再び (V, B) をシンプレクティック線形空間とし，ハイゼンベルグ代数 $\mathfrak{n}(V)$ の要素たちが定める集合

$$N(V) := \{\exp(v + t\boldsymbol{e}) \mid v + t\boldsymbol{e} \in \mathfrak{n}(V)\} \tag{7.49}$$

を考える．すなわち，$N(V)$ は記号 $\exp(v + t\boldsymbol{e})$ たちを要素とし，$\mathfrak{n}(V) \ni v + t\boldsymbol{e} \mapsto \exp(v + t\boldsymbol{e}) \in N(V)$ が全単射であるような集合である．ここでは exp は単なる記号として用いており，(結局はそうなるのだが) あらかじめ指数写像を意味しているわけではない．$\mathfrak{n}(V)$ はリー代数の構造をすでにもっているため，それと区別するために別の集合 $N(V)$ を用意するのである．

このとき，命題 7.12 と命題 7.14 により，

$$N(V) \ni \exp(v + t\boldsymbol{e}) \longmapsto \exp Z(x,y,t) \in N_r(\mathbb{K}),$$
$$\text{ただし } v = \sum_{i=1}^{n} (x_i p_i + y_i q_i),$$

は $N(V)$ から $N_r(\mathbb{K})$ への全単射写像を与える．(7.4) と (7.47) に注意して，この全単射が群同型写像になるように集合 $N(V)$ に群の積演算を定義することができて，それは次のようになる：

$$\exp(v + t\boldsymbol{e}) \exp(v' + t'\boldsymbol{e}) := \exp\{v + v' + (t + t' + (1/2) \cdot B(v, v'))\boldsymbol{e}\} \quad (v, v' \in V, t, t' \in \mathbb{K}). \tag{7.50}$$

定義 7.12. 群 $N(V) \cong N_r(\mathbb{K})$ を $\mathbb{K}$ 上の r 次元**ハイゼンベルグ群**とよぶ.

命題 7.15. ハイゼンベルグ群 $N(V)$ について次がなりたつ.

(i) $N(V)$ の中心 $Z(N(V))$ は, $\exp t\boldsymbol{e}$ $(t \in \mathbb{K})$ たちからなる.

(ii) W, W' を V のラグランジュ部分空間とする (命題 7.7 参照). このとき, $\exp W'$ と $P := \exp(W \oplus \mathbb{K}\boldsymbol{e})$ はともに $N(V)$ の可換な部分群である. さらに, 部分群 P は $N(V)$ において正規である.

(iii) $V = W \oplus W'$ のとき, $N(V)$ は $\exp W'$ と P の半直積に等しい: $N(V) = \exp W' \ltimes P$.

証明. (i) $N(V)$ における積の定義 (7.50) より, $\exp(v + t\boldsymbol{e})$ $(v \in V, t \in \mathbb{K})$ が $N(V)$ の中心に属するためには, $B(v, v') = B(v', v)$ がすべての $v' \in V$ に対してなりたつことが必要十分条件である. B は V 上で非退化かつ反対称だから, 後者の条件が満たされるのは $v = 0$ のときに限る. よって, $Z(N(V)) = \exp \mathbb{K}\boldsymbol{e}$ を得る.

(ii) シンプレクティック形式 B はラグランジュ部分空間 W, W' 上でそれぞれ零であることに注意すれば, $\exp W'$ と P が $N(V)$ の可換な部分群であることは, (7.50) から直ちにわかる. また, 交換関係

$$nn' = n'n \cdot \exp B(v, v')\boldsymbol{e} \quad (n = \exp(v + t\boldsymbol{e}),\ n' = \exp(v' + t'\boldsymbol{e})) \tag{7.51}$$

から, $N(V)$ の交換子群 $[N(V), N(V)]$ は $\exp \mathbb{K}\boldsymbol{e}$ に一致することがわかる. したがって, 交換子群を含む部分群 P は $N(V)$ の正規部分群である (問題 7.20).

(iii) $v \in V$ を $v = w + w'$ $(w \in W, w' \in W')$ と表すとき,

$$\exp(v + t\boldsymbol{e}) = \exp w' \cdot \exp(w + (t - (1/2)B(w', w))\boldsymbol{e})$$

より, $N(V) = (\exp W')P$ がわかる. また, $\exp W' \cap P = \{1\}$ $(1 := \exp 0$ は $N(V)$ の単位元) は明らかだから, $N(V)$ は $\exp W'$ と P との半直積に等しい.

□

問題 7.20. 群 G の部分群 H が G の交換子群 $[G, G]$ を含むならば, H は G において正規であることを示せ. ここに, $[G, G]$ は $g_1 g_2 g_1^{-1} g_2^{-1}$ $(g_1, g_2 \in G)$ たちが生成する G の部分群のことである.

7.3.5 余随伴軌道

最後に，ハイゼンベルグ群 $N(V)$ の余《よ》随《ずい》伴《はん》軌道を具体的に書き下しておこう．詳しくは第 10 章 (トピックス 8, p. 374) で触れるが，$\mathbb{K}=\mathbb{R}$ の場合，余随伴軌道は実ハイゼンベルグ群の既約ユニタリ表現の同値類と 1 対 1 に対応している．

まず，$N(V)$ の要素 $n=\exp(v+t\boldsymbol{e})$ $(v\in V, t\in\mathbb{K})$ に対して，$\mathfrak{n}(V)$ 上の 1 次変換 $\mathrm{Ad}(n)$ を

$$\mathrm{Ad}(n)(v'+t'\boldsymbol{e}):=v'+(t'+B(v,v'))\boldsymbol{e}\quad(v'+t'\boldsymbol{e}\in\mathfrak{n}(V))\tag{7.52}$$

で定義する．このとき，$(\mathrm{Ad},\mathfrak{n}(V))$ は群 $N(V)$ の $\mathbb{K}$ 上の表現を定めることが容易にわかる (群の表現の一般的な定義は 2.2 節を参照).

補題 7.16. (i) $\exp\mathrm{Ad}(n)(v'+t'\boldsymbol{e})=n\cdot\exp(v'+t'\boldsymbol{e})\cdot n^{-1}$ がなりたつ．

(ii) $\mathrm{Ad}(n)$ はリー代数 $\mathfrak{n}(V)$ の自己同型写像である．

(iii) 対応 $\mathrm{Ad}: n\mapsto\mathrm{Ad}(n)$ は，$N(V)$ から $\mathfrak{n}(V)$ 上の正則な 1 次変換全体のなす群 $GL(\mathfrak{n}(V))$ への群準同型写像である．Ad を $N(V)$ のリー代数 $\mathfrak{n}(V)$ 上への**随伴表現**とよぶ．

問題 7.21. 上の補題を示せ．

次に，$\mathfrak{n}(V)$ の双対空間 $\mathfrak{n}(V)^*=\mathrm{Hom}_{\mathbb{K}}(\mathfrak{n}(V),\mathbb{K})$ に群 $N(V)$ を自然に働かせよう．すなわち，$n\in N(V)$ と $\psi\in\mathfrak{n}(V)^*$ に対して，

$$(\mathrm{Ad}^*(n)\psi)(v'+t'\boldsymbol{e}):=\psi(\mathrm{Ad}(n)^{-1}(v'+t'\boldsymbol{e}'))\tag{7.53}$$

により，$N(V)$ の $\mathfrak{n}(V)^*$ 上の表現 Ad^* を定義する．この表現を随伴表現 Ad の「反傾《はんけい》」とよび，$N(V)$ の**余随伴表現** (coadjoint representation) という．また，この作用に関する群 $N(V)$ の $\mathfrak{n}(V)^*$ における軌道のことを**余随伴軌道** (coadjoint orbit) という．

命題 7.17. $\mathbb{K}\boldsymbol{e}$ の $\mathfrak{n}(V)^*$ における直交空間を $(\mathbb{K}\boldsymbol{e})^\perp:=\{\phi\in\mathfrak{n}(V)^*\mid\phi(\boldsymbol{e})=0\}$ とするとき，$\psi\in\mathfrak{n}(V)^*$ をとおる余随伴軌道 $\mathrm{Ad}^*(N(V))\psi$ は次のようになる．

$$\mathrm{Ad}^*(N(V))\psi = \begin{cases} \{\psi\} = (\text{一点}) & (\psi \in (\mathbb{K}\boldsymbol{e})^\perp \text{のとき}) \\ \psi + (\mathbb{K}\boldsymbol{e})^\perp & (\psi \notin (\mathbb{K}\boldsymbol{e})^\perp \text{のとき}) \end{cases} \tag{7.54}$$

ここに，$\psi + (\mathbb{K}\boldsymbol{e})^\perp = \{\phi \in \mathfrak{n}(V)^* \mid \phi(\boldsymbol{e}) = \psi(\boldsymbol{e})\}$ は ψ をとおり $(\mathbb{K}\boldsymbol{e})^\perp$ と平行な超平面である．

証明. $v \in V$ に対して $\beta_v \in (\mathbb{K}\boldsymbol{e})^\perp$ を $\beta_v(v' + t'\boldsymbol{e}) := B(v', v)$ により定める．このとき，B の非退化性より，$v \mapsto \beta_v$ は V と $(\mathbb{K}\boldsymbol{e})^\perp$ の間の線形同型を与える．これと (7.52) および (7.53) から $\mathrm{Ad}^*(n)\psi = \psi + \psi(\boldsymbol{e})\beta_v$ $(n = \exp(v + t\boldsymbol{e}))$ がわかり，命題を得る． □

例 7.12. $\mathbb{K} = \mathbb{R}, n = 1$ のとき，$\mathfrak{n}(V)$ の基底 $p_1, q_1, \boldsymbol{e}$ の双対基底を $p_1^*, q_1^*, \boldsymbol{e}^*$ とする．$\psi = xp_1^* + yq_1^* + z\boldsymbol{e}^*$ $(x, y, z \in \mathbb{R})$ により $\mathfrak{n}(V)^*$ を (x, y, z) 空間と同一視する．このとき，ハイゼンベルグ群 $N(V)$ の余随伴軌道を (x, y, z) 空間内に図示すると次のようになる．

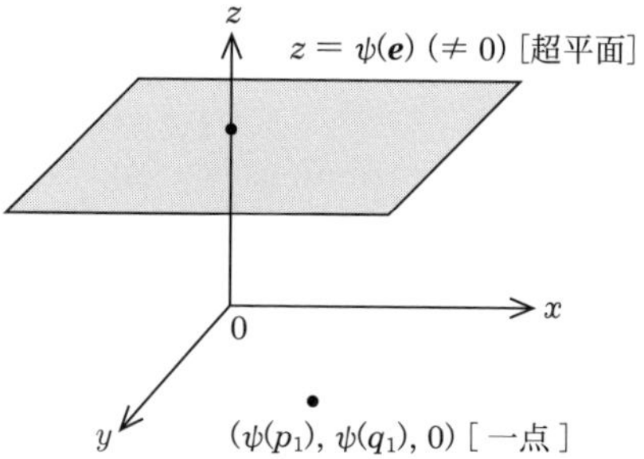

図 7.2.　3 次元実ハイゼンベルグ群の余随伴軌道

■第8章■

実単純リー代数

本章では，実数体 $\mathbb{R}$ 上の単純リー代数を考察する．$\mathbb{C}$ 上の古典リー代数の実型《じつけい》として，どのような実単純リー代数が得られるかを，具体的に調べてみよう．とりわけエルミート型実型の構成と分類を詳しく解説する．エルミート型実型は，有界対称領域 (単位円板の一般化) に対応し，正則な保型形式や最低ウェイトをもつ既約ユニタリ表現の研究の舞台を与える．なかでも，実シンプレクティックリー代数は，他の種類のエルミート型実型 (AIII, DIII) を自然に含んでいる．いわば，親玉的な存在であって，面白くかつ重要である．

8.1　古典型実単純リー代数

8.1.1　複素リー代数の実型

$\mathfrak{g}$ を複素数体 $\mathbb{C}$ 上の有限次元リー代数とする．

定義 8.1. 次の 2 条件 (a), (b) を満たす $\mathfrak{g}$ の部分集合 $\mathfrak{g}_0$ を複素リー代数 $\mathfrak{g}$ の**実型**という．また，$\mathfrak{g}_0$ からみて，$\mathfrak{g}$ を $\mathfrak{g}_0$ の**複素化**とよび，$\mathfrak{g} = (\mathfrak{g}_0)_{\mathbb{C}}$ で表すことにする．

(a)　$\mathfrak{g}_0$ は $\mathfrak{g}$ の実部分リー代数である．すなわち，

$$X, Y \in \mathfrak{g}_0,\ a, b \in \mathbb{R} \quad \text{ならば} \quad aX + bY \in \mathfrak{g}_0,\ [X, Y] \in \mathfrak{g}_0.$$

(b)　$\mathfrak{g}$ の実部分線形空間 $\mathfrak{g}_0$ の基底は，複素線形空間 $\mathfrak{g}$ の基底をなす．

任意の実リー代数 $\mathfrak{g}_0$ に対して，その複素化は次のように構成できる．実線形空間 $\mathfrak{g}_0$ の $\mathbb{C}$ への係数拡大 $\mathfrak{g} := \mathbb{C} \otimes_{\mathbb{R}} \mathfrak{g}_0$ は，括弧積

$$[\lambda \otimes X, \mu \otimes Y] := (\lambda\mu) \otimes [X, Y] \quad (X, Y \in \mathfrak{g}_0,\ \lambda, \mu \in \mathbb{C})$$

により複素リー代数の構造をもち，標準的な埋め込み $\mathfrak{g}_0 \ni X \mapsto 1 \otimes X \in \mathfrak{g}$ をとおして，$\mathfrak{g}$ は $\mathfrak{g}_0$ の複素化を与える．なお，実リー代数の複素化は同型を除き一意的であるが，複素リー代数に対して，その実型には一般に (互いに同型でない) さまざまなものがある．

実一般線形リー代数 $\mathfrak{gl}(n, \mathbb{R})$ は複素一般線形リー代数 $\mathfrak{gl}(n, \mathbb{C})$ の実型である．7.2.2 節で扱った他の古典リー代数についても，$\mathfrak{sl}(n, \mathbb{R})$, $\mathfrak{sp}(n, \mathbb{R})$, $\mathfrak{o}(n, \mathbb{R})$ が，それぞれ $\mathfrak{sl}(n, \mathbb{C})$, $\mathfrak{sp}(n, \mathbb{C})$, $\mathfrak{o}(n, \mathbb{C})$ の実型であることは明らかであろう．これらの実型を，**自然な実型**とよぼう．

命題 8.1. 複素単純リー代数 $\mathfrak{g}$ の実型 $\mathfrak{g}_0$ は $\mathbb{R}$ 上単純である．

証明. この命題は，実型と単純リー代数の定義からほとんど明らかであるが，考え方に慣れるため，丁寧に証明してみよう．

$\mathfrak{h}_0$ を $\mathfrak{g}_0$ の零でないイデアルとし，$\mathfrak{g}_0$ の基底 $X_1, \cdots, X_n$ を，最初の r 個 $X_1, \cdots, X_r$ $(1 \leq r \leq n)$ が $\mathfrak{h}_0$ の基底となるようにとる．定義 8.1 (b) より，$X_1, \cdots, X_n$ は複素線形空間 $\mathfrak{g}$ の基底をなす．いま，$\mathfrak{h}_0$ から生成される $\mathfrak{g}$ の $\mathbb{C}$-部分空間を $\mathfrak{h}$ で表す：$\mathfrak{h} := \mathbb{C}X_1 + \cdots + \mathbb{C}X_r$．そのとき，$1 \leq i \leq n, 1 \leq j \leq r$ なる (i, j) に対して，$[X_i, X_j] \in [\mathfrak{g}_0, \mathfrak{h}_0] \subset \mathfrak{h}_0 \subset \mathfrak{h}$ であり，$\mathfrak{g}$ の括弧積は $\mathbb{C}$-双 1 次であることから，$\mathfrak{h}$ は $\mathfrak{g}$ のイデアルになることがわかる．仮定より $\mathfrak{g}$ は単純なので，$\mathfrak{h} = \mathfrak{g}$ を得る．ゆえに，$r = n$, すなわち $\mathfrak{h}_0 = \mathfrak{g}_0$ が従う．

また，もし $\mathfrak{g}_0$ が可換ならば，$[X_i, X_j] = 0$ $(i, j = 1, \cdots, n)$ から，$\mathfrak{g} = \mathbb{C}X_1 + \cdots + \mathbb{C}X_n$ も可換になり，これは $\mathfrak{g}$ の単純性に反する． □

注意 8.1. 命題 8.1 の逆「実リー代数 $\mathfrak{g}_0$ が単純のとき，その複素化 $(\mathfrak{g}_0)_{\mathbb{C}}$ も単純である」はなりたたない．実際，$\mathfrak{g}$ を複素単純リー代数としたとき，$\mathfrak{g}$ を自然に実リー代数とみなして得られるリー代数 $\mathfrak{g}_{\mathbb{R}}$ は $\mathbb{R}$ 上単純になることが知られている (問題 8.1 も参照)．一方，$\mathfrak{g}$ において虚数単位を掛けるという線形変換を $\boldsymbol{j}$ とし，$\mathfrak{g}_{\mathbb{R}}$ の複素化における虚数単位を $\sqrt{-1}$ で表すとき，対応

$$(X, Y) \longmapsto \frac{1}{\sqrt{2}}(X + \sqrt{-1}\boldsymbol{j}X) + \frac{1}{\sqrt{2}}(Y - \sqrt{-1}\boldsymbol{j}Y) \quad (X, Y \in \mathfrak{g}) \tag{8.1}$$

は，直和リー代数 $\mathfrak{g} \oplus \mathfrak{g}$ から $\mathfrak{g}_{\mathbb{R}}$ の複素化 $(\mathfrak{g}_{\mathbb{R}})_{\mathbb{C}} = \mathfrak{g}_{\mathbb{R}} \oplus \sqrt{-1}\mathfrak{g}_{\mathbb{R}}$ への同型を与える (問題 8.2)．よって，$(\mathfrak{g}_{\mathbb{R}})_{\mathbb{C}} \cong \mathfrak{g} \oplus \mathfrak{g}$ は $\mathbb{C}$ 上半単純ではあるが，単純ではない．

問題 8.1. $\mathfrak{sl}(2,\mathbb{C})$ は実リー代数として単純であることを証明せよ．

問題 8.2. 写像 (8.1) が $\mathfrak{g}\oplus\mathfrak{g}$ と $(\mathfrak{g}_{\mathbb{R}})_{\mathbb{C}}$ の間の同型写像であることを示せ．

◆トピックス 3 (実単純リー代数の分類). ……………………………………

一般に，$\mathbb{R}$ 上の有限次元単純リー代数は，その複素化が単純であるかどうかに応じて，

(i) 複素単純リー代数 $\mathfrak{g}$ の実型 $\mathfrak{g}_0$(実型タイプ，複素化 $\mathfrak{g}$ は単純)，

(ii) $\mathfrak{g}$ を実リー代数とみなした $\mathfrak{g}_{\mathbb{R}}$ (複素タイプ，複素化 $(\mathfrak{g}_{\mathbb{R}})_{\mathbb{C}}\cong\mathfrak{g}\oplus\mathfrak{g}$ は単純でない)，

の 2 種類に分かれる．(i) のタイプの実単純リー代数 $\mathfrak{g}_0$ は，複素化 $\mathfrak{g}$ のディンキン図形に然るべき情報：頂点の塗りつぶしと矢印，を付加した**佐武図形**を用いて分類することができる．多少異なった観点からの，**ヴォーガン図形**による分類もある．一方，(ii) のタイプのリー代数 $\mathfrak{g}_{\mathbb{R}}$ は，複素単純リー代数 $\mathfrak{g}$ と 1 対 1 に対応しており，したがって，7.2.3 節で述べたディンキン図形を用いて分類できる．これらについては，例えば [25] Chap. VI (ヴォーガン図形による分類) が参考になろう．歴史的には，実単純リー代数の分類を最初に与えたのはカルタン (É. Cartan; 5.7.1 節参照) である．

以下，本節 8.1 の残り部分と次節 8.2 で，$\mathfrak{g}$ を古典型の複素単純リー代数 $\mathfrak{sl}(n,\mathbb{C})$, $\mathfrak{sp}(n,\mathbb{C})$, $\mathfrak{o}(n,\mathbb{C})$ として，$\mathfrak{g}$ のさまざまな実型とその構造を調べていこう．

8.1.2 コンパクト実型

n 次複素正方行列 X に対して，

$$\theta(X) := -X^* \quad (\text{ただし } X^* := \overline{{}^tX})$$

とおく．このとき，θ は，$\mathfrak{gl}(n,\mathbb{C})$ の実リー代数としての**対合的** (すなわち $\theta^2=\mathrm{id}$) な同型写像を定める (対合は「たいごう」あるいは「ついごう」と読む)．実際，

$$\theta^2(X) = -(-X^*)^* = (X^*)^* = X,$$
$$\theta([X,Y]) = -(XY-YX)^* = -Y^*X^* + X^*Y^* = [\theta(X),\theta(Y)],$$

となっている．θ を $\mathfrak{gl}(n,\mathbb{C})$ の**カルタン対合**という．θ の固定点全体

$$\mathfrak{u}(n) := \{X\in\mathfrak{gl}(n,\mathbb{C}) \mid \theta(X)=X\} \subset \mathfrak{gl}(n,\mathbb{C}) \tag{8.2}$$

は歪《わい》エルミート行列全体からなる実部分リー代数であり，これを n 次**ユニタリ (リー) 代数**とよぶ.

任意の $X \in \mathfrak{gl}(n, \mathbb{C})$ は，歪エルミート行列

$$Y = \frac{1}{2}(X + \theta(X)) \in \mathfrak{u}(n)$$

とエルミート行列

$$Z = \frac{1}{2}(X - \theta(X)) \in \sqrt{-1}\mathfrak{u}(n)$$

の和 $X = Y + Z$ に，ただ一通りの方法で書き表される．よって，

$$\mathfrak{gl}(n, \mathbb{C}) = \mathfrak{u}(n) \oplus \sqrt{-1}\,\mathfrak{u}(n) \quad (\text{実線形空間の直和}). \tag{8.3}$$

したがって $\mathfrak{u}(n)$ は $\mathfrak{gl}(n, \mathbb{C})$ の実型である．この直和分解は $\mathfrak{gl}(n, \mathbb{C})$ の θ-固有空間分解 (**カルタン分解**) を与え，$\mathfrak{u}(n)$, $\sqrt{-1}\,\mathfrak{u}(n)$ は，それぞれ θ の固有値 1, -1 に属する固有空間に等しい.

さて，$\mathfrak{g} = \mathfrak{sl}(n, \mathbb{C}), \mathfrak{sp}(n, \mathbb{C}), \mathfrak{o}(n, \mathbb{C})$ とし，自然数 m を，$\mathfrak{g} = \mathfrak{sl}(n, \mathbb{C}), \mathfrak{o}(n, \mathbb{C})$ のときには $m := n$，$\mathfrak{g} = \mathfrak{sp}(n, \mathbb{C})$ のときには $m := 2n$，により定める．このとき，$\mathfrak{g}$ は $\mathfrak{gl}(m, \mathbb{C})$ の部分リー代数である.

命題 8.2. (i) $\mathfrak{gl}(m, \mathbb{C})$ のカルタン対合 θ は，上にあげた部分リー代数 $\mathfrak{g}$ を安定にする：$\theta(\mathfrak{g}) = \mathfrak{g}$. θ の $\mathfrak{g}$ への制限を $\mathfrak{g}$ の**カルタン対合**とよび，これも同じ記号 θ で表すことにする.

(ii) $\mathfrak{g}_u := \mathfrak{g} \cap \mathfrak{u}(m)$ は $\mathfrak{g}$ の実型であり，$\mathfrak{g}$ は実線形空間として，

$$\mathfrak{g} = \mathfrak{g}_u \oplus \sqrt{-1}\,\mathfrak{g}_u \tag{8.4}$$

と直和分解する.

証明. $\mathfrak{g} = \mathfrak{sp}(n, \mathbb{C})$ の場合に証明する (他の場合も同様である).

(i) $X \in \mathfrak{g}$ とする．すなわち，$X \in \mathfrak{gl}(m, \mathbb{C})$ は，${}^tXJ + JX = 0$ を満たす (例 7.9 参照)．この両辺に θ を施すと，$\theta(J) = J$ に注意して，

$$0 = \theta({}^tXJ + JX) = -J\theta({}^tX) - \theta(X)J = -J{}^t\theta(X) - \theta(X)J$$

を得る．これと $J^2 = -E_m$ から，

$$ {}^t\theta(X)J + J\theta(X) = -J(J\,{}^t\theta(X) + \theta(X)J)J = 0, $$

すなわち，$\theta(X) \in \mathfrak{g}$ がわかる．

(ii) (i) の結果より，θ は $\mathfrak{g}$ 上の対合的同型写像を誘導し，

$$ \mathfrak{g} = (\mathfrak{g} \cap \mathfrak{u}(m)) \oplus (\mathfrak{g} \cap \sqrt{-1}\mathfrak{u}(m)), \qquad \mathfrak{g} \cap \sqrt{-1}\mathfrak{u}(m) = \sqrt{-1}(\mathfrak{g} \cap \mathfrak{u}(m)) $$

は，θ に関する $\mathfrak{g}$ の固有空間分解を与える．これより (ii) は直ちに従う． □

定義 8.2. $\mathfrak{g}_u = \mathfrak{g} \cap \mathfrak{u}(m)$ を $\mathfrak{g}$ の**コンパクト実型**とよび，$\mathfrak{g}_u = \mathfrak{su}(n)$ ($\mathfrak{g} = \mathfrak{sl}(n, \mathbb{C})$ のとき)，$\mathfrak{sp}(n)$ ($\mathfrak{g} = \mathfrak{sp}(n, \mathbb{C})$ のとき)，$\mathfrak{o}(n)$ ($\mathfrak{g} = \mathfrak{o}(n, \mathbb{C})$ のとき)，と表記する．

注意 8.2. $\mathfrak{o}(n)$ は，$\mathbb{R}$ 上の n 次交代行列全体のなす直交リー代数 $\mathfrak{o}(n, \mathbb{R}) = \mathfrak{o}(n, 0)$ (例 7.10) に等しい．

例 8.1. $\mathfrak{sl}(2, \mathbb{C})$ のコンパクト実型 $\mathfrak{su}(2)$ において，

$$ \begin{aligned} F_1 &:= \frac{1}{2}\begin{pmatrix} 0 & \sqrt{-1} \\ \sqrt{-1} & 0 \end{pmatrix} = \frac{\sqrt{-1}}{2}(X_+ + X_-), \\ F_2 &:= \frac{1}{2}\begin{pmatrix} 0 & -1 \\ 1 & 0 \end{pmatrix} = \frac{1}{2}(-X_+ + X_-), \\ F_3 &:= \frac{1}{2}\begin{pmatrix} \sqrt{-1} & 0 \\ 0 & -\sqrt{-1} \end{pmatrix} = \frac{\sqrt{-1}}{2}H, \end{aligned} $$

は，交換関係

$$ [F_1, F_2] = F_3, \quad [F_2, F_3] = F_1, \quad [F_3, F_1] = F_2 \tag{8.5} $$

を満たす $\mathfrak{su}(2)$ の基底をなす．ここに，(X_+, H, X_-) は $\mathfrak{sl}(2, \mathbb{C})$ の標準トリプルである (例 7.8)．なお，$(-2\sqrt{-1}F_1, 2\sqrt{-1}F_2, -2\sqrt{-1}F_3)$ はパウリの σ 行列とよばれている (4.1 節)．

8.1.3 θ-安定な実型とそのカルタン分解

古典型複素単純リー代数 $\mathfrak{g}$ の実型 $\mathfrak{g}_0$ が $\theta(\mathfrak{g}_0) = \mathfrak{g}_0$ を満たすとき，$\mathfrak{g}_0$ を **θ-安定な実型**であるという．ここに，θ は $\mathfrak{g}$ のカルタン対合 (命題 8.2 (i) 参照) である．$\mathfrak{g}$ の実型 $\mathfrak{g}_0'$ を任意に取ったとき，$\mathfrak{g}_0'$ を θ-安定な実型 $\mathfrak{g}_0 = \eta(\mathfrak{g}_0')$ に移す $\mathfrak{g}$ の同型写像 η が存在することが知られている．この事実に基づき，以下では θ-安定な実型 $\mathfrak{g}_0$ を扱うことにする．このとき，

$$\mathfrak{k}_0 := \mathfrak{g}_0 \cap \mathfrak{g}_u, \quad \mathfrak{p}_0 := \mathfrak{g}_0 \cap \sqrt{-1}\mathfrak{g}_u, \tag{8.6}$$

とおけば，$\mathfrak{k}_0$ は $\mathfrak{g}_0$ の部分リー代数であり，(8.4) から $\mathfrak{g}_0$ の分解

$$\mathfrak{g}_0 = \mathfrak{k}_0 \oplus \mathfrak{p}_0, \quad [\mathfrak{k}_0, \mathfrak{k}_0] \subset \mathfrak{k}_0,\ [\mathfrak{k}_0, \mathfrak{p}_0] \subset \mathfrak{p}_0,\ [\mathfrak{p}_0, \mathfrak{p}_0] \subset \mathfrak{k}_0, \tag{8.7}$$

が得られる．これを実リー代数 $\mathfrak{g}_0$ の**カルタン分解**とよび，$\mathfrak{k}_0$ を $\mathfrak{g}_0$ の**極大コンパクト部分リー代数**という．$\mathfrak{k}_0$, $\mathfrak{p}_0$ から $\mathbb{C}$ 上生成される $\mathfrak{g}$ の部分空間を，それぞれ $\mathfrak{k}$, $\mathfrak{p}$ とすれば，(8.7) は，複素線形空間 $\mathfrak{g}$ の直和分解

$$\mathfrak{g} = \mathfrak{k} \oplus \mathfrak{p}, \quad [\mathfrak{k}, \mathfrak{k}] \subset \mathfrak{k},\ [\mathfrak{k}, \mathfrak{p}] \subset \mathfrak{p},\ [\mathfrak{p}, \mathfrak{p}] \subset \mathfrak{k}, \tag{8.8}$$

を引き起こす．$\mathfrak{g} = \mathfrak{k} \oplus \mathfrak{p}$ を $\mathfrak{g}_0$ の**複素カルタン分解**という．なお，$\mathfrak{g}$ の実型 $\mathfrak{g}_0$ は，複素カルタン分解に現れる $\mathfrak{k}, \mathfrak{p}$ とコンパクト実型 $\mathfrak{g}_u$ から次のように復元することができる：

$$\mathfrak{g}_0 = \mathfrak{k} \cap \mathfrak{g}_u \oplus \sqrt{-1}(\mathfrak{p} \cap \mathfrak{g}_u).$$

例 8.2. (i) $\mathfrak{g}$ のコンパクト実型 $\mathfrak{g}_0 = \mathfrak{g}_u$ は θ-安定であり，$\mathfrak{k}_0 = \mathfrak{g}_0$, $\mathfrak{p}_0 = \{0\}$ となる．

(ii) $\mathfrak{g} = \mathfrak{sl}(n, \mathbb{C})$, $\mathfrak{sp}(n, \mathbb{C})$, $\mathfrak{o}(n, \mathbb{C})$ の自然な実型 $\mathfrak{g}_0 = \mathfrak{sl}(n, \mathbb{R})$, $\mathfrak{sp}(n, \mathbb{R})$, $\mathfrak{o}(n, \mathbb{R}) = \mathfrak{o}(n)$ は，それぞれ θ-安定である．対応する極大コンパクト部分リー代数 $\mathfrak{k}_0$ は，それぞれ，

$$\mathfrak{k}_0 = \begin{cases} \mathfrak{o}(n) & (\mathfrak{g}_0 = \mathfrak{sl}(n, \mathbb{R}) \text{ のとき}) \\ \mathfrak{sp}(n, \mathbb{R}) \cap \mathfrak{o}(2n) \cong \mathfrak{u}(n) & (\mathfrak{g}_0 = \mathfrak{sp}(n, \mathbb{R}) \text{ のとき}) \\ \mathfrak{o}(n) & (\mathfrak{g}_0 = \mathfrak{o}(n, \mathbb{R}) \text{ のとき}) \end{cases} \tag{8.9}$$

で与えられる．なお，同型 $\mathfrak{sp}(n,\mathbb{R})\cap\mathfrak{o}(2n)\cong\mathfrak{u}(n)$ については，8.2.1 節で詳しく論じる．

(iii) 符号 (p,q), $n=p+q$, の直交リー代数 $\mathfrak{o}(p,q)$ は，$\mathfrak{o}(\varepsilon(p),\mathbb{C})\cong\mathfrak{o}(n,\mathbb{C})$ (例 7.10 および注意 7.1(ii) 参照) の θ-安定な実型であり，部分リー代数 $\mathfrak{k}_0=\mathfrak{o}(p,q)\cap\mathfrak{u}(n)$ は，

$$\mathfrak{k}_0=\left\{\begin{pmatrix}X_1 & O\\ O & X_2\end{pmatrix}\ \middle|\ X_1\in\mathfrak{o}(p),\ X_2\in\mathfrak{o}(q)\right\}\cong\mathfrak{o}(p)\oplus\mathfrak{o}(q) \tag{8.10}$$

と書き表される．

8.2 エルミート型実型

本節では，複素古典リー代数 $\mathfrak{g}$ の実型がエルミート型であるという概念を導入し，エルミート型実型 $\mathfrak{g}_0$ を具体的に構成 (分類) する．幾何学的には，$\mathfrak{g}_0$ は不変複素構造をもつエルミート対称空間に対応する実単純リー代数のことであるが，ここでは，それと同値だが，代数的でより扱いやすい定義 (定義 8.3) を採用し，カルタンの分類記号 AIII, CI, DIII, BDI などを用いる．

8.2.1 定義および実例 (AIII, CI, DIII, BDI)

定義 8.3. 複素単純 (古典) リー代数 $\mathfrak{g}$ の θ-安定な実型 $\mathfrak{g}_0$ が**エルミート型**であるとは，$\mathfrak{g}_0$ の極大コンパクト部分リー代数 $\mathfrak{k}_0$ の中心 $\mathfrak{z}(\mathfrak{k}_0)$ が $\{0\}$ でないときをいう．

例えば，実特殊線形リー代数 $\mathfrak{g}_0=\mathfrak{sl}(n,\mathbb{R})$ については，$\mathfrak{k}_0=\mathfrak{o}(n)$ であるから，$\mathfrak{g}_0$ がエルミート型になるのは，$n=2$ のときだけである (定理 7.11 参照)．

本節では，古典リー代数のエルミート型実型 $\mathfrak{g}_0$ を列挙し，カルタン分解 $\mathfrak{g}_0=\mathfrak{k}_0\oplus\mathfrak{p}_0$ および中心 $\mathfrak{z}(\mathfrak{k}_0)$ を具体的に書き下してみよう．さらに，後の章の準備をかねて，異なるエルミート型実型 AIII, CI, DIII の間の相互関係 (埋め込み) も論じる．

AIII 型：$\mathfrak{su}(p,q)$, $n=p+q\geq 2$ $(p,q>0)$

$n\geq 2$ とする．h が n 次元複素線形空間 V 上の非退化なエルミート形式であるとき，h を不変にする V 上の線形変換全体のなすリー代数 $\mathfrak{u}(h)$ ((7.19) 参照)

を h に付随した**ユニタリ (リー) 代数**という．また，$\mathfrak{u}(h)$ のイデアル

$$\mathfrak{su}(h) := \mathfrak{u}(h) \cap \mathfrak{sl}(n, \mathbb{C}) \tag{8.11}$$

を，h に付随した**特殊ユニタリ (リー) 代数** とよぶ．

いま，(p, q) をエルミート形式 h の符号とし，V の直交基底 $\mathcal{E} = (v_1, \cdots, v_n)$ を (7.15) のようにとる．このとき，基底 $\mathcal{E}$ に関して V 上の線形変換の行列表示を与える写像 $R_{\mathcal{E}} : \mathfrak{gl}(V) \to \mathfrak{gl}(n, \mathbb{C})$ をとおして，$\mathfrak{u}(h)$ および $\mathfrak{su}(h)$ を n 次正方行列のなす実リー代数として実現すると，

$$\begin{aligned} \mathfrak{u}(p, q) &:= \{X \in \mathfrak{gl}(n, \mathbb{C}) \mid X^* I(p) + I(p) X = 0\} \cong \mathfrak{u}(h), \\ \mathfrak{su}(p, q) &:= \mathfrak{u}(p, q) \cap \mathfrak{sl}(n, \mathbb{C}) \cong \mathfrak{su}(h), \end{aligned} \tag{8.12}$$

が得られる．ここに $I(p)$ は (7.8) で定まる対角行列である．$\mathfrak{u}(p, q)$ に属する行列 X は，$X_{11} \in M_p(\mathbb{C})$, $X_{12} \in M_{p,q}(\mathbb{C})$, および $X_{22} \in M_{q,p}(\mathbb{C})$ を用いて，

$$X = \begin{pmatrix} X_{11} & X_{12} \\ X_{12}^* & X_{22} \end{pmatrix}, \quad ただし，X_{11}^* = -X_{11},\ X_{22}^* = -X_{22}, \tag{8.13}$$

の形に表される．$X \in \mathfrak{su}(p, q)$ となるのは，さらに $\operatorname{tr} X_{11} + \operatorname{tr} X_{22} = 0$ がなりたつ場合である．これから，$\mathfrak{u}(p, q)$, $\mathfrak{su}(p, q)$ はそれぞれ $\mathfrak{gl}(n, \mathbb{C})$, $\mathfrak{sl}(n, \mathbb{C})$ の θ-安定な実型であることがわかる．$\mathfrak{su}(p, q)$ は **AIII** 型の実単純リー代数とよばれている．$p = 0, n$ のとき，$\mathfrak{su}(p, q)$ は $\mathfrak{sl}(n, \mathbb{C})$ のコンパクト実型 $\mathfrak{su}(n)$ に他ならない．

再び (8.13) をみると，$\mathfrak{g}_0 := \mathfrak{su}(p, q)$ のカルタン分解 $\mathfrak{g}_0 = \mathfrak{k}_0 \oplus \mathfrak{p}_0$ は，

$$\begin{aligned} \mathfrak{k}_0 &= \left\{ X_e := \begin{pmatrix} X_{11} & O \\ O & X_{22} \end{pmatrix} \in \mathfrak{g}_0 \right\} =: \mathfrak{s}(\mathfrak{u}(p) \oplus \mathfrak{u}(q)), \\ \mathfrak{p}_0 &= \left\{ X_o := \begin{pmatrix} O & X_{12} \\ X_{12}^* & O \end{pmatrix} \in \mathfrak{g}_0 \right\}, \end{aligned} \tag{8.14}$$

により与えられることがわかる．これから，$X_e \in \mathfrak{k}_0$ が $\mathfrak{k}_0$ の中心に属するためには，X_{11}, X_{22} がともにスカラー行列であることが必要十分条件になる．よって，$p \neq 0, n$ のとき，$\mathfrak{k}_0$ の中心は，

$$Z_0 := \frac{\sqrt{-1}}{n}\begin{pmatrix} qE_p & O \\ O & -pE_q \end{pmatrix} \in \mathfrak{k}_0 \tag{8.15}$$

を用いて，$\mathfrak{z}(\mathfrak{k}_0) = \mathbb{R}Z_0$ と表される．さらに，

$$\mathfrak{su}(p) \oplus \mathfrak{su}(q) \oplus \mathbb{R} \ni (A, D, \lambda) \longmapsto \begin{pmatrix} A & O \\ O & D \end{pmatrix} + \lambda Z_0 \in \mathfrak{k}_0$$

は，リー代数の同型

$$\mathfrak{su}(p) \oplus \mathfrak{su}(q) \oplus \mathbb{R} \cong \mathfrak{k}_0 \tag{8.16}$$

を定める ($\mathbb{R}$ は 1 次元可換リー代数)．なお，$p = 0, n$ のときは，$\mathfrak{k}_0 = \mathfrak{su}(n)$ は単純なので (命題 8.1)，その中心は零行列のみからなる．

以上の議論をまとめて，次の命題を得る．

命題 8.3. $0 < p < n$ のとき，$\mathfrak{g}_0 = \mathfrak{su}(p, q)$ $(q = n - p)$ の極大コンパクト部分リー代数 $\mathfrak{k}_0 = \mathfrak{s}(\mathfrak{u}(p) \oplus \mathfrak{u}(q))$ は 1 次元の中心 $\mathfrak{z}(\mathfrak{k}_0) = \mathbb{R}Z_0$ をもつ．したがって，$\mathfrak{g}_0$ は $\mathfrak{sl}(n, \mathbb{C})$ のエルミート型実型である．

さて，任意の $f \in \mathfrak{u}(h)$ は，h の虚部が定める $V_{\mathbb{R}}$ 上のシンプレクティック形式 $B = \mathcal{I}m\, h$ (命題 7.8 (ii) 参照) を不変にする．したがって，$\mathfrak{u}(h)$ や $\mathfrak{su}(h)$ はシンプレクティックリー代数 $\mathfrak{sp}(V_{\mathbb{R}}, B)$ の部分リー代数と自然にみなすことができる：

$$\mathfrak{su}(h) \subset \mathfrak{u}(h) \subset \mathfrak{sp}(V_{\mathbb{R}}, B). \tag{8.17}$$

この包含関係は，対応する行列のリー代数の埋め込みを自然に引き起こす．実際，h に関する V の直交基底 $\mathcal{E} = (v_1, \cdots, v_n)$ から，$V_{\mathbb{R}}$ のシンプレクティック基底 $\mathcal{E}' = (p_1, \cdots, p_n, q_1, \cdots, q_n)$ を命題 7.10 のように構成する．このとき，線形変換にその表現行列を対応させる写像

$$R_{\mathcal{E}} : \mathfrak{u}(h) \longrightarrow \mathfrak{u}(p, q), \qquad R_{\mathcal{E}'} : \mathfrak{sp}(V_{\mathbb{R}}) \longrightarrow \mathfrak{sp}(n, \mathbb{R})$$

は，それぞれ，リー代数の同型を与える．よって $\iota := R_{\mathcal{E}'} \circ R_{\mathcal{E}}^{-1}$ により，リー代数の埋め込み

$$\mathfrak{su}(p,q) \subset \mathfrak{u}(p,q) \overset{\iota}{\hookrightarrow} \mathfrak{sp}(n,\mathbb{R})$$

が得られる．この埋め込み ι を具体的に書き下すと次のようになる．

補題 8.4. $X = X^{(1)} + \sqrt{-1}X^{(2)} \in \mathfrak{u}(p,q)$ $(X^{(1)}, X^{(2)} \in M_n(\mathbb{R}))$ に対して，

$$\iota(X) = \begin{pmatrix} X^{(1)} & X^{(2)}I(p) \\ -I(p)X^{(2)} & I(p)X^{(1)}I(p) \end{pmatrix} = \begin{pmatrix} X^{(1)} & X^{(2)}I(p) \\ -I(p)X^{(2)} & -{}^tX^{(1)} \end{pmatrix} \tag{8.18}$$

がなりたつ (行列 X のサイズは $n \times n$ であるのに対し，$\iota(X)$ は $2n$ 次の正方行列であることに注意せよ)．

証明. 実行列 $X^{(k)}$ $(k = 1,2)$ の第 (i,j) 成分を $x_{ij}^{(k)}$ と書くとき，V 上の 1 次変換 $f := R_{\mathcal{E}}^{-1}(X)$ は，

$$f(v_j) = \sum_{i=1}^{n} (x_{ij}^{(1)} + \sqrt{-1}x_{ij}^{(2)})v_i \quad (j = 1, \cdots, n)$$

により定まる．$p_j = v_j$, $q_j = -\sqrt{-1}\varepsilon(p)_j v_j$ を用いて，上の式から，

$$\begin{aligned} f(p_j) &= \sum_{i=1}^{n} x_{ij}^{(1)} p_i + \sum_{i=1}^{n} (-\varepsilon(p)_i x_{ij}^{(2)}) q_i, \\ f(q_j) &= \sum_{i=1}^{n} (x_{ij}^{(2)} \varepsilon(p)_j) p_i + \sum_{i=1}^{n} (\varepsilon(p)_i x_{ij}^{(1)} \varepsilon(p)_j) q_i, \end{aligned} \tag{8.19}$$

を得る．これは，$R_{\mathcal{E}'}(f) = \iota(X)$ が (8.18) の中央の行列に等しいことを示している．また，この行列は $\mathfrak{sp}(n,\mathbb{R})$ に属するので，$I(p)X^{(1)}I(p) = -{}^tX^{(1)}$ でなければならない． □

CI 型：$\mathfrak{sp}(n,\mathbb{R})$, $n \geq 1$

次に，複素シンプレクティックリー代数 $\mathfrak{g} = \mathfrak{sp}(n,\mathbb{C})$ の自然な実型 $\mathfrak{g}_0 = \mathfrak{sp}(n,\mathbb{R})$ を考察する．$\mathfrak{sp}(n,\mathbb{R})$ を **CI** 型の実単純リー代数という．$\mathfrak{g}_0$ のカルタン分解 $\mathfrak{g}_0 = \mathfrak{k}_0 \oplus \mathfrak{p}_0$ は，

$$\mathfrak{k}_0 = \left\{ \begin{pmatrix} X_{11} & X_{12} \\ -X_{12} & X_{11} \end{pmatrix} \middle| \, {}^tX_{11} = -X_{11}, \, {}^tX_{12} = X_{12} \right\},$$
$$\mathfrak{p}_0 = \left\{ \begin{pmatrix} X_{11} & X_{12} \\ X_{12} & -X_{11} \end{pmatrix} \middle| \, {}^tX_{11} = X_{11}, \, {}^tX_{12} = X_{12} \right\}, \tag{8.20}$$

により与えられるが (ここに $X_{11}, X_{12} \in M_n(\mathbb{R})$), これはあまり見やすい形とはいえない. しかし, 次のようにして定まる $\mathfrak{g}_0$ と同型な実型 $\mathfrak{g}_0'$ を ($\mathfrak{g}_0$ の代わりに) 考えることにより, カルタン分解をより見やすく表示することが可能になる.

正則な $2n$ 次複素正方行列 $\boldsymbol{c}$ を,

$$\boldsymbol{c} := \frac{1}{\sqrt{2}} \begin{pmatrix} E_n & -\sqrt{-1}E_n \\ -\sqrt{-1}E_n & E_n \end{pmatrix} \tag{8.21}$$

により定める. ${}^t\boldsymbol{c}J\boldsymbol{c} = J$ と $\boldsymbol{c}^* = \boldsymbol{c}^{-1}$ に注意すれば,

$$\tilde{\boldsymbol{c}}(X) := \boldsymbol{c}X\boldsymbol{c}^{-1} \quad (X \in \mathfrak{g}) \tag{8.22}$$

は, リー代数の同型写像 $\tilde{\boldsymbol{c}} : \mathfrak{g} \to \mathfrak{g}$ を与え, さらに, $\tilde{\boldsymbol{c}}$ は θ と可換であることがわかる. ($\tilde{\boldsymbol{c}}$ を $\mathfrak{g}$ 上の**ケーリー変換**とよぶ.) これより,

$$\mathfrak{g}_0' = \mathfrak{sp}(n, \mathbb{R})' := \tilde{\boldsymbol{c}}(\mathfrak{g}_0) \cong \mathfrak{g}_0 \tag{8.23}$$

は, $\mathfrak{g}$ の θ-安定な実型を与える.

さて, $X \in \mathfrak{g}$ のケーリー変換 $\tilde{\boldsymbol{c}}(X)$ を具体的に書き下すと次のようになる：

$$\tilde{\boldsymbol{c}}\left(\begin{pmatrix} X_{11} & X_{12} \\ X_{21} & -{}^tX_{11} \end{pmatrix} \right) = \begin{pmatrix} X_e^- + \sqrt{-1}X_o^- & X_o^+ + \sqrt{-1}X_e^+ \\ X_o^+ - \sqrt{-1}X_e^+ & X_e^- - \sqrt{-1}X_o^- \end{pmatrix}. \tag{8.24}$$

ただし,

$$X_e^{\pm} := \frac{1}{2}(X_{11} \pm {}^tX_{11}), \quad X_o^{\pm} := \frac{1}{2}(X_{12} \pm X_{21}) \quad (\text{複号同順})$$

である. したがって, とくに

$$
\begin{aligned}
\mathfrak{k}_0' &:= \tilde{\boldsymbol{c}}(\mathfrak{k}_0) = \left\{ \begin{pmatrix} Z & O \\ O & \overline{Z} \end{pmatrix} \;\middle|\; Z \in \mathfrak{u}(n) \right\} \cong \mathfrak{u}(n), \\
\mathfrak{p}_0' &:= \tilde{\boldsymbol{c}}(\mathfrak{p}_0) = \left\{ \begin{pmatrix} O & W \\ \overline{W} & O \end{pmatrix} \;\middle|\; W \in M_n(\mathbb{C}),\ {}^tW = W \right\},
\end{aligned}
\tag{8.25}
$$

が得られ，$\mathfrak{g}_0' = \mathfrak{k}_0' \oplus \mathfrak{p}_0'$ が $\mathfrak{g}_0'$ のカルタン分解を与える．

以上のことを，次の命題にまとめておこう．

命題 8.5. $\mathfrak{g}_0' = \mathfrak{sp}(n,\mathbb{R})'$ $(\cong \mathfrak{sp}(n,\mathbb{R}))$ は $\mathfrak{g} = \mathfrak{sp}(n,\mathbb{C})$ のエルミート型実型であり，極大コンパクト部分リー代数 $\mathfrak{k}_0' \cong \mathfrak{u}(n)$ は 1 次元の中心：

$$
\mathfrak{z}(\mathfrak{k}_0') = \mathbb{R}Z_0, \quad Z_0 := \frac{\sqrt{-1}}{2} \begin{pmatrix} E_n & O \\ O & -E_n \end{pmatrix}, \tag{8.26}
$$

をもつ．

ここで，$\mathfrak{u}(p,q)$ の $\mathfrak{sp}(n,\mathbb{R})$ への埋め込み ι (補題 8.4) とケーリー変換 $\tilde{\boldsymbol{c}}$ の合成 $\tilde{\iota} := \tilde{\boldsymbol{c}} \circ \iota$，つまり，

$$
\tilde{\iota} :\ \mathfrak{u}(p,q) \ \overset{\iota}{\hookrightarrow}\ \mathfrak{sp}(n,\mathbb{R}) \ \overset{\tilde{\boldsymbol{c}}}{\longrightarrow}\ \mathfrak{g}_0'
$$

を記述しておこう．この埋め込み $\tilde{\iota}$ の具体形は結構見やすい形になり，第 11 章で $\mathfrak{sp}(n,\mathbb{R})$ のヴェイユ表現 (フォック模型) の $\mathfrak{u}(p,q)$ への制限を扱う際に必要になる．

命題 8.6. 行列 $X = \begin{pmatrix} Z & P \\ P^* & W \end{pmatrix} \in \mathfrak{u}(p,q)$ $(Z \in M_p(\mathbb{C}),\, W \in M_q(\mathbb{C}),\, P \in M_{p,q}(\mathbb{C}),\, Z^* = -Z,\, W^* = -W)$ の $\tilde{\iota}$ による像は，

$$
\tilde{\iota}(X) = \left(\begin{array}{cc|cc} Z & O & O & \sqrt{-1}P \\ O & \overline{W} & \sqrt{-1}\,{}^tP & O \\ \hline O & -\sqrt{-1}\,\overline{P} & \overline{Z} & O \\ -\sqrt{-1}P^* & O & O & W \end{array} \right) \tag{8.27}
$$

と書き表される．

この命題より，$\tilde{\iota}$ を複素線形に拡張して得られる複素リー代数の埋め込み：

$$\mathfrak{gl}(n,\mathbb{C})=\mathbb{C}\otimes_{\mathbb{R}}\mathfrak{u}(p,q)\ \overset{\tilde{\iota}}{\hookrightarrow}\ \mathfrak{sp}(n,\mathbb{C})=\mathbb{C}\otimes_{\mathbb{R}}\mathfrak{g}_0'$$

(これも同じ記号 $\tilde{\iota}$ で表す) は，

$$\tilde{\iota}\left(\begin{pmatrix}A & B\\ C & D\end{pmatrix}\right)=\left(\begin{array}{cc|cc} A & O & O & \sqrt{-1}B\\ O & -{}^tD & \sqrt{-1}\,{}^tB & O\\ \hline O & -\sqrt{-1}\,{}^tC & -{}^tA & O\\ -\sqrt{-1}C & O & O & D\end{array}\right) \tag{8.28}$$

で与えられることがわかる (ここに，A,B,C,D はそれぞれ $p\times p$, $p\times q$, $q\times p$, $q\times q$ 複素行列である)．なぜなら，(8.28) は $\mathfrak{gl}(n,\mathbb{C})$ から $\mathfrak{sp}(n,\mathbb{C})$ への複素線形写像であって，実型 $\mathfrak{u}(p,q)$ 上では (8.27) と一致しているからである．

命題 8.6 の証明. $X=X^{(1)}+\sqrt{-1}X^{(2)}\in\mathfrak{u}(p,q)$ ($X^{(i)}\in M_n(\mathbb{R})$, $i=1,2$) の対称・反対称部分を，それぞれ，

$$X_+^{(i)}:=\frac{1}{2}(X^{(i)}+{}^tX^{(i)}),\quad X_-^{(i)}:=\frac{1}{2}(X^{(i)}-{}^tX^{(i)})$$

と書く．$X^*I(p)+I(p)X=0$ の実部・虚部を考えて，

$${}^tX^{(1)}I(p)+I(p)X^{(1)}=0,\quad -{}^tX^{(2)}I(p)+I(p)X^{(2)}=0$$

がなりたつことに注意し，補題 8.4 と等式 (8.24) を適用すれば，

$$\tilde{\iota}(X)=\begin{pmatrix}U & V\\ \overline{V} & \overline{U}\end{pmatrix},\quad \begin{aligned}U&:=X_-^{(1)}+\sqrt{-1}X_+^{(2)}I(p),\\ V&:=X_-^{(2)}I(p)+\sqrt{-1}X_+^{(1)},\end{aligned} \tag{8.29}$$

を得る．

一方，Z,W,P の実部・虚部への分解を，同様に $Z=Z^{(1)}+\sqrt{-1}Z^{(2)}$ などと書く．行列 $Z^{(1)}$, $W^{(1)}$ は反対称，$Z^{(2)}$, $W^{(2)}$ は対称であることに留意して，

$$X_+^{(1)} = \begin{pmatrix} O & P^{(1)} \\ {}^tP^{(1)} & O \end{pmatrix}, \quad X_-^{(1)} = \begin{pmatrix} Z^{(1)} & O \\ O & W^{(1)} \end{pmatrix},$$
$$X_+^{(2)} = \begin{pmatrix} Z^{(2)} & O \\ O & W^{(2)} \end{pmatrix}, \quad X_-^{(2)} = \begin{pmatrix} O & P^{(2)} \\ -{}^tP^{(2)} & O \end{pmatrix},$$

がわかる．これを (8.29) に代入して整理すると，等式 (8.27) が得られる． □

デュアルペア． 一般に，リー代数 $\mathfrak{g}$ の部分リー代数 $\mathfrak{a}$ に対して，

$$\mathfrak{a}^\vee = \mathfrak{z}_\mathfrak{g}(\mathfrak{a}) := \{X \in \mathfrak{g} \mid [X, A] = 0 \ (\forall A \in \mathfrak{a})\}$$

は $\mathfrak{g}$ の部分リー代数をなす．$\mathfrak{a}^\vee$ を $\mathfrak{a}$ の $\mathfrak{g}$ における**中心化リー代数**という．明らかに，$\mathfrak{a}^\vee$ の中心化リー代数は $\mathfrak{a}$ を含む：$\mathfrak{a} \subset (\mathfrak{a}^\vee)^\vee$．ここで等号が成立するとき，$\mathfrak{g}$ の部分リー代数の対 $(\mathfrak{a}, \mathfrak{c})$, $\mathfrak{c} = \mathfrak{a}^\vee$, $\mathfrak{a} = \mathfrak{c}^\vee$, は $\mathfrak{g}$ において**デュアルペア** (dual pair) をなすという．なお，対 $(\mathfrak{a}^\vee, (\mathfrak{a}^\vee)^\vee)$ はつねに $\mathfrak{g}$ におけるデュアルペアとなることに注意する (検証してみよう).

埋め込み $\tilde{\iota}$ はリー代数 $\mathfrak{sp}(n, \mathbb{C})$ におけるデュアルペアの一例を与える．

命題 8.7. (i) 埋め込み $\tilde{\iota}$ により，$\mathfrak{gl}(n, \mathbb{C})$ を $\mathfrak{sp}(n, \mathbb{C})$ の部分リー代数とみなすとき，$\mathfrak{gl}(n, \mathbb{C})$ の中心化リー代数 $\mathfrak{c} := \mathfrak{gl}(n, \mathbb{C})^\vee$ は，

$$\mathfrak{c} = \mathbb{C} \begin{pmatrix} I(p) & O \\ O & -I(p) \end{pmatrix} \cong \mathfrak{gl}(1, \mathbb{C}) \cong \mathbb{C}$$

で与えられ，対 $(\mathfrak{gl}(n, \mathbb{C}), \mathfrak{c})$ は $\mathfrak{sp}(n, \mathbb{C})$ においてデュアルペアをなす．

(ii) $\mathfrak{u}(p, q)$ と $\mathfrak{c}_0 := \mathfrak{c} \cap \mathfrak{sp}(n, \mathbb{R})' \cong \mathfrak{u}(1)$ は実リー代数 $\mathfrak{sp}(n, \mathbb{R})'$ においてデュアルペアをなす．

等式 (8.28) からこの命題を導くのは容易である．詳細は読者に委ねる．

問題 8.3. 命題 8.7 を証明せよ．

DIII 型：$\mathfrak{o}^*(2n)$, $n \geq 3$

今度は直交リー代数のエルミート型実型を構成しよう．V を $2n$ 次元複素線形空間とする．V 上の非退化対称双 1 次形式 B に関する直交リー代数 $\mathfrak{o}(V) = \mathfrak{o}(V, B)$ は，表現行列を対応させる写像 $R_\mathcal{E}$ によって，$\mathfrak{g} = \mathfrak{o}(2n, \mathbb{C})$ と同型で

あった (注意 7.1(i)). ここで, $\mathcal{E} = (v_1, \cdots, v_{2n})$ は V の B に関する正規直交基底である. 以下で構成するエルミート型実型のカルタン分解を見やすく表示するため, ここでは,

$$v_i' := \frac{1}{\sqrt{2}}(v_i + \sqrt{-1}v_{n+i}), \quad v_{n+i}' := \frac{1}{\sqrt{2}}(v_i - \sqrt{-1}v_{n+i}) \qquad (i = 1, \cdots, n)$$

たちがなす V の基底 $\mathcal{E}' := (v_1', \cdots, v_{2n}')$ を考える. この基底に関して $\mathfrak{o}(V)$ を行列表示すると, $\mathfrak{g} = \mathfrak{o}(2n, \mathbb{C})$ と同型なリー代数

$$\begin{aligned} &\mathfrak{g}' = \mathfrak{o}(2n, \mathbb{C})' := \{X \in \mathfrak{gl}(2n, \mathbb{C}) \mid {}^tXJ' + J'X = 0\} \cong \mathfrak{g}, \\ &\text{ただし } J' := \begin{pmatrix} O & E_n \\ E_n & O \end{pmatrix}, \end{aligned} \tag{8.30}$$

が得られる. 具体的には, リー代数 $\mathfrak{g}'$ の要素 X は, $X_{11}, X_{12}, X_{21} \in M_n(\mathbb{C})$ を用いて,

$$X = \begin{pmatrix} X_{11} & X_{12} \\ X_{21} & -{}^tX_{11} \end{pmatrix}, \quad X_{12}, X_{21} \text{ は交代行列}, \tag{8.31}$$

の形になる. また, 行列

$$\boldsymbol{a} := \frac{1}{\sqrt{2}} \begin{pmatrix} E_n & -\sqrt{-1}E_n \\ E_n & \sqrt{-1}E_n \end{pmatrix}$$

は ${}^t\boldsymbol{a}J'\boldsymbol{a} = E_{2n}$ を満たすことから, 写像

$$\mathfrak{g} \ni X \longmapsto Y := \boldsymbol{a}X\boldsymbol{a}^{-1} \in \mathfrak{g}' \tag{8.32}$$

が $\mathfrak{g}$ から $\mathfrak{g}'$ への同型写像を与えることもわかる. さらに, $\mathfrak{g}'$ は θ-安定であり, $\theta(Y) = -Y^*$ は, リー代数 $\mathfrak{g}'$ のカルタン対合となる. なぜなら, $X \in \mathfrak{g}$ に対して,

$$\theta(\boldsymbol{a}X\boldsymbol{a}^{-1}) = (\boldsymbol{a}^{-1})^*\theta(X)\boldsymbol{a}^* = \boldsymbol{a}\theta(X)\boldsymbol{a}^{-1} \in \mathfrak{g}'$$

であるから, 同型 (8.32) をとおして θ (の $\mathfrak{g}$ への制限) から引き起こされる $\mathfrak{g}'$ の対合的な同型はやはり θ に他ならない.

さて，$\mathfrak{g}_0' := \mathfrak{g}' \cap \mathfrak{su}(n,n)$ とおく．(8.13) と (8.31) から，$\mathfrak{g}_0'$ は行列

$$\begin{pmatrix} X_{11} & X_{12} \\ -\overline{X_{12}} & \overline{X_{11}} \end{pmatrix}, \quad X_{11}^* = -X_{11},\ {}^tX_{12} = -X_{12}, \tag{8.33}$$

からなり，$\mathfrak{g}'$ の θ-安定な実型であることがわかる．$\mathfrak{g}_0'$ を $\mathfrak{o}^*(2n)$ で表し，**DIII** 型の実単純リー代数とよぶ．$\mathfrak{g}_0'$ のカルタン分解を $\mathfrak{g}_0' = \mathfrak{k}_0' \oplus \mathfrak{p}_0'$ とするとき，θ-固有空間 $\mathfrak{k}_0'$, $\mathfrak{p}_0'$ は，それぞれ，

$$\begin{aligned} \mathfrak{k}_0' &= \left\{ \begin{pmatrix} X_{11} & O \\ O & \overline{X_{11}} \end{pmatrix} \;\middle|\; X_{11} \in \mathfrak{u}(n) \right\}, \\ \mathfrak{p}_0' &= \left\{ \begin{pmatrix} O & X_{12} \\ -\overline{X_{12}} & O \end{pmatrix} \;\middle|\; {}^tX_{12} = -X_{12} \right\}, \end{aligned} \tag{8.34}$$

と書き表される．とくに極大コンパクト部分リー代数 $\mathfrak{k}_0'$ はユニタリリー代数 $\mathfrak{u}(n)$ と自然に同型である．

命題 8.8. $\mathfrak{g}_0' = \mathfrak{o}^*(2n)$ は $\mathfrak{g}' = \mathfrak{o}(2n,\mathbb{C})'$ のエルミート型実型であり，極大コンパクト部分リー代数 $\mathfrak{k}_0' \cong \mathfrak{u}(n)$ は，$\mathfrak{sp}(n,\mathbb{R})'$ の場合と同一の 1 次元中心 $\mathfrak{z}(\mathfrak{k}_0')$ ((8.26) 参照) をもつ．

さて，定義より $\mathfrak{o}^*(2n)$ は $\mathfrak{su}(n,n)$ の部分リー代数であるから，埋め込み $\tilde{\imath} : \mathfrak{su}(n,n) \hookrightarrow \mathfrak{sp}(2n,\mathbb{R})'$ をとおして，$\mathfrak{o}^*(2n)$ は $\mathfrak{sp}(2n,\mathbb{R})'$ の部分リー代数と同型になる．また，$\tilde{\imath}$ を複素線形に拡張して，$\mathfrak{o}(2n,\mathbb{C})' \overset{\tilde{\imath}}{\hookrightarrow} \mathfrak{sp}(2n,\mathbb{C})$ を得る．(8.28) と (8.31) より，$\tilde{\imath}(\mathfrak{o}(2n,\mathbb{C})')$ に属する行列 X は，$A, B, C \in M_n(\mathbb{C})$, ${}^tB = -B$, ${}^tC = -C$ を用いて，

$$X = \left(\begin{array}{cc|cc} A & O & O & \sqrt{-1}B \\ O & A & -\sqrt{-1}B & O \\ \hline O & \sqrt{-1}C & -{}^tA & O \\ -\sqrt{-1}C & O & O & -{}^tA \end{array}\right) \tag{8.35}$$

の形に表され，$X \in \tilde{\imath}(\mathfrak{o}^*(2n))$ となるのは，

$$A^* = -A \quad かつ \quad C = B^*$$

のときである．

以下，$\mathfrak{o}^*(2n)$, $\mathfrak{o}(2n,\mathbb{C})'$ を，それぞれ $\mathfrak{sp}(2n,\mathbb{R})'$, $\mathfrak{sp}(2n,\mathbb{C})$ の部分リー代数と同一視し，$\mathfrak{o}^*(2n)$, $\mathfrak{o}(2n,\mathbb{C})'$ をメンバーの一方とするデュアルペアを具体的に構成しよう．このことは第 11 章で大いに役立つことになろう．

$X_{\mathfrak{s},+}, H_{\mathfrak{s}}, X_{\mathfrak{s},-} \in \mathfrak{sp}(2n,\mathbb{C})$ を，それぞれ，

$$X_{\mathfrak{s},+} := \left(\begin{array}{cc|cc} O & E_n & O & O \\ O & O & O & O \\ \hline O & O & O & O \\ O & O & -E_n & O \end{array}\right), \quad H_{\mathfrak{s}} := \left(\begin{array}{cc|cc} E_n & O & O & O \\ O & -E_n & O & O \\ \hline O & O & -E_n & O \\ O & O & O & E_n \end{array}\right),$$

$$X_{\mathfrak{s},-} := \left(\begin{array}{cc|cc} O & O & O & O \\ E_n & O & O & O \\ \hline O & O & O & -E_n \\ O & O & O & O \end{array}\right),$$

で定める．明らかに $(X_{\mathfrak{s},+}, H_{\mathfrak{s}}, X_{\mathfrak{s},-})$ は $\mathfrak{sp}(2n,\mathbb{C})$ における標準トリプルをなし，

$$\mathfrak{s} := \mathbb{C}X_{\mathfrak{s},+} \oplus \mathbb{C}H_{\mathfrak{s}} \oplus \mathbb{C}X_{\mathfrak{s},-} \cong \mathfrak{sp}(1,\mathbb{C}) = \mathfrak{sl}(2,\mathbb{C}) \tag{8.36}$$

は $\mathfrak{sp}(2n,\mathbb{C})$ の 3 次元部分リー代数となる．

埋め込み $\mathfrak{u}(p,q) \hookrightarrow \mathfrak{sp}(n,\mathbb{R})'$ に対する命題 8.7 と同様に，行列の可換性に関して具体的な計算を行うことで，次のことがわかる．

命題 8.9. (i) $\mathfrak{o}(2n,\mathbb{C})'$ の $\mathfrak{sp}(2n,\mathbb{C})$ における中心化リー代数は $\mathfrak{s} = \mathbb{C}X_{\mathfrak{s},+} \oplus \mathbb{C}H_{\mathfrak{s}} \oplus \mathbb{C}X_{\mathfrak{s},-}$ と一致し，対 $(\mathfrak{o}(2n,\mathbb{C})', \mathfrak{s})$ は $\mathfrak{sp}(2n,\mathbb{C})$ においてデュアルペアをなす．

(ii) $\mathfrak{o}^*(2n)$ と $\mathfrak{s}_0 := \mathfrak{s} \cap \mathfrak{sp}(2n,\mathbb{R})' \cong \mathfrak{sp}(1) = \mathfrak{su}(2)$ は，実リー代数 $\mathfrak{sp}(2n,\mathbb{R})'$ においてデュアルペアをなす．

問題 8.4. 上の命題を証明せよ．

◆トピックス 4 (デュアルペア). ………………………………………

一般に，CI, AIII, DIII 型のエルミート実型に対応して，実シンプレクティックリー代数のなかに次の 3 種類のデュアルペアをとることができる：

$$\begin{aligned}&\mathfrak{sp}(nk,\mathbb{R})' \text{ における } (\mathfrak{sp}(n,\mathbb{R})',\mathfrak{o}(k)) \text{ と } (\mathfrak{u}(p,q),\mathfrak{u}(k))\ (p+q=n),\\ &\mathfrak{sp}(2nk,\mathbb{R})' \text{ における } (\mathfrak{o}^*(2n),\mathfrak{sp}(k)),\text{ ただし } k=1,2,\cdots.\end{aligned} \tag{8.37}$$

とくに $k=1$ としたものが，命題 8.7 と命題 8.9 で与えた例になっている ($\mathfrak{o}(1)=\{0\}$ ゆえ，CI の場合は自明なデュアルペアになる)．上記のデュアルペアでは，2 番目の構成要素 $\mathfrak{o}(k)$, $\mathfrak{u}(k)$, $\mathfrak{sp}(k)$ がコンパクトリー代数になっているが，これらを $\mathfrak{o}(k_1,k_2)$, $\mathfrak{u}(k_1,k_2)$, $\mathfrak{sp}(k_1,k_2)$ ($k=k_1+k_2$, $k_1,k_2>0$) と置き換えると，いずれの構成要素もコンパクトでないデュアルペアが得られる．

シンプレクティックリー代数 (あるいはシンプレクティック群) における簡約なデュアルペアは，半単純リー代数 (リー群) の無限次元表現の研究において大切な働きをしている．これはハウ (R. Howe [19], [20]) による独創的なアイデアに基づくものであり，デュアルペアは，とくに，サイズの小さな無限次元ユニタリ表現の構成や冪零軌道の量子化に威力を発揮する．ハウの理論は，いわば，シュア-ワイル理論 (9.1.2 節参照) の無限次元表現版にあたり，その鍵を握るのがヴェイユ表現である．また，デュアルペアの構成メンバーのうち一方がコンパクトリー代数であるときには，ハウの理論は非常にきれいな形になる．この話題には，第 10, 11 章でより詳しく触れることにしたい．乞うご期待！

なお，デュアルペアは，波動方程式やマックスウェル方程式などをはじめ，物理学ともさまざまな形で深く関わり面白い ([18])．また，複素リー代数のレベルでの簡約なデュアルペアたちは，リューベンタレール (H. Rubenthaler [37]) により完全に分類されている．

BDI ($q=2$) **型**：$\mathfrak{o}(p,2)$, $p\geq 3$

直交リー代数は DIII 型以外にもエルミート型実型をもつ．これを説明しよう．7.2.2 節で定義した符号 (p,q), $n=p+q$, に対応する実直交リー代数 $\mathfrak{o}(p,q)$ (注意 7.1 と (7.30) 参照) は，複素リー代数

$$\mathfrak{g}'':=\mathfrak{o}(\varepsilon(p),\mathbb{C})=\{X\in\mathfrak{gl}(n,\mathbb{C})\mid {}^tXI(p)+I(p)X=0\} \tag{8.38}$$

の実型 $(\mathfrak{g}'')_0$ となる．一方で，${}^t\boldsymbol{b}I(p)\boldsymbol{b}=E_n$ なるユニタリ行列

$$\boldsymbol{b}:=\begin{pmatrix}E_p & O\\ O & \sqrt{-1}E_q\end{pmatrix}$$

が定める共役変換

$$\tilde{\boldsymbol{b}} : X \longmapsto \boldsymbol{b}X\boldsymbol{b}^{-1}$$

は，リー代数 $\mathfrak{g} := \mathfrak{o}(n,\mathbb{C})$ から $\mathfrak{g}''$ の上への同型写像であり，$\tilde{\boldsymbol{b}}$ は $\mathfrak{gl}(n,\mathbb{C})$ のカルタン対合 θ と可換になっている：$\theta \circ \tilde{\boldsymbol{b}} = \tilde{\boldsymbol{b}} \circ \theta$. そこで，DIII 型の場合と同様に，$\mathfrak{g}$ の代わりに，それと同型なリー代数 $\mathfrak{g}''$ とその θ-安定な実型を扱う．$n \geq 5$ のとき，複素単純リー代数 $\mathfrak{g}''$ の実型 $(\mathfrak{g}'')_0 = \mathfrak{o}(p,q)$ を **BDI 型**の実単純リー代数という．(7.30) から直ちにわかるように，$(\mathfrak{g}'')_0$ は θ-安定であり，カルタン分解 $(\mathfrak{g}'')_0 = (\mathfrak{k}'')_0 \oplus (\mathfrak{p}'')_0$ は，

$$\begin{aligned} (\mathfrak{k}'')_0 &= \left\{ \begin{pmatrix} X_{11} & O \\ O & X_{22} \end{pmatrix} \;\middle|\; X_{11} \in \mathfrak{o}(p),\ X_{22} \in \mathfrak{o}(q) \right\}, \\ (\mathfrak{p}'')_0 &= \left\{ \begin{pmatrix} O & X_{12} \\ {}^t X_{12} & O \end{pmatrix} \;\middle|\; X_{12} \in M_{p,q}(\mathbb{R}) \right\}, \end{aligned} \tag{8.39}$$

により定まる．ここで，$(\mathfrak{k}'')_0$ は直和 $\mathfrak{o}(p) \oplus \mathfrak{o}(q)$ と自然に同型である．

いま，$p \geq 3$, $q = 2$ とする．$p \neq 4$ ならば，リー代数 $\mathfrak{o}(p)$ は単純である (定理 7.11)．また，$p = 4$ のとき，$\mathfrak{o}(4)$ の複素化 $\mathfrak{o}(4,\mathbb{C})$ は A_1 型単純リー代数の直和 $\mathfrak{sl}(2,\mathbb{C}) \oplus \mathfrak{sl}(2,\mathbb{C})$ と同型である ((7.31) 参照)．よって，$\mathfrak{o}(p)$ $(p \geq 3)$ の中心は $\{0\}$ である．$\mathfrak{o}(2)$ が 1 次元の可換リー代数であることとあわせて，次の命題を得る．

命題 8.10. $p \geq 3$ のとき，実直交リー代数 $(\mathfrak{g}'')_0 = \mathfrak{o}(p,2)$ は，$\mathfrak{g}'' \cong \mathfrak{o}(p+2,\mathbb{C})$ のエルミート型実型であり，極大コンパクト部分リー代数 $(\mathfrak{k}'')_0 \cong \mathfrak{o}(p) \oplus \mathfrak{o}(2)$ は，1 次元の中心

$$\mathfrak{z}((\mathfrak{k}'')_0) = \mathbb{R}Z_0, \quad Z_0 := \begin{pmatrix} O & O \\ O & -J \end{pmatrix}, \tag{8.40}$$

をもつ．ただし，$J = \begin{pmatrix} 0 & 1 \\ -1 & 0 \end{pmatrix} \in \mathfrak{o}(2)$ は 2 次の交代行列である．

8.2.2 分類定理

前節8.2.1では，古典型複素単純リー代数は，エルミート型実型：

$$\mathfrak{su}(p,q),\ \mathfrak{sp}(n,\mathbb{R}),\ \mathfrak{o}^*(2n)\,(n \geq 3)\ \text{および}\ \mathfrak{o}(p,2)\,(p \geq 3), \tag{8.41}$$

をもつことを示した．逆に，カルタンによる実単純リー代数の分類結果から，次のことがわかる．

定理 8.11. 古典型複素単純リー代数のエルミート型実型は，上記 (8.41) のリー代数のいずれかに同型である．

また，例外型の複素単純リー代数 $\mathfrak{g}$ には，$\mathfrak{g}$ が E_6 型，E_7 型のときのみ，エルミート型実型 $\mathfrak{g}_0$ が (同型を除き) それぞれ 1 個ずつあることもわかっている (もっとも，例外型の $\mathfrak{g}$ に対してカルタン対合をどのように定義するかは問題であるが，ここでは触れない)．カルタンの分類記号によると，これらは，それぞれ **EIII** 型，**EVII** 型とよばれている．

結局，エルミート型の実単純リー代数は，

$$\text{AIII, CI, DIII, BDI}\,(q=2),\ \text{EIII, EVII},$$

の 6 種類に分類されることになる．これについては [12] Ch.X, §6.3 を参照．

8.2.3 不変複素構造と三角型分解

$\mathfrak{g}_0$ を古典型複素単純リー代数 $\mathfrak{g}$ の θ-安定なエルミート型実型とし，$\mathfrak{g}_0 = \mathfrak{k}_0 \oplus \mathfrak{p}_0$ を $\mathfrak{g}_0$ のカルタン分解とする．8.2.1 節においてエルミート型実型を具体的に構成したときには，互いに同型なリー代数を別の方法で実現したものを厳密に区別し，$\mathfrak{g}'$, $\mathfrak{g}''$, $\mathfrak{g}'_0 = \mathfrak{k}'_0 \oplus \mathfrak{p}'_0$, $(\mathfrak{g}'')_0 = (\mathfrak{k}'')_0 \oplus (\mathfrak{p}'')_0$, といったの別の記号を用いて表したが，ここでは統一的に，$\mathfrak{g}$, $\mathfrak{g}_0 = \mathfrak{k}_0 \oplus \mathfrak{p}_0$ と書くことにする．

さて，$[\mathfrak{k}_0, \mathfrak{p}_0] \subset \mathfrak{p}_0$ であるから，リー代数 $\mathfrak{k}_0$ は，実線形空間 $\mathfrak{p}_0$ に随伴表現により働く．$X \in \mathfrak{k}_0$ に対し，$\mathfrak{g}_0$ 上の線形変換 $\mathrm{ad}\,X$ の $\mathfrak{p}_0$ への制限を $\mathrm{ad}_{\mathfrak{p}_0} X$ で表す．このとき，

命題 8.12. 極大コンパクト部分リー代数 $\mathfrak{k}_0$ の中心 $\mathfrak{z}(\mathfrak{k}_0)$ は 1 次元である．さらに，$Z_0 \in \mathfrak{z}(\mathfrak{k}_0)$ が存在して，$\boldsymbol{j} := \mathrm{ad}_{\mathfrak{p}_0} Z_0$ は $\mathfrak{p}_0$ 上の $(\mathrm{ad}_{\mathfrak{p}_0}\mathfrak{k}_0)$-不変な複素構造

を定める．すなわち，

$$\boldsymbol{j}^2 = -\mathrm{id}_{\mathfrak{p}_0}, \quad \boldsymbol{j} \circ (\mathrm{ad}_{\mathfrak{p}_0} X) = (\mathrm{ad}_{\mathfrak{p}_0} X) \circ \boldsymbol{j} \ (X \in \mathfrak{k}_0),$$

がなりたつ．

証明. $\dim \mathfrak{z}(\mathfrak{k}_0) = 1$ は，命題 8.3, 8.5, 8.8, 8.10 から直ちにわかる．これらの命題で具体的に与えた $Z_0 \in \mathfrak{z}(\mathfrak{k}_0)$ が，$\mathfrak{p}_0$ 上に複素構造を定めることを確かめるのも容易である．さらに，$\boldsymbol{j} = \mathrm{ad}_{\mathfrak{p}_0} Z_0$ が $\mathrm{ad}_{\mathfrak{p}_0} X$ $(X \in \mathfrak{k}_0)$ と可換であることは，Z_0 が $\mathfrak{k}_0$ の中心元であることから明らかである． □

さて，$\mathfrak{k}_0, \mathfrak{p}_0$ の $\mathfrak{g}$ における複素化 $\mathfrak{k}, \mathfrak{p}$ を考え，$\boldsymbol{j}$ を $\mathfrak{p}$ 上の複素線形変換に自然に拡張する：

$$\boldsymbol{j}(X + \sqrt{-1}Y) := \boldsymbol{j}(X) + \sqrt{-1}\boldsymbol{j}(Y) \quad (X, Y \in \mathfrak{p}_0).$$

このとき，

$$\mathfrak{p}_{\pm} := \{X \mp \sqrt{-1}\boldsymbol{j}(X) \mid X \in \mathfrak{p}_0\} \tag{8.42}$$

は，それぞれ，$\boldsymbol{j}$ の固有値 $\pm\sqrt{-1}$ に対応する固有空間に等しく，$\mathfrak{p} = \mathfrak{p}_+ \oplus \mathfrak{p}_-$ は $\mathfrak{p}$ の $\boldsymbol{j}$-固有空間分解を与えることがわかる．これと複素カルタン分解 (8.8) をあわせて，$\mathfrak{g}$ の分解

$$\mathfrak{g} = \mathfrak{p}_+ \oplus \mathfrak{k} \oplus \mathfrak{p}_- \tag{8.43}$$

が得られる．これを，エルミート型実型 $\mathfrak{g}_0$ に付随した $\mathfrak{g}$ の**三角型分解**という．この分解の名前の意味は，例 8.3 に与える $\mathfrak{p}_+, \mathfrak{k}, \mathfrak{p}_-$ の行列表示をみれば自然に理解できよう．

命題 8.13. (i) 分解 (8.43) に現れる $\mathfrak{p}_+, \mathfrak{k}, \mathfrak{p}_-$ は，次の交換関係を満たす：

$$[\mathfrak{k}, \mathfrak{p}_{\pm}] \subset \mathfrak{p}_{\pm}, \quad [\mathfrak{p}_{\pm}, \mathfrak{p}_{\pm}] = \{0\} \quad (\text{複号同順}),$$
$$[\mathfrak{k}, \mathfrak{k}] \subset \mathfrak{k}, \quad [\mathfrak{p}_+, \mathfrak{p}_-] \subset \mathfrak{k}.$$

(ii) σ を実型 $\mathfrak{g}_0$ に関する $\mathfrak{g}$ 上の複素共役作用素とする：$\sigma(X + \sqrt{-1}Y) := X - \sqrt{-1}Y$ $(X, Y \in \mathfrak{g}_0)$．このとき，

$$\sigma(\mathfrak{k}) = \mathfrak{k}, \quad \sigma(\mathfrak{p}_+) = \mathfrak{p}_-, \quad \sigma(\mathfrak{p}_-) = \mathfrak{p}_+,$$

がなりたつ.

証明. (i) Z_0 が定める $\mathfrak{g}$ 上の微分 $\tilde{\boldsymbol{j}} := \operatorname{ad} Z_0 \in \operatorname{Der}(\mathfrak{g})$ を考える (例 7.6 参照). $\tilde{\boldsymbol{j}}$ の $\mathfrak{p}$ への制限は $\boldsymbol{j}$ に他ならない. Z_0 が $\mathfrak{k}$ の中心に属することに注意すれば, 三角型分解 (8.43) は $\tilde{\boldsymbol{j}}$ による $\mathfrak{g}$ の固有空間分解を与えていることがわかる. つまり, $\mathfrak{p}_-, \mathfrak{k}, \mathfrak{p}_+$ は, それぞれ, $\tilde{\boldsymbol{j}}$ の固有値 $-\sqrt{-1}, 0, \sqrt{-1}$ に対応する固有空間である.

いま, $X, Y \in \mathfrak{g}$ が $\tilde{\boldsymbol{j}}$ の固有ベクトルであるとき, $\tilde{\boldsymbol{j}}(X) = \lambda X$, $\tilde{\boldsymbol{j}}(Y) = \mu Y$ とすれば, $\tilde{\boldsymbol{j}}$ が $\mathfrak{g}$ 上の微分であることから,

$$\tilde{\boldsymbol{j}}([X, Y]) = (\lambda + \mu)[X, Y]$$

が従う. つまり, $[X, Y]$ は, (それが零ベクトルでなければ) 固有値 $\lambda + \mu$ に対応する固有ベクトルとなる.

示すべき交換関係は, 以上の議論から直ちに従う.

(ii) $\mathfrak{k} = \mathfrak{k}_0 + \sqrt{-1}\mathfrak{k}_0$, $\mathfrak{k}_0 \subset \mathfrak{g}_0$, より $\sigma(\mathfrak{k}) = \mathfrak{k}$ がわかる. 一方, $\sigma(\mathfrak{p}_\pm) = \mathfrak{p}_\mp$ (複号同順) は, (8.42) と σ の定義から明らか. □

問題 8.5. $[\mathfrak{k}, \mathfrak{q}] \subset \mathfrak{q}$ なる $\mathfrak{p}$ の部分空間 $\mathfrak{q}$ は, $\mathfrak{q} = \{0\}, \mathfrak{p}_\pm, \mathfrak{p}$ のみであることを示せ.

例 8.3. (i) $\mathfrak{g} = \mathfrak{sl}(n, \mathbb{C})$, $\mathfrak{g}_0 = \mathfrak{su}(p, q)$ $(n = p + q,\ 0 < p < n)$ の場合,

$$M_{p,q}(\mathbb{C}) \ni X_{12} \longmapsto X_o = \begin{pmatrix} O & X_{12} \\ X_{12}^* & O \end{pmatrix} \in \mathfrak{p}_0$$

は, $M_{p,q}(\mathbb{C})$ から複素線形空間 $(\mathfrak{p}_0, \boldsymbol{j})$ への線形同型写像を与える. また, $\mathfrak{g}$ の $\mathfrak{g}_0$ に関する三角型分解 $\mathfrak{g} = \mathfrak{p}_+ \oplus \mathfrak{k} \oplus \mathfrak{p}_-$ は,

$$\begin{aligned}
\mathfrak{p}_+ &= \left\{ \begin{pmatrix} O & X_{12} \\ O & O \end{pmatrix} \,\middle|\, X_{12} \in M_{p,q}(\mathbb{C}) \right\}, \\
\mathfrak{k} &= \left\{ \begin{pmatrix} X_{11} & O \\ O & X_{22} \end{pmatrix} \in \mathfrak{g} \,\middle|\, X_{11} \in M_p(\mathbb{C}),\ X_{22} \in M_q(\mathbb{C}) \right\}, \qquad (8.44) \\
\mathfrak{p}_- &= \left\{ \begin{pmatrix} O & O \\ X_{21} & O \end{pmatrix} \,\middle|\, X_{21} \in M_{q,p}(\mathbb{C}) \right\},
\end{aligned}$$

により与えられる.

(ii) 次に $\mathfrak{g}=\mathfrak{sp}(n,\mathbb{C})$, $\mathfrak{g}_0=\mathfrak{sp}(n,\mathbb{R})'$ の場合を考える. n 次複素対称行列全体のなす線形空間を $\mathrm{Sym}_n(\mathbb{C})$ で表すとき,

$$\mathrm{Sym}_n(\mathbb{C}) \ni W \longmapsto \begin{pmatrix} O & W \\ \overline{W} & O \end{pmatrix} \in (\mathfrak{p}_0, \boldsymbol{j})$$

は, 複素線形空間の同型である. 対応して, $\mathfrak{g}$ の三角型分解 $\mathfrak{g}=\mathfrak{p}_+\oplus\mathfrak{k}\oplus\mathfrak{p}_-$ は,

$$\begin{aligned} \mathfrak{p}_+ &= \left\{ \begin{pmatrix} O & W \\ O & O \end{pmatrix} \,\middle|\, W \in \mathrm{Sym}_n(\mathbb{C}) \right\}, \\ \mathfrak{k} &= \left\{ \begin{pmatrix} Z & O \\ O & -{}^tZ \end{pmatrix} \in \mathfrak{g} \,\middle|\, Z \in M_n(\mathbb{C}) \right\}, \\ \mathfrak{p}_- &= \left\{ \begin{pmatrix} O & O \\ U & O \end{pmatrix} \,\middle|\, U \in \mathrm{Sym}_n(\mathbb{C}) \right\}, \end{aligned} \tag{8.45}$$

により与えられる.

問題 8.6. $\mathfrak{g}_0=\mathfrak{o}^*(2n)$, $\mathfrak{o}(p,2)$ $(p\geq 3)$ の場合に, 複素リー代数 $\mathfrak{g}=(\mathfrak{g}_0)_{\mathbb{C}}$ の三角型分解を行列を用いて具体的に書き下せ.

注意 8.3. 対称対 $(\mathfrak{g}_0,\mathfrak{k}_0)$ に付随したリーマン対称空間を G/K とする. すなわち, G は $\mathfrak{g}_0$ をリー代数にもつ連結リー群であり, K は $\mathfrak{k}_0$ に対応する G の連結部分リー群 (極大コンパクト部分群) である. このとき, $\mathfrak{g}_0$ のカルタン分解 $\mathfrak{g}_0=\mathfrak{k}_0\oplus\mathfrak{p}_0$ をとおして, $\mathfrak{p}_0$ を多様体 G/K の原点 eK における接空間と同一視することができる. そして, 接空間 $\mathfrak{p}_0$ 上の $(\mathrm{ad}_{\mathfrak{p}_0}\mathfrak{k}_0)$-不変な複素構造 $\boldsymbol{j}$ は, 対称空間 G/K に G-不変な複素構造を誘導する. このように G-不変複素構造を備えた対称空間 G/K を**エルミート対称空間**という.

最も簡単な例は, $\mathfrak{g}_0=\mathfrak{su}(1,1)$, $\mathfrak{k}_0=\mathfrak{s}(\mathfrak{u}(1)\oplus\mathfrak{u}(1))$ に対応するリー群

$$\begin{aligned} G = SU(1,1) &= \left\{ \begin{pmatrix} \alpha & \beta \\ \overline{\beta} & \overline{\alpha} \end{pmatrix} \,\middle|\, \alpha,\beta\in\mathbb{C},\ |\alpha|^2-|\beta|^2=1 \right\}, \\ K = S(U(1)\times U(1)) &= \left\{ \begin{pmatrix} \alpha & 0 \\ 0 & \overline{\alpha} \end{pmatrix} \,\middle|\, \alpha\in\mathbb{C},\ |\alpha|=1 \right\}, \end{aligned} \tag{8.46}$$

が与える対称空間 G/K である. 群 G は複素数平面内の単位開円板 $D:=\{z\in\mathbb{C} \mid |z|<1\}$ に 1 次分数変換によって推移的に作用し, 原点 $0\in D$ の G における固定

部分群が K に他ならない (6.4 節). したがって, エルミート対称空間 G/K は円板 D と (G が作用する等質空間として) 同型である. 群 G の元

$$a_t := \begin{pmatrix} \cosh t & \sinh t \\ \sinh t & \cosh t \end{pmatrix}, \quad n_y := \begin{pmatrix} 1+\sqrt{-1}\,y & -\sqrt{-1}\,y \\ \sqrt{-1}\,y & 1-\sqrt{-1}\,y \end{pmatrix} \quad (t, y \in \mathbb{R}) \tag{8.47}$$

がつくる G の**岩澤部分群** $S := \{n_y a_t \mid t, y \in \mathbb{R}\}$ は D に単純かつ推移的に作用する (図 8.1).

有界対称領域やエルミート対称空間の構造を詳しく扱った文献には, 例えば, [12] Chap. VIII, [25] Chap. VII, [41] などがある.

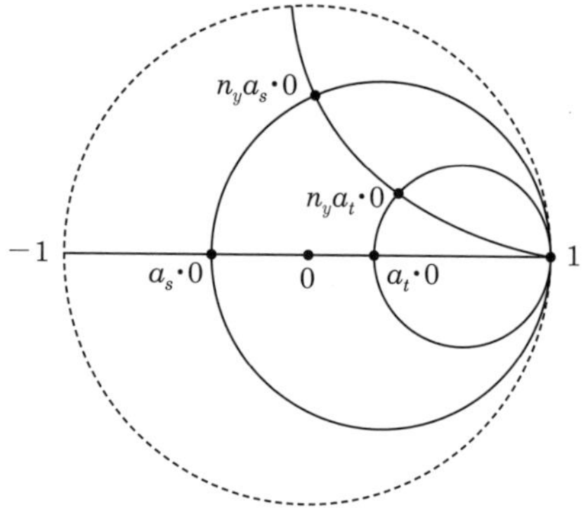

図 8.1. 岩澤部分群 S の作用 $(t > 0,\ s, y < 0)$

■第9章■

リー代数の表現論——事始め

以下では，つねに体 $\mathbb{K}$ は $\mathbb{R}$ または $\mathbb{C}$ を表すものとし，$\mathfrak{g}$ を $\mathbb{K}$ 上のリー代数とする．第 I 巻では 3 次元単純リー代数 $\mathfrak{o}(3,\mathbb{C}) \cong \mathfrak{sl}(2,\mathbb{C})$ の表現を具体的に扱ったが，この章では，リー代数 $\mathfrak{g}$ の表現についての入門的な解説をより系統的に行う．表現という代数系にかかわる基本概念を導入し，既約表現を扱うために重要なシュアの補題 (リー代数版) を証明する．そして，この補題が表現論にどのように役に立つかを具体的に論じる．さらには，実リー代数の表現のユニタリ化可能性について議論する．

本章では，単なる一般論にとどまらず，ハイゼンベルグ代数 $\mathfrak{n}(V)$ や $\mathfrak{sl}(2,\mathbb{C})$ の興味深い無限次元表現を例を手元に用意して，表現の取り扱いに慣れ親しみたい．とくに，$\mathfrak{sl}(2,\mathbb{C})$ の実型 $\mathfrak{su}(1,1)$ に付随した既約 (ユニタリ) ハリシュ-チャンドラ加群を分類・構成してみせる．なお，この加群は，コンパクトでない特殊ユニタリ群 $SU(1,1)$ の連続な既約 (ユニタリ) 表現と対応している (注意 9.4 参照).

9.1 リー代数の表現

9.1.1 表現という概念

リー代数の表現とは何か，まず，その定義から始めよう．

定義 9.1. $\boldsymbol{V}$ を $\{0\}$ でない複素線形空間とする．$\mathfrak{g}$ の $\boldsymbol{V}$ 上への**表現** π とは，$\mathbb{K}$ 上のリー代数としての準同型写像 $\pi : \mathfrak{g} \to \mathfrak{gl}(\boldsymbol{V})$ のことである．すなわち，

$X \in \mathfrak{g}$ に対して $\boldsymbol{V}$ 上の 1 次変換 $\pi(X)$ が定まっていて,

$$\pi(aX + bY) = a\pi(X) + b\pi(Y),$$
$$\pi([X, Y]) = \pi(X)\pi(Y) - \pi(Y)\pi(X) \quad (a, b \in \mathbb{K},\ X, Y \in \mathfrak{g}),$$

を満たす．このとき，$\mathfrak{g}$ の作用 $\mathfrak{g} \times \boldsymbol{V} \ni (X, v) \longmapsto \pi(X)v \in \boldsymbol{V}$ を備えた線形空間 $\boldsymbol{V}$ のことを **$\mathfrak{g}$-加群**ともよぶ.

注意 9.1. $\mathfrak{g}$ の表現 $(\pi, \boldsymbol{V})$ と $\mathfrak{g}$-加群 $\boldsymbol{V}$ は，同一の概念を別の視点から述べた用語である．すなわち，作用する主体 $\mathfrak{g}$ とその作用に力点をおいたものが「$\mathfrak{g}$ の表現」であり，作用される線形空間 $\boldsymbol{V}$ の立場にたつと「$\mathfrak{g}$-加群」という言葉遣いになる (第 I 巻「閑話休題 7」参照)．なお，第 I 巻では，作用する主体が群である場合の表現についていろいろと論じている.

注意 9.2. 第 II 巻では，リー代数が作用する表現空間を，太文字を用いて $\boldsymbol{V}, \boldsymbol{W}$ などと表記する．これは，ひとつには，本書の中心テーマである表現・加群をことさら意識して扱うためである．さらに，リー代数 $\mathfrak{gl}(V)$, $\mathfrak{sp}(V)$, $\mathfrak{n}(V)$ などを定める特別の線形空間 V と，これらのリー代数の表現一般を区別し，混同を避けるためでもある.

実リー代数に対しては $\mathbb{R}$ 上の線形空間への実表現も考えられるが，以降，表現といえばつねに $\mathbb{C}$ 上の線形空間に働くものとする.

線形空間 $\boldsymbol{V}$ が n 次元のときには，リー代数 $\mathfrak{g}$ の表現とは，$\mathfrak{g}$ における 1 次結合や括弧積が，行列の 1 次結合や交換子積に対応するように，$\mathfrak{g}$ の各要素を n 次の複素行列で実現することに他ならない．つまり，表現は数の並びである行列に息吹《いぶき》を与え，活躍の場を提供することになる.

天下り式だが，$\mathfrak{g}$ の表現という代数系の構造を調べるために基本となる概念をいくつか導入しよう．以下の一連の定義では，$(\pi, \boldsymbol{V})$ を $\mathfrak{g}$ の表現とする.

定義 9.2. 任意の $X \in \mathfrak{g}$ に対して $\pi(X)\boldsymbol{W} \subset \boldsymbol{W}$ となる $\boldsymbol{V}$ の部分空間 $\boldsymbol{W}$ を，$\boldsymbol{V}$ の **$\mathfrak{g}$-不変部分空間** (あるいは **$\mathfrak{g}$-部分加群**) という．このとき，表現作用素 $\pi(X)$ の $\boldsymbol{W}$ 上への制限 $\pi_W(X) := \pi(X)|_{\boldsymbol{W}}$ は，$\mathfrak{g}$ の $\boldsymbol{W}$ 上への表現 π_W を引き起こす．π_W を π の**部分表現**という.

定義 9.3. $\boldsymbol{W}$ が $\boldsymbol{V}$ の $\mathfrak{g}$-部分加群であるとき，$\boldsymbol{V}$ の $\boldsymbol{W}$ による商線形空間

$$\boldsymbol{V}/\boldsymbol{W} = \{v + \boldsymbol{W} \mid v \in \boldsymbol{V}\}$$

は，π から自然に誘導される $\mathfrak{g}$ の作用

$$\pi_{V/W}(X)(v+\boldsymbol{W}) := \pi(X)v + \boldsymbol{W} \quad (X \in \mathfrak{g})$$

により $\mathfrak{g}$-加群となる．このようにして得られる $\mathfrak{g}$ の表現 $(\pi_{V/W}, \boldsymbol{V}/\boldsymbol{W})$ を π の π_W による (または $\boldsymbol{V}/\boldsymbol{W}$ 上の) **商表現**という．

定義 9.4. $\boldsymbol{W}_i$ $(i \in I)$ を $\boldsymbol{V}$ の $\mathfrak{g}$-部分加群の族とするとき，和空間

$$\sum_{i \in I} \boldsymbol{W}_i = \left\{ \sum_{i \in I} w_i \;\middle|\; w_i \in \boldsymbol{W}_i,\ \text{有限個の } i \text{ を除き } w_i = 0 \right\}$$

も $\mathfrak{g}$-部分加群になる．とくに，線形空間の和 $\sum_{i \in I} \boldsymbol{W}_i$ が直和であるとき，

$$\sum_{i \in I} \boldsymbol{W}_i = \bigoplus_{i \in I} \boldsymbol{W}_i$$

を $\mathfrak{g}$-部分加群 $\boldsymbol{W}_i$ の**直和**とよび，対応する表現を $\bigoplus_{i \in I} \pi_{W_i}$ で表す．

定義 9.5. $\mathfrak{g}$ の表現 $(\pi, \boldsymbol{V})$ が**既約**であるとは，$\boldsymbol{V}$ の $\mathfrak{g}$-不変部分空間 $\boldsymbol{W}$ が，$\boldsymbol{W} = \{0\}$ と $\boldsymbol{V}$ に限るときをいう．

喩《たと》えるとすれば，既約な表現とは，もうこれ以上小さく分解できない表現，つまり物質を構成する原子のような存在であるといえよう．原子がどれだけ存在するのかを知ること (原子表を作ること) や，物質を構成する原子を特定することが重要であるように，表現論においては，既約な表現を分類すること，および，与えられた表現を既約表現に分解することが，基本的な問題となる．

注意 9.3. $\mathfrak{g}_0$ を実リー代数とし，$\mathfrak{g} := \mathbb{C} \otimes_{\mathbb{R}} \mathfrak{g}_0$ を $\mathfrak{g}_0$ の複素化とする．$\mathfrak{g}_0$ の表現 $(\pi, \boldsymbol{V})$ に対して，実リー代数の準同型写像 $\pi : \mathfrak{g}_0 \to \mathfrak{gl}(\boldsymbol{V})$ を，

$$\lambda \otimes X \longmapsto \lambda\pi(X) \quad (\lambda \in \mathbb{C},\ X \in \mathfrak{g}_0)$$

によって，$\mathfrak{g}$ からの複素線形写像に拡張し，これを $\pi_{\mathbb{C}}$ で表す．このとき，$\pi_{\mathbb{C}}$ は $\mathfrak{g}$ の $\boldsymbol{V}$ 上への表現を与え，これを π の複素化という．$\boldsymbol{V}$ の部分線形空間 $\boldsymbol{W}$ について，$\boldsymbol{W}$ が $\mathfrak{g}_0$-不変であることと，$\mathfrak{g}$-不変であることとは同値になる．したがって，表現 π が既約であるためには，複素化 $\pi_{\mathbb{C}}$ が既約であることが必要十分条件になる．(このことは命題 3.11 の証明でも使われている.)

ここで，ふたつの表現の間の関係を調べる際に鍵となる言葉を用意しておく．

定義 9.6. リー代数 $\mathfrak{g}$ の表現 $(\pi_1, \boldsymbol{V}_1)$ と $(\pi_2, \boldsymbol{V}_2)$ があるとせよ．

(i)　$A\pi_1(X) = \pi_2(X)A$ $(X \in \mathfrak{g})$ を満たす線形写像 $A : \boldsymbol{V}_1 \to \boldsymbol{V}_2$ を，π_1 から π_2 への**相関作用素** (intertwining operator)，あるいは **$\mathfrak{g}$-準同型写像**という．とくに，全単射な相関作用素を **$\mathfrak{g}$-同型写像**とよぶ．

(ii)　$\boldsymbol{V}_1$ と $\boldsymbol{V}_2$ の間に $\mathfrak{g}$-同型写像が存在するとき，$\mathfrak{g}$ の表現 π_1 と π_2 は**同値**であるといって，$\pi_1 \cong \pi_2$ と書く．このとき，$\mathfrak{g}$-加群 $\boldsymbol{V}_1$ と $\boldsymbol{V}_2$ は**同型**である：$\boldsymbol{V}_1 \cong \boldsymbol{V}_2$，ともいう．

9.1.2　自然表現とそのテンソル積：シュア-ワイル理論

1 次変換 (行列) のなすリー代数は，その出《いで》立《た》ちから，自然な表現を伴っている．

例 9.1. (有限次元) 複素線形空間 $\boldsymbol{V}$ 上の一般線形リー代数 $\mathfrak{g} = \mathfrak{gl}(\boldsymbol{V})$ は，自然に $\boldsymbol{V}$ に働く．つまり，$\pi(X) := X$ $(X \in \mathfrak{g})$ により，$\mathfrak{g}$ の $\boldsymbol{V}$ 上の表現 (**自然表現**) が定まる．

この表現は既約である．実際，$\boldsymbol{W}$ を $\boldsymbol{V}$ の $\{0\}$ でない $\mathfrak{g}$-部分加群とし，ベクトル $w \in \boldsymbol{W}$, $w \neq 0$, をとる．このとき，任意の $v \in \boldsymbol{V}$ に対して，$Xw = v$ なる $X \in \mathfrak{gl}(\boldsymbol{V})$ が存在する (これは，(i) w を含む V の基底が存在すること，(ii) 基底の移り先を任意に指定して $\boldsymbol{V}$ 上の 1 次変換を定めることができること，の二点からわかる)．ゆえに $v = Xw \in \boldsymbol{W}$ となり，$\boldsymbol{W} = \boldsymbol{V}$ が従う．

同様に，他の古典リー代数 $\mathfrak{sl}(\boldsymbol{V})$, $\mathfrak{sp}(\boldsymbol{V})$, $\mathfrak{o}(\boldsymbol{V})$ も $\boldsymbol{V}$ 上に自然な表現をもつ．これは，$\mathfrak{gl}(\boldsymbol{V})$ の自然表現を部分リー代数 $\mathfrak{sl}(\boldsymbol{V})$, $\mathfrak{sp}(\boldsymbol{V})$, $\mathfrak{o}(\boldsymbol{V})$ に制限したものに他ならない．

問題 9.1. $\mathfrak{sl}(\boldsymbol{V})$, $\mathfrak{sp}(\boldsymbol{V})$ の $\boldsymbol{V}$ 上への自然表現は既約であることを証明せよ．

例 9.2. n 次元線形空間 $\boldsymbol{V}$ の旗 $\mathcal{F}$: $V_0 \subset V_1 \subset \cdots \subset V_n = \boldsymbol{V}$ を不変にする $\mathfrak{gl}(\boldsymbol{V})$ の可解部分リー代数 $\mathfrak{b}(\mathcal{F})$ (例 7.11) の $\boldsymbol{V}$ 上への自然な表現を考える．このとき，$\boldsymbol{V}$ の旗 $\mathcal{F}$ を構成する部分空間 $V_0, V_1, \cdots, V_n$ は，$\boldsymbol{V}$ の $\mathfrak{b}(\mathcal{F})$-部分加群をなす．

問題 9.2. $\boldsymbol{V}$ の $\mathfrak{b}(\mathcal{F})$-部分加群は，旗 $\mathcal{F}$ を定める $\boldsymbol{V}$ の部分空間に限ることを証明せよ．

自然表現は，一見，ごく当たり前のものであるが，リー代数の表現の構成・分類に非常に役に立つ．例えば，$\mathfrak{gl}(\boldsymbol{V})$ の有限次元既約表現の分類・構成を与える**シュア-ワイル理論**がそうである．ここでは，この理論の概略を (証明なしに) 紹介しよう．リー代数 $\mathfrak{gl}(\boldsymbol{V})$ の自然表現 $\boldsymbol{V}$ の m 階テンソル積空間 $\otimes^m \boldsymbol{V}$ には，$\mathfrak{gl}(\boldsymbol{V})$ が**テンソル積表現**

$$X \cdot (v_1 \otimes \cdots \otimes v_i \otimes \cdots \otimes v_m) := \sum_{i=1}^{m} (v_1 \otimes \cdots \otimes Xv_i \otimes \cdots \otimes v_m) \qquad (X \in \mathfrak{gl}(\boldsymbol{V}),\ v_i \in \boldsymbol{V}) \tag{9.1}$$

により作用する．他方，m 次対称群 $\mathfrak{S}_m$ は，$\otimes^m \boldsymbol{V}$ に，テンソル積の順番の入れ替え

$$\tau \cdot (v_1 \otimes \cdots \otimes v_m) := v_{\tau^{-1}(1)} \otimes \cdots \otimes v_{\tau^{-1}(m)} \quad (\tau \in \mathfrak{S}_m)$$

により働くが，これらの 2 種類の表現は，互いに可換になっている．つまり，各 $\tau \in \mathfrak{S}_m$ の作用が $\mathfrak{g}$ の $\otimes^m \boldsymbol{V}$ 上の表現の相関作用素を与える．よって，(ρ, U_ρ) を群 $\mathfrak{S}_m$ の既約表現とすれば，U_ρ から $\otimes^m \boldsymbol{V}$ への $\mathfrak{S}_m$-相関作用素の空間

$$Y_\rho := \mathrm{Hom}_{\mathfrak{S}_m}(U_\rho, \otimes^m \boldsymbol{V})$$

には，依然 $\mathfrak{gl}(\boldsymbol{V})$ が自然に働いている．この表現を (θ_ρ, Y_ρ) と書こう．

このとき，$\mathfrak{gl}(\boldsymbol{V})$ と $\mathfrak{S}_m$ の表現空間 $\otimes^m \boldsymbol{V}$ は，

$$\otimes^m \boldsymbol{V} \cong \bigoplus_{\rho} (Y_\rho \otimes U_\rho)$$

と直和分解し，対応 $\rho \mapsto \theta_\rho$ は，$\mathfrak{S}_m$ の既約表現の同値類全体の集合 $\hat{\mathfrak{S}}_m$ から，$\mathfrak{gl}(\boldsymbol{V})$ の既約表現の同型類のある部分集合 $\Sigma(m)$ への 1 対 1 対応を与える：

$$\hat{\mathfrak{S}}_m \ni \rho \longleftrightarrow \theta_\rho \in \Sigma(m).$$

しかも，テンソルの階数 $m = 1, 2, \cdots$ を変化させることによって，$\mathfrak{gl}(\boldsymbol{V})$ の有限次元既約表現を (中心 $\mathfrak{z}(\mathfrak{gl}(\boldsymbol{V})) \cong \mathbb{C}$ の 1 次元指標を法として) すべて構成・分類できることが知られている．また，上の対応は，対称群の既約表現をパラメトライズするヤング図形と $\mathfrak{gl}(\boldsymbol{V})$ の既約表現の最高ウェイトを結びつける役割を

する.

要するに, 自然表現のテンソル積を分解することで, $\mathfrak{gl}(\boldsymbol{V})$ の有限次元既約表現は, (本質的に) すべて得られるのである. シュア-ワイル理論については, 和書では [23] や [40] 第 V 章 研究課題に解説がある.

9.2 無限次元表現に親しむ

表現論の面白さを体感するために, こんどは無限次元表現の例に親しんでみたい.

9.2.1 例 I：ハイゼンベルグ代数 $\mathfrak{n}(V)$ の場合

(V, B) を $\mathbb{K}$ 上のシンプレクティック線形空間とし, $p_1, \cdots, p_n$, $q_1, \cdots, q_n$ を V のシンプレクティック基底とする. 零でない複素数 λ に対して,

$$a_1 b_1 = \cdots = a_n b_n = \lambda$$

なる $a_i, b_i \in \mathbb{C}$ $(i = 1, \cdots, n)$ をとる. 交換関係式 (7.38) より, ハイゼンベルグ代数 $\mathfrak{n}(V)$ の $\boldsymbol{V} := \mathbb{C}[z_1, \cdots, z_n]$ 上への表現 π を,

$$\pi(p_i) = a_i \partial_i, \quad \pi(q_i) = b_i z_i, \quad \pi(\boldsymbol{e}) = \lambda \mathbf{1}, \tag{9.2}$$

により定めることができる. また, 問題 7.17 に注意すれば,

$$\varpi(p_i) = a_i \left(\frac{\partial_i + z_i}{\sqrt{2}} \right), \quad \varpi(q_i) = b_i \left(\frac{-\partial_i + z_i}{\sqrt{2}} \right), \quad \varpi(\boldsymbol{e}) = \lambda \mathbf{1}, \tag{9.3}$$

も $\mathfrak{n}(V)$ の $\boldsymbol{V}$ 上への表現 ϖ を定めることがわかる. (なお, ϖ は π (パイ) の変形であり, ω (オメガ) とは異なる.)

命題 9.1. ハイゼンベルグ代数 $\mathfrak{n}(V)$ の $\mathbb{C}[z_1, \cdots, z_n]$ 上への表現 π および ϖ はともに既約である. しかし, 表現 π と ϖ は同値ではない.

証明. まず, 表現 π を考える. $\boldsymbol{W} \neq \{0\}$ を $\mathbb{C}[z_1, \cdots, z_n]$ の $\pi(\mathfrak{n}(V))$-不変な部分空間とする. $f \in \boldsymbol{W}$, $f \neq 0$, をとる. このとき, 微分 $\pi(p_i)$ たちを何回か施すことで, 定数関数 $c\mathbf{1} \in \boldsymbol{W}$, $c \neq 0$, を得る. これに, 掛け算作用素 $\pi(q_i)$ たちを施すことで, $\mathbb{C}[z_1, \cdots, z_n]$ の単項式が (定数倍を除き) すべて得られる. した

がって，$\boldsymbol{W} = \mathbb{C}[z_1, \cdots, z_n]$ がわかる．よって，表現 π は既約である．

一方，表現 ϖ が既約であることは，等式

$$\varpi\left(\frac{a_i^{-1}p_i + b_i^{-1}q_i}{\sqrt{2}}\right) = z_i, \quad \varpi\left(\frac{a_i^{-1}p_i - b_i^{-1}q_i}{\sqrt{2}}\right) = \partial_i$$

に注意すれば，π の既約性を使ってわかる．

次に，π と ϖ が同値でないことを背理法により示そう．$\partial_i f = -z_i f$ なる多項式 f は $f = 0$ のみであることに注意しよう (両辺の多項式の次数を比べよ)．これから，$\varpi(p_i)$ は $\mathbb{C}[z_1, \cdots, z_n]$ 上の単射線形写像であることがわかる．もし $\pi \cong \varpi$ ならば，$\pi(p_i) = a_i\partial_i$ も $\mathbb{C}[z_1, \cdots, z_n]$ 上単射でなければならない．これは，$\pi(p_i)\mathbf{1} = 0$ に反する．□

9.2.2　例 II：$\mathfrak{sl}(2, \mathbb{C}) = \mathbb{C} \otimes_{\mathbb{R}} \mathfrak{su}(1,1)$ のハリシュ-チャンドラ加群の分類

次に，複素単純リー代数 $\mathfrak{g} := \mathfrak{sl}(2, \mathbb{C})$ の表現を扱う．(X_+, H, X_-) を $\mathfrak{g}$ の標準トリプル ((7.25) 参照) とする．リー代数 $\mathfrak{g}$ は実型 $\mathfrak{g}_0 := \mathfrak{su}(1,1)$ をもつが，例 8.3 で調べたように，$\mathfrak{g}_0$ の複素カルタン分解は，

$$\mathfrak{g} = \mathfrak{k} \oplus \mathfrak{p}, \quad \mathfrak{k} = \mathbb{C}H, \ \mathfrak{p} = \mathbb{C}X_+ + \mathbb{C}X_-,$$

となる．いま，$\mathfrak{g}$ の表現 $(\pi, \boldsymbol{V})$ が (この分解に対して) **許容的**であるとは，表現作用素 $\pi(H)$ が $\boldsymbol{V}$ 上対角化可能で，その固有値がすべて整数であるときをいう．$\pi(H)$ の固有値を表現 π の**ウェイト** (あるいは**重み**)，固有ベクトルのことを π の**ウェイトベクトル** (あるいは**重みベクトル**) とよぶ．許容的な $\mathfrak{g}$ の既約表現のことを，実型 $\mathfrak{g}_0$ に付随した**既約ハリシュ-チャンドラ (Harish-Chandra) 加群**という．本来ならば，群 $SU(1,1)$ に付随した既約ハリシュ-チャンドラ加群と書くべきなのであるが (下の注意を参照)，本書の範囲では誤解の恐れがないため，上のようによぶことにする．

注意 9.4. $\mathfrak{g}_0$ は特殊ユニタリ群 $G = SU(1,1)$ のリー代数であるが (注意 8.3)，$\mathfrak{g}_0$ に付随した既約ハリシュ-チャンドラ加群は，群 G の既約表現と対応している．その証明は難しくはないが，関数解析学などの知識を必要とし本書のレベルを超えているので割愛する．ここでは対応の様子をおおまかに紹介しておこう．

いま，τ を G のヒルベルト空間 $\mathcal{H}$ 上への連続な既約表現であって，次の条件 (a) と (b) を満たすものとする：

(a)　G の極大コンパクト部分群 $K = S(U(1) \times U(1))$ の作用がユニタリである.

(b)　K の既約表現の τ における重複度は高々有限である.

このような τ を (K-) **許容的** (admissible) という. 群 G の既約ユニタリ表現は許容的である.

さて, 許容的な G の既約表現 τ に対して, 1 次元の可換なコンパクト部分群 K の作用に関する同時固有ベクトルたちが (代数的に) 生成する $\mathcal{H}$ の部分空間を $\mathcal{H}_K$ とすれば, G の表現 τ を微分して複素化することによって, $\mathcal{H}_K$ は $\mathfrak{g}_0$ に付随した既約ハリシュ-チャンドラ加群となることがわかる. 逆に, 任意の既約ハリシュ-チャンドラ加群はこのようにして得られる. しかも, 対応 $\tau \leftrightarrow \mathcal{H}_K$ は, 既約ユニタリ表現 については, 表現のユニタリ同値を除いて 1 対 1 であることが知られている. このように, 群 G の連続な既約許容表現とリー代数 $\mathfrak{g}$ の既約ハリシュ-チャンドラ加群は, (ユニタリでない表現の完備化に関わる位相的性質を除き) 等価であるといってよい. なお, 実リー代数のユニタリ表現については, 9.5 節で詳しく扱う.

以上のことは, より一般に, 半単純リー群の既約許容表現に対して定式化されている ([10]).

ここでは, 標準的な許容的 $\mathfrak{g}$-加群の族を与えて, それらを分解することにより, 既約ハリシュ-チャンドラ加群を多数構成する. すなわち, 整数全体のなす集合を $\mathbb{Z}$ で表し, $\lambda \in \mathbb{C}$ に対して, $(e_n)_{n\in\mathbb{Z}}$ を基底とする無限次元複素線形空間 $\boldsymbol{V} = \bigoplus_{n\in\mathbb{Z}} \mathbb{C}e_n$ 上の 1 次変換 $\pi_\lambda(X_+)$, $\pi_\lambda(H)$, $\pi_\lambda(X_-)$ を,

$$\begin{cases} \pi_\lambda(X_+)e_n = (\lambda + n)e_{n+1}, \\ \pi_\lambda(H)e_n = 2ne_n, \\ \pi_\lambda(X_-)e_n = (\lambda - n)e_{n-1}, \end{cases} \tag{9.4}$$

により定める. このとき, $(\pi_\lambda(X_+), \pi_\lambda(H), \pi_\lambda(X_-))$ は $\mathfrak{gl}(\boldsymbol{V})$ において標準トリプルをなす. 実際,

$$\begin{aligned} &[\pi_\lambda(X_+),\ \pi_\lambda(X_-)]\, e_n \\ &\quad = \{\pi_\lambda(X_+)\pi_\lambda(X_-) - \pi_\lambda(X_-)\pi_\lambda(X_+)\}\, e_n \\ &\quad = \{(\lambda + (n-1))(\lambda - n) - (\lambda - (n+1))(\lambda + n)\}e_n \\ &\quad = 2ne_n = \pi_\lambda(H)e_n \end{aligned}$$

から，$[\pi_\lambda(X_+), \pi_\lambda(X_-)] = \pi_\lambda(H)$ を得る．残りのふたつの交換関係を確かめるのはよりやさしい．したがって，π_λ は $\mathfrak{g}$ の $\boldsymbol{V}$ 上への表現を与えることがわかる．また，π_λ が許容的であるのは定義から明らかである．

作用素 $\pi_\lambda(X_\pm)$ は，ウェイトベクトルのウェイトを，それぞれ ± 2 だけ増減する働きをする**昇演算子・降演算子**である．以下，$\mathfrak{g}$ の表現 π_λ を備えた線形空間 $\boldsymbol{V}$ を，表現のパラメータを明示して $\boldsymbol{V}_\lambda$ と書くことにする．

この表現 π_λ は，ユニタリ群 G の**球《きゅう》主系列表現** (spherical principal series representation) を微分して得られる．ここに，表現 π_λ が球的 (spherical) であることは，零ウェイトベクトル $e_0 \in \boldsymbol{V}_\lambda : \pi_\lambda(H)e_0 = 0$，が存在することに対応している．ほとんどの $\lambda \in \mathbb{C}$ について，球主系列表現 π_λ は既約ハリシュ-チャンドラ加群を与える．正確には，次の定理がなりたつ．

定理 9.2. (i)　$\lambda \notin \mathbb{Z}$ のとき，$\mathfrak{g} = \mathfrak{sl}(2, \mathbb{C})$ の表現 $(\pi_\lambda, \boldsymbol{V}_\lambda)$ は既約である．

(ii)　$\lambda, \mu \notin \mathbb{Z}, \lambda \neq \mu,$ なる複素数 λ, μ について，表現 π_λ と π_μ が同値になるためには，$\lambda = 1 - \mu$ であることが必要十分条件である．

証明. (i)　$\boldsymbol{W}$ を $\boldsymbol{V}_\lambda$ の零でない $\mathfrak{g}$-部分加群とする．$\boldsymbol{W}$ は，$\boldsymbol{V}_\lambda$ 上対角化可能な 1 次変換 $\pi_\lambda(H)$ によって不変であるから，$\boldsymbol{W}$ はウェイトベクトルたちから生成される (問題 7.11)．とくに，ある番号 n_0 があって，$e_{n_0} \in \boldsymbol{W}$ となる．ところが，$\lambda \notin \mathbb{Z}$ であるから，e_{n_0} に $\pi_\lambda(X_\pm)$ を次々と施していけば，(零でない定数倍を除き) すべての e_n が得られる．これより，任意の $n \in \mathbb{Z}$ に対して $e_n \in \boldsymbol{W}$，すなわち，$\boldsymbol{W} = \boldsymbol{V}_\lambda$ が従う．

(ii)　π_λ から π_μ への $\mathfrak{g}$-同型 A が存在するための条件を調べよう．いま，A を $\boldsymbol{V}$ 上の線形同型写像とする．$\pi_\lambda(H) = \pi_\mu(H)$ はウェイト $2n$ $(n \in \mathbb{Z})$ のウェイトベクトル e_n を重複度 1 でもつ対角型の 1 次変換であるから，$A\pi_\lambda(H) = \pi_\mu(H)A$ がなりたつためには，各 e_n が A の固有ベクトルであることが必要十分条件となる．すなわち，零でない複素数 a_n が存在して，

$$Ae_n = a_n e_n \quad (n \in \mathbb{Z})$$

となることである．このような A が

$$\pi_\mu(X_\pm)A = A\pi_\lambda(X_\pm)$$

を満たすための (a_n) に対する条件は，(9.4) から，

$$(\lambda+n)a_{n+1} = (\mu+n)a_n, \quad (\mu-1-n)a_{n+1} = (\lambda-1-n)a_n, \tag{9.5}$$

と書き表される．$a_n \neq 0,\ \lambda, \mu \notin \mathbb{Z}$ であることに注意して，比 a_{n+1}/a_n を考えると，上の 2 条件を満たす a_n が存在するためには，λ, μ が，すべての整数 n に対して，等式

$$(\lambda+n)(\lambda-1-n) = (\mu+n)(\mu-n-1) \tag{9.6}$$

を満たすことが必要十分条件となる．$\lambda \neq \mu$ であって，等式 (9.6) がなりたつのは，$\mu = 1-\lambda$ のときである．このとき，a_n は

$$a_n = a_{-n} = a_0 \prod_{k=1}^{|n|} \frac{(k-1/2)-(\lambda-1/2)}{(k-1/2)+(\lambda-1/2)} \tag{9.7}$$

で与えられ，したがって，$\mathfrak{g}$-同型 $A : \boldsymbol{V}_\lambda \to \boldsymbol{V}_{1-\lambda}$ は定数倍を除き一意に定まる． □

問題 9.3. $\boldsymbol{V}_\lambda$ 上の 1 次変換

$$C_{\pi_\lambda} := \pi_\lambda(X_+)\pi_\lambda(X_-) + \pi_\lambda(X_-)\pi_\lambda(X_+) + \frac{1}{2}\pi_\lambda(H)^2$$

は，$2(\lambda^2-\lambda)$ 倍のスカラー変換であることを示せ．これから，$\pi_\lambda \cong \pi_\mu$ ならば，$\lambda = \mu$ または $\mu = 1-\lambda$ であることを導け．(C_{π_λ} がスカラー変換になるのにはわけがある．定理 9.11 を参照せよ．)

では，λ が整数の場合には，球主系列表現 π_λ はどのような構造をしているだろうか？ これを調べるため，正の整数 ℓ に対して，$\boldsymbol{V} = \bigoplus_{n\in\mathbb{Z}} \mathbb{C}e_n$ の部分空間 $\boldsymbol{F}_{2\ell-1}$, $\boldsymbol{D}^{\pm}_{2\ell}$ を，

$$\boldsymbol{F}_{2\ell-1} := \bigoplus_{-\ell<n<\ell} \mathbb{C}e_n, \quad \boldsymbol{D}^{\pm}_{2\ell} := \bigoplus_{n\geq\ell} \mathbb{C}e_{\pm n} \ (\text{複号同順}), \tag{9.8}$$

により定める．線形空間 $\boldsymbol{F}_{2\ell-1}$ は $(2\ell-1)$ 次元である．一方，$\boldsymbol{D}^{\pm}_{2\ell}$ はウェイト $\pm 2n\ (n = \ell, \ell+1, \cdots)$ のウェイトベクトルを基底にもつ無限次元線形空間である．

(i) $\lambda = \ell > 0$ **の場合**：$\pi_\ell(X_-)e_\ell = 0,\ \pi_\ell(X_+)e_{-\ell} = 0$ であるから，$\boldsymbol{D}^{\pm}_{2\ell}$ は，

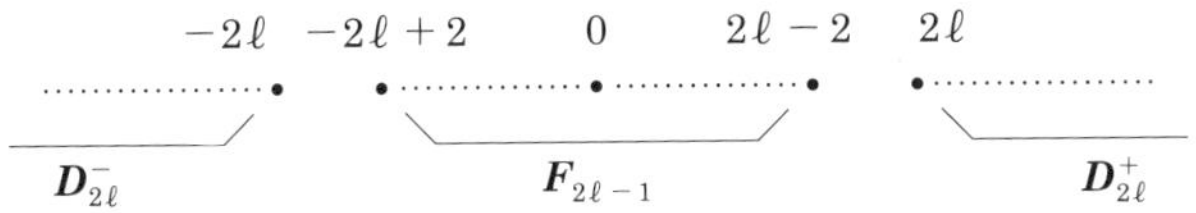

図 9.1.　部分空間 $\boldsymbol{D}_{2\ell}^{-}, \boldsymbol{F}_{2\ell-1}, \boldsymbol{D}_{2\ell}^{+}$ とそのウェイト

それぞれ，$\boldsymbol{V}_\ell$ の無限次元 $\mathfrak{g}$-部分加群であることがわかる．これらが既約であることも，定理 9.2 (i) の証明と同様な手法で確かめることができる．明らかに，$\boldsymbol{D}_{2\ell}^{+}$ と $\boldsymbol{D}_{2\ell}^{-}$ の和は直和である：$\boldsymbol{D}_{2\ell}^{+}+\boldsymbol{D}_{2\ell}^{-}=\boldsymbol{D}_{2\ell}^{+}\oplus\boldsymbol{D}_{2\ell}^{-}$.

(ii) $\lambda=1-\ell\leq 0$ の場合：今度は，$\pi_{1-\ell}(X_+)e_{\ell-1}=0$, $\pi_{1-\ell}(X_-)e_{1-\ell}=0$ となり，$\boldsymbol{F}_{2\ell-1}$ が $\boldsymbol{V}_{1-\ell}$ の $(2\ell-1)$ 次元 $\mathfrak{g}$-部分加群になる．これもまた既約である．

問題 9.4. 上の $\boldsymbol{D}_{2\ell}^{+}, \boldsymbol{D}_{2\ell}^{-}, \boldsymbol{F}_{2\ell-1}$ が既約ハリシュ-チャンドラ加群であることを確かめよ．

上の考察から，π_λ $(\lambda\in\mathbb{Z})$ の既約分解 (あるいは組成因子への分解) は次のようになる．

定理 9.3. ℓ を正の整数とする．

(i)　$\boldsymbol{V}_\ell$ は $\boldsymbol{D}_{2\ell}^{+}\oplus\boldsymbol{D}_{2\ell}^{-}$ を $\mathfrak{g}$-部分加群として含む．さらに，商加群 $\boldsymbol{V}_\ell/(\boldsymbol{D}_{2\ell}^{+}\oplus\boldsymbol{D}_{2\ell}^{-})$ は，$(2\ell-1)$ 次元の既約 $\mathfrak{g}$-加群 $\boldsymbol{F}_{2\ell-1}$ と同型である．

(ii)　$\boldsymbol{V}_{1-\ell}$ は $\boldsymbol{F}_{2\ell-1}$ を既約 $\mathfrak{g}$-部分加群として含む．さらに，商加群 $\boldsymbol{V}_{1-\ell}/\boldsymbol{F}_{2\ell-1}$ は，既約 $\mathfrak{g}$-加群 $\boldsymbol{D}_{2\ell}^{+}$ と $\boldsymbol{D}_{2\ell}^{-}$ の直和と同型である．

この定理の主張のうち，$\boldsymbol{V}_\ell, \boldsymbol{V}_{1-\ell}$ の商加群との $\mathfrak{g}$-同型

$$\begin{aligned}\boldsymbol{V}_\ell/(\boldsymbol{D}_{2\ell}^{+}\oplus\boldsymbol{D}_{2\ell}^{-})&\cong\boldsymbol{F}_{2\ell-1},\\ \boldsymbol{V}_{1-\ell}/\boldsymbol{F}_{2\ell-1}&\cong\boldsymbol{D}_{2\ell}^{+}\oplus\boldsymbol{D}_{2\ell}^{-},\end{aligned}\tag{9.9}$$

は，定理 9.2 (ii) の証明と同様にして示すことができるので，読者に委ねる．

問題 9.5. $\mathfrak{g}$-加群の同型 (9.9) を証明せよ．

なお，$\boldsymbol{V}_{1-\ell}$ の場合とは異なり，$\boldsymbol{V}_\ell$ の場合は部分空間 $\boldsymbol{F}_{2\ell-1}$ は $\mathfrak{g}$-不変ではない．実際，$e_{\ell-1}\in\boldsymbol{F}_{2\ell-1}$ だが，$\pi_\ell(X_+)e_{\ell-1}=(2\ell-1)e_\ell\notin\boldsymbol{F}_{2\ell-1}$．したがって，$\boldsymbol{V}_\ell$ が，$\mathfrak{g}$-加群として，

$$\boldsymbol{V}_\ell \cong \boldsymbol{D}_{2\ell}^+ \oplus \boldsymbol{D}_{2\ell}^- \oplus \boldsymbol{F}_{2\ell-1}$$

と直和分解するのではないことに注意せよ．つまり，$\mathfrak{g}$-加群の短完全系列

$$0 \longrightarrow \boldsymbol{D}_{2\ell}^+ \oplus \boldsymbol{D}_{2\ell}^- \longrightarrow \boldsymbol{V}_\ell \longrightarrow \boldsymbol{F}_{2\ell-1} \longrightarrow 0$$

は分裂しない．$\boldsymbol{V}_{1-\ell}$ についても同様である．

よい喩えかどうかはわからないが，可約な表現 $\boldsymbol{V}_\ell$ は 2 階建てのアパートで，1 階に 2 部屋，2 階に 1 部屋がある．1 階には $\boldsymbol{D}_{2\ell}^+$ 君と $\boldsymbol{D}_{2\ell}^-$ さんが，それぞれ，1 部屋ずつ借りている．2 階には，大家の $\boldsymbol{F}_{2\ell-1}$ 氏が住んでいる．また，アパート $\boldsymbol{V}_{1-\ell}$ 荘の住人は，$\boldsymbol{V}_\ell$ と同じであるが，1 階と 2 階が完全に入れ替わっている．すなわち，$\boldsymbol{V}_\ell$ と $\boldsymbol{V}_{1-\ell}$ は同一の既約成分をもつが，$\mathfrak{g}$-同型ではない．

$$\boldsymbol{V}_\ell \cong \begin{array}{|c|c|}\hline \multicolumn{2}{|c|}{\boldsymbol{F}_{2\ell-1}} \\ \hline \boldsymbol{D}_{2\ell}^+ & \boldsymbol{D}_{2\ell}^- \\ \hline \end{array} \qquad \boldsymbol{V}_{1-\ell} \cong \begin{array}{|c|c|}\hline \boldsymbol{D}_{2\ell}^+ & \boldsymbol{D}_{2\ell}^- \\ \hline \multicolumn{2}{|c|}{\boldsymbol{F}_{2\ell-1}} \\ \hline \end{array}$$

図 9.2. 可約な球主系列 $\boldsymbol{V}_\ell, \boldsymbol{V}_{1-\ell}$ の構造

以上により，球主系列表現 $(\pi_\lambda, \boldsymbol{V}_\lambda)$ の既約分解が完全にわかったことになる．結果をまとめると，π_λ たちを分解して得られる既約ハリシュ-チャンドラ加群は，次の 4 種類である．

(PS) 既約な球主系列表現 $\boldsymbol{V}_\lambda$ $(\lambda \notin \mathbb{Z})$．ただし，$\boldsymbol{V}_\lambda \cong \boldsymbol{V}_{1-\lambda}$.

(D$^+$) 最低ウェイト 2ℓ をもつ無限次元の既約表現 $\boldsymbol{D}_{2\ell}^+$ $(\ell = 1, 2, \cdots)$.

(D$^-$) 最高ウェイト -2ℓ をもつ無限次元の既約表現 $\boldsymbol{D}_{2\ell}^-$ $(\ell = 1, 2, \cdots)$.

(FD) $(2\ell - 1)$ 次元の既約表現 $\boldsymbol{F}_{2\ell-1}$ $(\ell = 1, 2, \cdots)$.

ここまでで解説したリー代数 $\mathfrak{g}$ の表現 π_λ の既約分解は，特殊ユニタリ群 $SU(1,1)$ の球主系列表現の既約分解にちょうど対応している．また，上記の既約表現 **(PS), (D$^\pm$), (FD)** たちは，$\mathfrak{g}_0$ に付随した既約ハリシュ-チャンドラ加群全体の半分を占めることになる．

残りの半分は，$(f_n)_{n \in \mathbb{Z}}$ を基底とする線形空間 $\boldsymbol{V}^1 = \boldsymbol{V}_\lambda^1$ $(\lambda \in \mathbb{C})$ 上に，

$$\begin{cases} \pi_\lambda^1(X_+)f_n = (\lambda+n+1)f_{n+1}, \\ \pi_\lambda^1(H)f_n = (2n+1)f_n, \\ \pi_\lambda^1(X_-)f_n = (\lambda-n)f_{n-1}, \end{cases} \tag{9.10}$$

により定まる $\mathfrak{g}$ の表現 π_λ^1 (**球的でない主系列表現**) を，球主系列の場合と全く同様の手続きで既約分解することによって得られる．

詳細は読者の演習問題としておこう．

問題 9.6. (i) $\lambda \notin \mathbb{Z}$ のとき，$\mathfrak{g}$ の表現 π_λ^1 は既約であることを示せ．

(ii) π_λ^1, π_μ^1 $(\lambda, \mu \notin \mathbb{Z})$ が同値になるためには，$\lambda = -\mu$ が必要十分条件となる．これを証明せよ．

(iii) $\lambda \in \mathbb{Z}$ のとき，表現 π_λ^1 を既約分解せよ．

既約でない主系列表現 $\pi_{\pm\ell}^1$ $(\ell = 0, 1, \cdots)$ の既約成分として，$2\ell+1$ を最低ウェイトとする無限次元既約表現 $\boldsymbol{D}_{2\ell+1}^+$，$-(2\ell+1)$ を最高ウェイトとする無限次元既約表現 $\boldsymbol{D}_{2\ell+1}^-$，および，$2\ell$ 次元の既約表現 $\boldsymbol{F}_{2\ell}$ が現れる．

ここで，最低ウェイト p をもつ既約ハリシュ-チャンドラ加群 $\boldsymbol{D}_p^+$ $(p = 1, 2, \cdots)$ の構造をまとめておこう．$\boldsymbol{D}_p^+$ にはウェイトベクトルからなる基底 $(v_{p+2k})_{k=0,1,\cdots}$ が存在し，$\mathfrak{g}$ における標準トリプル (X_+, H, X_-) はこの基底に，

$$\begin{cases} X_+\, v_{p+2k} = (p+k)v_{p+2k+2}, \\ H\, v_{p+2k} = (p+2k)v_{p+2k}, \\ X_-\, v_{p+2k} = (-k)v_{p+2k-2}, \end{cases} \tag{9.11}$$

により作用する．これらの表現作用素を $\boldsymbol{D}_p^+$ の基底 $v_p, v_{p+2}, v_{p+4}, \cdots$ に関して (無限サイズの) 行列で表示すると次のようになる．

$$X_+ \longleftrightarrow \begin{pmatrix} 0 & & & & \\ p & 0 & & & \\ & p+1 & 0 & & \\ & & p+2 & 0 & \\ & & & \ddots & \ddots \end{pmatrix}$$

$$H \longleftrightarrow \begin{pmatrix} p & & & \\ & p+2 & & \\ & & p+4 & \\ & & & \ddots \end{pmatrix}$$

$$X_- \longleftrightarrow \begin{pmatrix} 0 & -1 & & & \\ & 0 & -2 & & \\ & & 0 & -3 & \\ & & & 0 & \ddots \\ & & & & \ddots \end{pmatrix}$$

問題 9.7. (i)　$\boldsymbol{D}_p^+$ は (9.11) を満たす基底 $(v_{p+2k})_{k=0,1,\cdots}$ をもつことを示せ．
(ii)　$\mathfrak{g}$ の表現 $\boldsymbol{D}_p^-$, $\boldsymbol{F}_p$ $(p=1,2,\cdots)$ のそれぞれについても，ウェイトベクトルからなる基底に $X_+, H, X_- \in \mathfrak{g}$ がどのように作用するかを書き下せ．

注意 9.5. 既約ハリシュ-チャンドラ加群 $\boldsymbol{D}_p^\pm$ $(p \geq 2)$ たちは，2 乗可積分な行列要素をもつ G の**離散系列表現** (discrete series representation) に対応しており，群上のフーリエ解析に大変重要な役割をもつ．なお，G の離散系列表現については，第 6 章でも論じられている．

以上で役者はすべてそろい，既約ハリシュ-チャンドラ加群を次のように分類することができる．

定理 9.4. (i)　$\mathfrak{su}(1,1)$ に付随した任意の既約ハリシュ-チャンドラ加群は次のいずれかに同型である：

$$\boldsymbol{V}_\lambda,\ \boldsymbol{V}_\lambda^1,\ \boldsymbol{D}_p^+,\ \boldsymbol{D}_p^-,\ \boldsymbol{F}_p \quad (\lambda\in\mathbb{C}\backslash\mathbb{Z},\ p=1,2,\cdots).$$

これらの加群の間には，$\boldsymbol{V}_\lambda\cong\boldsymbol{V}_{1-\lambda}$ と $\boldsymbol{V}_\lambda^1\cong\boldsymbol{V}_{-\lambda}^1$ を除き，同値関係は存在しない．

(ii) $n\in\mathbb{Z}$ に対して，n をウェイトとする 1 次元の既約 $\mathfrak{k}$-加群を $\mathbb{C}_n$ で表す．このとき，(i) にあげた既約ハリシュ-チャンドラ加群は，$\mathfrak{k}$-加群として，それぞれ次のように既約分解する．

$$\begin{aligned}
&\boldsymbol{V}_\lambda\cong\bigoplus_{n\in2\mathbb{Z}}\mathbb{C}_n,\quad \boldsymbol{V}_\lambda^1\cong\bigoplus_{n\in2\mathbb{Z}+1}\mathbb{C}_n,\\
&\boldsymbol{D}_p^\pm\cong\bigoplus_{k=0}^{\infty}\mathbb{C}_{\pm(p+2k)}\quad(\text{複号同順})\\
&\boldsymbol{F}_p\cong\mathbb{C}_{-(p-1)}\oplus\mathbb{C}_{-(p-3)}\oplus\cdots\oplus\mathbb{C}_{p-3}\oplus\mathbb{C}_{p-1}.
\end{aligned}\tag{9.12}$$

既約でない主系列表現の構造を思い起こせば，上の定理 (i) から直ちに次のことを導きだすことができる．

系 9.5 (部分表現定理)． 任意の既約ハリシュ-チャンドラ加群 $\boldsymbol{V}$ は，主系列表現 π_λ あるいは π_λ^1 $(\lambda\in\mathbb{C})$ のある既約部分表現と同型である．

注意 9.6. ハリシュ-チャンドラ加群 $\boldsymbol{V}_\lambda$, $\boldsymbol{V}_\lambda^1$ に対応する群 $SL(2,\mathbb{R})\cong SU(1,1)$ の主系列表現は，例 2.6 および 6.5 節で構成されているものに他ならない．

ここで，$\mathfrak{g}=\mathfrak{sl}(2,\mathbb{C})$ の有限次元既約表現の分類についても，結果を述べておこう．すでに我々は，主系列表現 π_λ, π_λ^1 を分解することで，p 次元の既約 $\mathfrak{g}$-加群 $\boldsymbol{F}_p$ $(p=1,2,\cdots)$ を構成しているが，$\mathfrak{g}$ の有限次元既約表現は (同型を除き) これらで尽くされるというわけである．

定理 9.6. 自然数 $p=1,2,\cdots$ に対して，p 次元の既約 $\mathfrak{g}$-加群が (同型を除き) ただひとつ存在する．

注意 9.7. 注意 9.3 より，この定理は $\mathfrak{g}$ のコンパクト実型 $\mathfrak{su}(2)$ の有限次元既約表現の分類・構成を与えている (定理 4.15 参照)．

定理 9.4 および 9.6 の証明は 9.4 節で与える．

◆トピックス 5 (最高ウェイト表現). ……………………………………

既約 $\mathfrak{g}$-加群 $\boldsymbol{D}_p^-$ や $\boldsymbol{F}_{p+1}$ は，それぞれ，整数の最高ウェイト $-p$, p をもつ．より一般に，任意の複素数 λ に対して，λ を最高ウェイトにもつ $\mathfrak{g}$ 上の既約加群 $\boldsymbol{H}[\lambda]$ が同型を除きただひとつ存在することがわかる．実際，u_n $(n=0,1,\cdots)$ を基底にもつ線形空間 $\boldsymbol{U} := \bigoplus_{n\geq 0} \mathbb{C}\, u_n$ に $\mathfrak{g}$ の表現 σ_λ を，

$$\begin{cases} \sigma_\lambda(X_+)u_n = (\lambda-(n-1))u_{n-1}, \\ \sigma_\lambda(H)u_n = (\lambda-2n)u_n, \\ \sigma_\lambda(X_-)u_n = (n+1)u_{n+1}, \end{cases} \tag{9.13}$$

により定めることができる (ただし，第 1 式では $u_{-1} := 0$ と理解すること)．$(\sigma_\lambda, \boldsymbol{U})$ を $\mathfrak{g}$ のバーマ (Verma) **加群**という．このとき，$\boldsymbol{H}[\lambda]$ は表現 σ_λ の唯一の既約商表現として得られる．

一般に，任意の複素半単純リー代数 $\mathfrak{g}$ に対して，最高ウェイトをもつ表現のなすカテゴリーが定式化され，$\mathfrak{g}$ の表現論において基本的な働きをする (例えば [6] Chap.7 参照)．

問題 9.8. (i)　$(\sigma_\lambda(X_+), \sigma_\lambda(H), \sigma_\lambda(X_-))$ が $\mathfrak{gl}(\boldsymbol{U})$ において標準トリプルをなすことを確かめ，σ_λ が $\mathfrak{g}$ の表現を与えることを示せ．

(ii)　σ_λ が既約であるためには，λ が非負整数でないことが必要十分条件である．これを示せ．

(iii)　λ が非負整数のとき，バーマ加群 $(\sigma_\lambda, \boldsymbol{U})$ を既約分解せよ．

9.3　シュアの補題とその応用

群，結合代数，リー代数など，代数構造を備えた集合の既約表現を扱うためには，相関作用素に関する「シュアの補題」が役に立つ．2.4 節では群の表現の場合を扱ったが，本節では，リー代数の表現に対して，この補題を一般的な形で定式化し (定理 9.7)，具体的な応用を論じる．

9.3.1　リー代数版 シュアの補題

定理 9.7. $\mathfrak{g}$ を体 $\mathbb{K}$ $(=\mathbb{R}$ または $\mathbb{C})$ 上のリー代数とする．線形空間として，$\mathfrak{g}$ は高々可算次元であると仮定する．すなわち，$\mathfrak{g}$ は，有限または可算個の要素からなる基底をもつものとする．このとき，$\mathfrak{g}$ の複素線形空間 $\boldsymbol{V}$ 上への既約表現 π の相関作用素はスカラー作用素に限る．

証明. 必要ならば，$\mathfrak{g}$ を係数拡大 (複素化) して，$\mathbb{K} = \mathbb{C}$ の場合に証明すればよい (注意 9.3 参照)．$A : \boldsymbol{V} \to \boldsymbol{V}$ は π に関する相関作用素であり，かつ，A は $\boldsymbol{V}$ 上スカラー作用素ではないと仮定して矛盾を導こう．論証の流れをはっきりさせるため，証明を 4 段階に分ける．

第 1 段： 既約 $\mathfrak{g}$-加群 $\boldsymbol{V}$ は，線形空間として高々可算次元である．実際，零でないベクトル $v \in \boldsymbol{V}$ を任意に選び，固定する．正の整数 n に対して，写像

$$\overbrace{\mathfrak{g} \times \cdots \times \mathfrak{g}}^{n} \ni (X_1, \cdots, X_n) \longmapsto \pi(X_1) \cdots \pi(X_n) v \in \boldsymbol{V}$$

は多重線形写像であるから，テンソル積空間 $T^n(\mathfrak{g}) = \overbrace{\mathfrak{g} \otimes \cdots \otimes \mathfrak{g}}^{n}$ から $\boldsymbol{V}$ への線形写像を自然に誘導する．これを $\varphi_n : T^n(\mathfrak{g}) \to \boldsymbol{V}$ と書く：$\varphi_n(X_1 \otimes \cdots \otimes X_n) = \pi(X_1) \cdots \pi(X_n) v$．$\mathfrak{g}$ は高々可算次元であるから，$T^n(\mathfrak{g})$ もそうである．したがって，v および φ_n の像 $\operatorname{Im} \varphi_n$ $(n = 1, 2, \cdots)$ たちが生成する部分空間

$$\boldsymbol{W} := \mathbb{C} v + \sum_{n \geq 1} \operatorname{Im} \varphi_n$$

も高々可算次元になる．一方で，$\pi(X) v \in \operatorname{Im} \varphi_1, \pi(X)(\operatorname{Im} \varphi_n) \subset \operatorname{Im} \varphi_{n+1}$ $(X \in \mathfrak{g})$ なので，$\boldsymbol{W}$ は $\boldsymbol{V}$ の $\mathfrak{g}$-部分加群となる．$\boldsymbol{V}$ の既約性から，$\boldsymbol{V} = \boldsymbol{W}$ がわかる．

第 2 段： 任意の $\lambda \in \mathbb{C}$ に対して，$A - \lambda I$ (I は $\boldsymbol{V}$ 上の恒等変換) は $\boldsymbol{V}$ 上の線形同型写像である．実際，$A - \lambda I$ は相関作用素であるから，核 $\operatorname{Ker}(A - \lambda I)$ および像 $\operatorname{Im}(A - \lambda I)$ は $\boldsymbol{V}$ の $\mathfrak{g}$-不変部分空間である．さらに，A はスカラー作用素ではないので，$\operatorname{Ker}(A - \lambda I) \neq \boldsymbol{V}$，$\operatorname{Im}(A - \lambda I) \neq \{0\}$．これらと，$\boldsymbol{V}$ の既約性から，$\operatorname{Ker}(A - \lambda I) = \{0\}, \operatorname{Im}(A - \lambda I) = \boldsymbol{V}$ が得られる．これは，$A - \lambda I$ が $\boldsymbol{V}$ 上の線形同型写像であることを意味する．

なお，$\boldsymbol{V}$ の有限次元部分空間 $\boldsymbol{U}$ で A-不変 (すなわち，$A\boldsymbol{U} \subset \boldsymbol{U}$) なものが存在するならば，$A$ の $\boldsymbol{U}$ 上の固有値 λ を考えることで，$\operatorname{Ker}(A - \lambda I) \neq \{0\}$．これは上で述べたことと矛盾する．この場合は，第 2 段のみで定理の証明が完了することになる．

第 3 段： 変数 x の複素係数多項式のなす多元環を $\mathbb{C}[x]$ とし，$\boldsymbol{V}$ 上の 1 次変換全体が写像の和と合成に関してつくる多元環を $\operatorname{End}_{\mathbb{C}}(\boldsymbol{V})$ で表す．$f(x) = a_0 + a_1 x + \cdots + a_n x^n \in \mathbb{C}[x]$ に対して，$f(A) \in \operatorname{End}_{\mathbb{C}}(\boldsymbol{V})$ を $f(A) := a_0 I +$

$a_1A+\cdots+a_nA^n$ により定める．このとき，対応

$$\mathbb{C}[x]\ni f\overset{\alpha}{\longmapsto} f(A)\in \mathrm{End}_{\mathbb{C}}(\boldsymbol{V})$$

は多元環の準同型写像である．さらに，第 2 段階の結果より，$f\neq 0$ ならば $f(A)$ は $\mathrm{End}_{\mathbb{C}}(\boldsymbol{V})$ の可逆元となる．実際，$f(x)=a_n(x-\lambda_1)\cdots(x-\lambda_n)$ $(a_n\neq 0)$ と 1 次式の積に分解したとき，$f(A)=a_n(A-\lambda_1 I)\cdots(A-\lambda_n I)$ となるからである．

したがって，局所化の普遍性より，α は有理関数体 $\mathbb{C}(x)=\{f/g\mid f,g\in\mathbb{C}[x],\ g\neq 0\}$ ($\mathbb{C}[x]$ の商体) からの単射準同型写像 $\tilde{\alpha}$ に一意的に拡張できる：

$$\mathbb{C}(x)\ni h=f/g\overset{\tilde{\alpha}}{\longmapsto} h(A):=f(A)g(A)^{-1}\in \mathrm{End}_{\mathbb{C}}(\boldsymbol{V}).$$

あるいは，上の写像 $\tilde{\alpha}$ が well-defined であって，$\mathbb{C}(x)$ から $\mathrm{End}_{\mathbb{C}}(\boldsymbol{V})$ への単射準同型を定めることを直接確かめることもやさしい．

いま，単射準同型 $\tilde{\alpha}$ を用いて，$\mathbb{C}(x)$ から $\boldsymbol{V}$ への線形写像 β を $\beta(h):=h(A)v$ $(h\in\mathbb{C}(x))$ により定める．このとき，β も単射である．なぜなら，$h\neq 0$ ならば，$h(A)$ は $\boldsymbol{V}$ 上の線形同型となるので，$\beta(h)\neq 0$ である．

第 4 段： 線形空間 $\mathbb{C}(x)$ においては，分数関数

$$h_\lambda(x):=\frac{1}{x-\lambda}\quad(\lambda\in\mathbb{C})$$

たちは，非可算個の 1 次独立なベクトルの族をなす (検証してみよ)．β は単射なので，

$$S:=\{\beta(h_\lambda)\mid\lambda\in\mathbb{C}\}$$

は $\boldsymbol{V}$ において 1 次独立である．超限帰納法を用いて，S を含む $\boldsymbol{V}$ の基底 $\tilde{S}$ が存在することがわかる (有限次元線形空間の場合には線形代数の授業で必ず学ぶ事柄である)．$\tilde{S}\supset S$ は非可算無限集合であるが，これは $\boldsymbol{V}$ が高々可算次元であることに矛盾する．なぜなら，線形空間の基底の (集合としての) 濃度は，基底の選び方によらず一定であるから ([17] 定理 11.1 参照)． □

証明の第 1 段で示したことは基本的なので，命題として述べておこう．

命題 9.8. 高々可算次元のリー代数 $\mathfrak{g}$ 上の既約加群 $\boldsymbol{V}$ は高々可算次元である.

なお，シュアの補題の逆は一般にはなりたたない：

問題 9.9. 可解リー代数 $\mathfrak{b}(\mathcal{F}) \subset \mathfrak{gl}(\boldsymbol{V})$ の $\boldsymbol{V}$ 上への自然表現 (例 9.2) の相関作用素は，スカラー作用素のみであることを示せ．しかし，$\dim \boldsymbol{V} \geq 2$ ならば，$\mathfrak{b}(\mathcal{F})$-加群 $\boldsymbol{V}$ は既約ではない.

9.3.2 応用 I：可換リー代数の場合

シュアの補題を可換なリー代数に応用してみよう.

系 9.9. 高々可算次元の可換なリー代数 $\mathfrak{g}$ の既約表現は 1 次元である.

証明. $(\pi, \boldsymbol{V})$ を $\mathfrak{g}$ の既約表現とする．$\mathfrak{g}$ が可換ゆえ，表現作用素 $\pi(X)$ $(X \in \mathfrak{g})$ は相関作用素となる．定理 9.7 より，$\pi(X)$ はスカラー作用素である．よって，$\boldsymbol{V}$ の任意の部分空間は $\mathfrak{g}$-不変となる．π は既約なので，$\boldsymbol{V}$ は 1 次元でなければならない. □

9.3.3 応用 II：ハイゼンベルグ代数の場合

定理 9.7 をハイゼンベルグ代数 $\mathfrak{n}(V)$ の既約表現に適用して，次の定理を得る.

定理 9.10. $(\pi, \boldsymbol{V})$ を $\mathbb{K}$ 上のハイゼンベルグ代数 $\mathfrak{n}(V) = \{v + t\boldsymbol{e} |\ v \in V, t \in \mathbb{K}\}$ の既約表現とする．このとき，$\pi(\boldsymbol{e}) = \lambda I$ なる $\lambda \in \mathbb{C}$ が存在する．また，

(i) $\lambda = 0$ ならば，$\boldsymbol{V}$ は 1 次元である.

(ii) $\lambda \neq 0$ ならば，$\boldsymbol{V}$ は無限次元である.

この λ を $\mathfrak{n}(V)$ の既約表現 π の**中心値**とよぶことにする．中心値 0 の既約表現 π は，V から $\mathbb{C}$ への $\mathbb{K}$-線形写像 ϕ と, 対応：

$$\pi(v + t\boldsymbol{e}) = \phi(v) \tag{9.14}$$

により，1 対 1 に対応している．9.2.1 節で与えた表現 π, ϖ は中心値 $\lambda \neq 0$ の既約表現である．これについては，次章で詳しく扱う.

定理 9.10 の証明. $\boldsymbol{e}$ は $\mathfrak{n}(V)$ の中心に属するので，$\pi(\boldsymbol{e})$ は相関作用素となる．したがって，定理 9.7 より，$\pi(\boldsymbol{e}) = \lambda I$ なる $\lambda \in \mathbb{C}$ が存在する.

(i) $\lambda = 0$ のとき，$[\pi(v), \pi(v')] = \pi(B(v, v')\boldsymbol{e}) = 0$ $(v, v' \in V)$ であることに注意する．線形空間 V を可換リー代数とみなしたとき，$V \ni v \mapsto \pi(v) \in \mathfrak{gl}(\boldsymbol{V})$ は V の既約表現を定めることになる．系 9.9 より，$\boldsymbol{V}$ は 1 次元であることがわかる．

(ii) $\lambda \neq 0$ とする．このとき，$\boldsymbol{V}$ のシンプレクティック基底 p_i, q_i $(i = 1, \cdots, n)$ について，

$$\pi(p_i)\pi(q_i) - \pi(q_i)\pi(p_i) = \lambda I$$

であるが，もし $\boldsymbol{V}$ が有限次元ならば，上の両辺の 1 次変換のトレースをとって，$0 = \lambda \dim \boldsymbol{V}$ を得る．これは $\lambda \neq 0$ に反する． □

9.3.4 応用 III：カシミール作用素と無限小指標 ($\mathfrak{sl}(2, \mathbb{C})$ の場合)

次に，$\mathfrak{g} := \mathfrak{sl}(2, \mathbb{C}) = \mathbb{C}X_+ + \mathbb{C}H + \mathbb{C}X_-$ の場合を考えてみよう．リー代数 $\mathfrak{g}$ は単純であるから (定理 7.11)，$\mathfrak{g}$ の中心は $\{0\}$ である．したがって，ハイゼンベルグ代数の場合のように，$\mathfrak{g}$ の要素によって既約表現の相関作用素をつくることはできない．しかし，発想を転じて $\mathfrak{g}$ の要素の「よい 2 次式」を考えることで，話がうまく運ぶのである．

定理 9.11. $(\pi, \boldsymbol{V})$ を $\mathfrak{g} = \mathfrak{sl}(2, \mathbb{C})$ の既約表現とする．このとき，

$$C_\pi := \pi(X_+)\pi(X_-) + \pi(X_-)\pi(X_+) + \frac{1}{2}\pi(H)^2 \tag{9.15}$$

は $\boldsymbol{V}$ 上の相関作用素である．したがって，定理 9.7 より，ある $\nu \in \mathbb{C}$ があって，$C_\pi = \nu I$ となる．

証明. C_π が相関作用素であること，すなわち，

$$(\operatorname{ad} \pi(X))(C_\pi) = [\pi(X), C_\pi] = 0 \quad (X \in \mathfrak{sl}(2, \mathbb{C}))$$

を証明すればよい．ただし，ad は $\mathfrak{gl}(\boldsymbol{V})$ における随伴表現である ((7.22) 参照)．

まず，$[\pi(X_+), \pi(X_-)] = \pi([X_+, X_-]) = \pi(H)$ に注意して，作用素 C_π を

$$C_\pi = 2\pi(X_-)\pi(X_+) + \frac{1}{2}\pi(H)^2 + \pi(H) \tag{9.16}$$

と書き換えておく．$\operatorname{ad} \pi(X)$ は $\operatorname{End}_{\mathbb{C}}(\boldsymbol{V})$ の微分であるから，

$$
\begin{aligned}
(\operatorname{ad}\pi(X))(C_\pi) = 2[\pi(X),\pi(X_-)]\,\pi(X_+) + 2\pi(X_-)\,[\pi(X),\pi(X_+)] \\
+ \frac{1}{2}[\pi(X),\pi(H)]\,\pi(H) + \frac{1}{2}\pi(H)\,[\pi(X),\pi(H)] \\
+ [\pi(X),\pi(H)]
\end{aligned}
\tag{9.17}
$$

となる．標準トリプルの交換関係を用いて，$X = X_+, X_-, H$ について，(9.17) の右辺を計算し，それぞれの場合に，右辺が 0 に等しいことを確かめる．例えば $X = X_+$ について，右辺は

$$
\begin{aligned}
&2\pi(H)\pi(X_+) + \frac{1}{2}(-2\pi(X_+))\pi(H) + \frac{1}{2}\pi(H)(-2\pi(X_+)) - 2\pi(X_+) \\
&\quad = \pi(H)\pi(X_+) - \pi(X_+)\pi(H) - 2\pi(X_+) = \pi([H,X_+]) - 2\pi(X_+) = 0
\end{aligned}
$$

となる．$X = X_-, H$ についても同様である．以上より，C_π は表現 π の相関作用素であることがわかった．□

C_π を表現 π に付随した**カシミール作用素** (Casimir operator) という．また，

$$
\nu = \frac{1}{2}(\Lambda^2 - 1) \quad すなわち \quad \Lambda = \pm\sqrt{2\nu+1} \tag{9.18}
$$

なる $\Lambda \in \mathbb{C}$ (符号を除き π から一意に定まる) を表現 π の**無限小指標**とよぶ．例えば，1 次元の自明な既約表現の場合 $\nu = 0$ なので，その無限小指標は ± 1 である．

問題 9.10. 9.2.2 節で構成した $\mathfrak{sl}(2,\mathbb{C})$ の既約ハリシュ-チャンドラ加群

$$
\boldsymbol{V}_\lambda,\ \boldsymbol{V}_\lambda^1,\ \boldsymbol{D}_p^+,\ \boldsymbol{D}_p^-,\ \boldsymbol{F}_p \quad (\lambda \in \mathbb{C}\backslash\mathbb{Z},\ p = 1, 2, \cdots)
$$

たちの無限小指標は，それぞれ，

$$
\pm(2\lambda - 1),\ \pm 2\lambda,\ \pm(p-1),\ \pm(p-1),\ \pm p
$$

であることを示せ．

ところで，カシミール作用素の定義式 (9.15) を眺めていると，表現 π によらない X_+, X_-, H の 2 次式 $X_+X_- + X_-X_+ + (H^2/2)$ に何か意味があるのではないかと思えてくる．実際，これは良い発想であり (ただし上の 2 次式を行列の和と積と考えて具体的に計算してみるのは勘が悪い)，次のように正当化される．

一般に，$\mathfrak{g}$ を任意のリー代数とする．線形空間 $\mathfrak{g}$ 上のテンソル代数 $T(\mathfrak{g}) = \bigoplus_{n=0}^{\infty} T^n(\mathfrak{g})$，$T^n(\mathfrak{g}) := \otimes^n \mathfrak{g}$ (n 階テンソル積空間)，において，

$$X \otimes Y - Y \otimes X - [X, Y] \quad (X, Y \in \mathfrak{g})$$

たちが生成する $T(\mathfrak{g})$ の両側イデアルを $\mathcal{I}$ で表す．このとき，剰余代数 $U(\mathfrak{g}) := T(\mathfrak{g})/\mathcal{I}$ を $\mathfrak{g}$ の**普遍包絡《ほうらく》代数** (または**普遍展開環**) という (Dixmier [6]; 4.5 節参照)．$\mathcal{I}$ の定義から，標準写像

$$\alpha : \mathfrak{g} \ni X \longmapsto \tilde{X} := X + \mathcal{I} \in U(\mathfrak{g})$$

はリー代数の準同型写像を与え (ただし $U(\mathfrak{g})$ には交換子積により括弧積を定義する; 例 7.3 参照)，結合代数 $U(\mathfrak{g})$ は，$\alpha(\mathfrak{g})$ と単位元 1 により生成されている．いま，$\mathfrak{g}$ の表現 $(\pi, \boldsymbol{V})$ があれば，$\boldsymbol{V}$ 上には結合代数 $U(\mathfrak{g})$ の表現 $\tilde{\pi}$ が，$\tilde{\pi}(\tilde{X}) := \pi(X)$ $(X \in \mathfrak{g})$ により一意に定まる．言い換えれば，$\boldsymbol{V}$ に $U(\mathfrak{g})$-加群の構造が定まる．この逆も正しく，結局，リー代数 $\mathfrak{g}$ の表現とは，対応する結合代数 $U(\mathfrak{g})$ 上の加群のことに他ならない．

さて，$\mathfrak{g} = \mathfrak{sl}(2, \mathbb{C})$ の場合に話を戻すと，定理 9.11 の証明と全く同様にして，

$$C := \tilde{X}_+ \tilde{X}_- + \tilde{X}_- \tilde{X}_+ + \frac{1}{2} \tilde{H}^2 \in U(\mathfrak{g}) \tag{9.19}$$

は $U(\mathfrak{g})$ の中心元であることがわかる：$CD = DC$ $(\forall D \in U(\mathfrak{g}))$．$C$ を $\mathfrak{sl}(2, \mathbb{C})$ の**カシミール要素** (あるいは**カシミール元**; [29] も参照) とよぶ．カシミール作用素 C_π は，カシミール要素 C が定める表現作用素に他ならない：$C_\pi = \tilde{\pi}(C)$.

9.4　定理 9.4 および 9.6 の証明

定理 9.11 を用いて，実型 $\mathfrak{g}_0 = \mathfrak{su}(1, 1)$ に付随する $\mathfrak{g}$ の既約ハリシュ-チャンドラ加群，および，$\mathfrak{g}$ の有限次元既約表現の分類定理に証明を与えよう．そのために鍵となる次の命題から始める．

命題 9.12. $(\pi, \boldsymbol{V})$ を無限小指標 Λ をもつ $\mathfrak{g} = \mathfrak{sl}(2, \mathbb{C})$ の既約表現とし，$\ell_0 \in \mathbb{C}$ をウェイトとするウェイトベクトル $v_0 \in \boldsymbol{V}$ $(v_0 \neq 0)$ が存在すると仮定する．

(i)　$v_{\pm m} := \pi(X_\pm)^m v_0$ $(m = 1, 2, \cdots)$ はウェイト $\ell_0 \pm 2m$ をもつウェイトベクトルであるか零ベクトルである．

(ii)　$v_m \neq 0$ なるベクトル v_m $(m \in \mathbb{Z})$ 全体のなす集合 S は $\boldsymbol{V}$ の基底をなす．とくに，$\boldsymbol{V}$ の各ウェイトの重複度は 1 である．

(iii)　$v_m = 0$ なる $m \in \mathbb{Z}$ が存在する (すなわち，$\boldsymbol{V}$ のウェイトの集合が $\ell_0 + 2\mathbb{Z}$ の真部分集合である) ためには，$\Lambda - \ell_0$ または $-\Lambda - \ell_0$ の少なくとも一方が奇数となることが必要十分条件である．

証明. (i)　交換関係 $[\pi(H), \pi(X_\pm)] = \pm 2\pi(X_\pm)$ を用いて，m に関する数学的帰納法により簡単に証明することができる．詳細は読者に委ねる．

(ii)　S が生成する $\boldsymbol{V}$ の部分空間を $\boldsymbol{W}$ とする．(i) より $v_m \in S$ たちのウェイトは互いに相異なるから，S は $\boldsymbol{V}$ で 1 次独立な集合であって，したがって $\boldsymbol{W}$ の基底をなす．そこで，$\boldsymbol{W}$ が $\mathfrak{g}$-不変であることを示そう．そうすれば，表現 π の既約性から，$\boldsymbol{W} = \boldsymbol{V}$ が得られ，証明が完結する．

そのため，$\pi(X_\pm)$ の v_m への作用を調べる．$m \leq 0$ のとき，v_m の定義より，$\pi(X_-)v_m = v_{m-1} \in \boldsymbol{W}$ である．一方，$m > 0$ のとき，(9.16) に注意して，カシミール作用素 C_π を v_{m-1} に施す．(i) と定理 9.11 から，

$$\begin{aligned}\frac{1}{2}(\Lambda^2 - 1)v_{m-1} &= 2\pi(X_-)v_m \\ &\quad + \left\{\frac{1}{2}(\ell_0 + 2(m-1))^2 + (\ell_0 + 2(m-1))\right\} v_{m-1}\end{aligned}$$

が従う．よって，

$$\pi(X_-)v_m = \begin{cases} v_{m-1} & (m \leq 0) \\ \dfrac{1}{4}\left\{\Lambda^2 - (\ell_0 + 2m - 1)^2\right\} v_{m-1} & (m > 0) \end{cases} \tag{9.20}$$

が得られた．同様に，カシミール作用素 C_π を v_{m+1} に施すことで，

$$\pi(X_+)v_m = \begin{cases} v_{m+1} & (m \geq 0) \\ \dfrac{1}{4}\left\{\Lambda^2 - (\ell_0 + 2m + 1)^2\right\} v_{m+1} & (m < 0) \end{cases} \tag{9.21}$$

を得る．ただし，(9.16) を

$$C_\pi = 2\pi(X_+)\pi(X_-) + \frac{1}{2}\pi(H)^2 - \pi(H) \tag{9.22}$$

と書き換えて用いている．

よって，$\boldsymbol{W}$ は $\pi(X_\pm)$-不変であることがわかる．また，$\boldsymbol{W}$ はウェイトベクトルから生成されているので，もちろん $\pi(H)$-不変である．以上により，$\boldsymbol{W}$ は $\boldsymbol{V}$ の $\mathfrak{g}$-部分加群であることがわかった．

(iii) いま，$v_m = 0$ なる $m > 0$ が存在するとせよ．このような m のうちで最小のものをとれば，$v_{m-1} \neq 0$ かつ $v_m = 0$ である．等式 (9.20) より $\pm\Lambda = \ell_0 + 2m - 1$ が従い，よって $\Lambda - \ell_0$ または $-\Lambda - \ell_0$ の少なくとも一方は奇数であることがわかる．また，$m < 0$ の場合も，等式 (9.21) を用いて同じ結論を得る．

逆に，$\pm\Lambda = \ell_0 + 2m - 1$ $(m \in \mathbb{Z})$ とする．$m > 0$ のとき，(9.20) より $\pi(X_-)v_m = 0$ がわかる．これより，$\boldsymbol{U} := \bigoplus_{k \geq m} \mathbb{C}v_k$ は $\boldsymbol{V}$ の $\mathfrak{g}$-部分加群をなすことが容易に確かめられる．一方，$v_0 \notin \boldsymbol{U}$ であるから，$\boldsymbol{V}$ の既約性から $\boldsymbol{U} = \{0\}$，とくに $v_m = 0$ を得る．$m \leq 0$ の場合も (9.21) を用いて同様に議論をすればよい (詳細は読者に委ねる)． □

系 9.13. $\mathfrak{g}$ の有限次元既約表現 $(\pi, \boldsymbol{V})$ は許容的である．

証明. 表現作用素 $\pi(H)$ は有限次元複素線形空間 $\boldsymbol{V}$ 上の 1 次変換であるから，少なくともひとつの固有値 (ウェイト) $\ell_0 \in \mathbb{C}$ と対応する固有 (ウェイト) ベクトル $v_0 \in \boldsymbol{V}\setminus\{0\}$ をもつ．このとき，命題 9.12 から，ウェイトベクトルからなる $\boldsymbol{V}$ の基底 $S = \{v_m \mid -p \leq m \leq q\}$ をとることができる．ここに，p, q は非負整数である．ところが，$\pi(H) = [\pi(X_+), \pi(X_-)] = \pi(X_+)\pi(X_-) - \pi(X_-)\pi(X_+)$ のトレースが零であることから，

$$\sum_{m=-p}^{q} (\ell_0 + 2m) = 0,$$

よって，$\ell_0 = p - q \in \mathbb{Z}$ を得る．ゆえに $\boldsymbol{V}$ のウェイト $\ell_0 + 2m$ はみな整数となり，表現 π は許容的である． □

さて，$(\pi, \boldsymbol{V})$ を任意の既約ハリシュ-チャンドラ加群とし，そのウェイトの集合を Υ (ユプシロンと読む) で表す．命題 9.12 より，m_0, m_1 を適当な整数として，

$$\Upsilon = \begin{cases} 2\mathbb{Z} \quad \text{または} \quad 2\mathbb{Z}+1 & \text{(Case P)} \\ \{m_0 + 2k \mid k = 0, 1, \cdots\} & \text{(Case D}^+\text{)} \\ \{m_1 - 2k \mid k = 0, 1, \cdots\} & \text{(Case D}^-\text{)} \\ \{m_0 + 2k \mid k = 0, 1, \cdots, q\} & \text{(Case F)} \end{cases} \tag{9.23}$$

のいずれかの形になることがわかる．さらに，4 番目の場合には，系 9.13 の証明から，

$$m_0 \leq 0, \quad q = -m_0, \tag{9.24}$$

よって $\Upsilon = \{m_0, m_0+2, \cdots, -m_0\}$ となることに注意する．

(9.23) のそれぞれの場合に，既約表現 $(\pi, \boldsymbol{V})$ の構造を決定することにより，定理 9.4 を証明しよう．以下では，表現 π のウェイトのパリティが偶の場合 ($\Upsilon \subset 2\mathbb{Z}$) を扱う．

Case P : $\Upsilon = 2\mathbb{Z}$

命題 9.12 (iii) を $\ell_0 = 0$ として適用すると，π の無限小指標 Λ は奇数ではないことがわかる．すなわち，$\lambda := (\Lambda+1)/2 \notin \mathbb{Z}$ となる．このことから，ウェイト 0 のベクトル $e'_0 \in \boldsymbol{V}$ から出発して，等式

$$\pi(X_+)e'_n = (\lambda + n)e'_{n+1} \quad (n = 0, 1, \cdots), \tag{9.25}$$

$$\pi(X_-)e'_n = (\lambda - n)e'_{n-1} \quad (n = 0, -1, \cdots), \tag{9.26}$$

$$\pi(H)e'_n = 2ne'_n \quad (n \in \mathbb{Z}), \tag{9.27}$$

を満たすように，$\boldsymbol{V}$ の基底 $\{e'_n\}_{n\in\mathbb{Z}}$ を帰納的に定めることができる．このとき，等式 (9.25) および (9.26) は任意の整数 n に対してなりたつことが次のようにしてわかる．実際，(9.16) に注意して (9.25) の両辺に $\pi(X_-)$ を施せば，$n = 0, 1, \cdots$ に対して，

$$\begin{aligned}(\lambda+n)\pi(X_-)e'_{n+1} &= \pi(X_-)\pi(X_+)e'_n \\ &= \frac{1}{2}\left\{C_\pi - \frac{1}{2}\pi(H)^2 - \pi(H)\right\}e'_n \\ &= \frac{1}{2}\left\{\frac{1}{2}((2\lambda-1)^2-1) - 2n^2 - 2n\right\}e'_n \\ &= (\lambda+n)(\lambda-n-1)e'_n\end{aligned}$$

が得られ，これは等式 (9.26) が正の整数 n についてもなりたつことを示している．(9.25) についても同様である (等式 (9.22) に注意して (9.26) の両辺に $\pi(X_+)$ を施せばよい).

以上により，$(\pi, \boldsymbol{V})$ は (9.4) で定まる球主系列表現 $(\pi_\lambda, \boldsymbol{V}_\lambda)$ と同型であることがわかった．

Case $\mathbf{D}^+$: $\Upsilon = \{m_0 + 2k \mid k = 0, 1, \cdots\}$ (m_0 は偶数)

まず，$m_0 > 0$ であることを示そう．$m_0 = 2\ell$ ($\ell \in \mathbb{Z}$) とし，m_0 をウェイトにもつ $\boldsymbol{V}$ のベクトル e'_ℓ ($\neq 0$) を固定する．Υ の形より，$\pi(X_-)e'_\ell = 0$ である．もし，$m_0 \leq 0$ であれば，$u := \pi(X_+)^{-m_0+1}e'_\ell$ は ウェイト $-m_0+2 = -2\ell+2$ に対応する (0 でない) ウェイトベクトルであって，

$$\begin{aligned}\pi(X_-)u &= [\pi(X_-), \pi(X_+)^{-m_0+1}]\, e'_\ell \\ &= \sum_{k=0}^{-m_0} \pi(X_+)^{-m_0-k}\pi(-H)\pi(X_+)^k e'_\ell \quad (\because\ [X_-, X_+] = -H) \\ &= \left\{\sum_{k=0}^{-m_0}(-m_0-2k)\right\}\cdot \pi(X_+)^{-m_0}e'_\ell = 0\end{aligned}$$

を満たす (第 2 の等号には $\mathrm{ad}\,\pi(X_-)$ が微分であることも用いた)．したがって，u が生成する $\boldsymbol{V}$ の $\mathfrak{g}$-部分加群のウェイトは，$\{-m_0+2, -m_0+4, \cdots\}$ となり，Υ 全体に一致しない．これは表現 π の既約性に反する．したがって $m_0 = 2\ell > 0$ でなければならない．

次に，命題 9.12 から，e'_ℓ から出発して $\pi(X_+)$ を次々に作用させることによって，等式

$$\pi(X_+)e'_n = (\ell+n)e'_{n+1}, \quad \pi(H)e'_n = 2ne'_n \tag{9.28}$$

を満たす $\boldsymbol{V}$ の基底 $\{e'_n \mid n = \ell, \ell+1, \cdots\}$ が一意的に定まる．$\ell > 0$ であるから，右辺の係数 $\ell + n$ は零になり得ないことに注意せよ．さて，$\boldsymbol{V}$ は最低ウェイト 2ℓ をもつから，その無限小指標は $\Lambda = \pm(2\ell - 1)$ になる (等式 (9.22) を用いて確かめてみよ)．そこで，(9.28) の両辺に $\pi(X_-)$ を施して，Case P の場合と同じ計算を実行すると，

$$\pi(X_-)e'_{n+1} = (\ell - n - 1)e'_n$$

が導かれる．これは表現 π が可約な球主系列表現 π_ℓ の既約部分表現 $\boldsymbol{D}^+_{2\ell}$ と同型であることを示している．

Case D$^-$：$\Upsilon = \{m_1 - 2k \mid k = 0, 1, \cdots\}$ (m_1 は偶数)

この場合は，Case D$^+$ と同様である．結論のみを述べると，$m_1 = -2\ell$ は負であり ($\ell > 0$)，π は既約ハリシュ-チャンドラ加群 $\boldsymbol{D}^-_{2\ell}$ と同型になる．

Case F：$\Upsilon = \{m_0 + 2k \mid k = 0, 1, \cdots, q\}$ (m_0 は偶数)

等式 (9.24) に注意して，$\ell := 1 - (m_0/2) > 0$ とおくと，$\boldsymbol{V}$ のウェイトは $m_0 = -2(\ell-1), -2(\ell-1)+2, \cdots, -m_0 = 2(\ell-1)$ であって，表現 π の無限小指標は $\Lambda = \pm(2\ell - 1)$ となる．最低ウェイトベクトル $e'_{-(\ell-1)}$ から出発して，$\boldsymbol{V}$ の基底 $\{e'_n \mid -(\ell-1) \leq n \leq \ell - 1\}$ を，

$$\pi(X_+)e'_n = ((1-\ell)+n)e'_{n+1}, \qquad \pi(H)e'_n = 2ne'_n \tag{9.29}$$

を満たすように定める．このとき，Case P や Case D$^+$ と全く同様にして，

$$\pi(X_-)e'_{n+1} = ((1-\ell)-(n+1))e'_n$$

を示すことができる．これより，$\boldsymbol{V}$ は可約球主系列 $\pi_{1-\ell}$ の有限次元既約部分表現 $\boldsymbol{F}_{2\ell-1} = \boldsymbol{F}_{1-m_0}$ と同型であることがわかる．

定理 9.4 の証明の完成． 以上の議論をまとめると，ウェイトがみな偶数である既約ハリシュ-チャンドラ加群は球主系列表現 π_λ ($\lambda \in \mathbb{C}$) の既約成分のいずれかと同型になることがわかった．同じように考えれば，ウェイトが奇数である既約ハリシュ-チャンドラ加群は，球的でない主系列表現 π^1_λ の既約成分として現れ

ることを証明することができる．よって，定理 9.4 (i) の前半部分が示された．

既約表現の同値性に関する (i) の後半の主張は，ウェイトの集合 Υ の形と，既約主系列表現の間の同値関係に関する結果 (定理 9.2 (ii) および問題 9.6 (ii)) から直ちに従う．

また，$\mathfrak{k}$-スペクトルに関する主張 (ii) は各既約ハリシュ-チャンドラ加群の構成より明らかである． □

定理 9.6 の証明の完成. 系 9.13 および定理 9.4 から明らかである． □

9.5 実リー代数のユニタリ表現

$\mathfrak{g}_0$ を有限次元実リー代数とする．この節では，$\mathfrak{g}_0$ の表現に対してユニタリ (化可能) 性の概念を定式化する．一般に，表現が有限次元の場合には，リー代数 $\mathfrak{g}_0$ のユニタリ表現とは，$\mathfrak{g}_0$ をリー代数とする単連結かつ連結なリー群のユニタリ表現を微分したものに他ならないことが示される．さらに，無限次元表現についても，リー代数のユニタリ表現は大変重要で役にたつ．例えば，群 $SU(1,1)$ の既約ユニタリ表現の同値類は，$\mathfrak{su}(1,1)$ に対する既約かつユニタリなハリシュ-チャンドラ加群の同型類と 1 対 1 に対応する (注意 9.4)．そこで，本節後半では，9.2.2 節で分類・構成した $\mathfrak{su}(1,1)$ に対する既約ハリシュ-チャンドラ加群のうちで，ユニタリ化可能なものを決定しよう．さらに次章では，ハイゼンベルグ代数の無限次元既約ユニタリ表現とその拡張について詳しく論じる．

9.5.1 表現のユニタリ性

まず，ユニタリ表現の定義から始めよう．

定義 9.7. (i) $\mathfrak{g}_0$ の表現 $(\pi, \boldsymbol{V})$ が**ユニタリ** (化可能) であるとは，表現空間 $\boldsymbol{V}$ 上に正定値エルミート内積 $\langle\cdot,\cdot\rangle$ が存在して，任意の $X \in \mathfrak{g}_0$ に対して，

$$\langle\pi(X)v, w\rangle + \langle v, \pi(X)w\rangle = 0 \quad (v, w \in \boldsymbol{V}) \tag{9.30}$$

を満たすときをいう．$\langle\cdot,\cdot\rangle$ を $\boldsymbol{V}$ 上の **$\mathfrak{g}_0$-不変な内積**とよぶ．

(ii) $\mathfrak{g}$ を $\mathfrak{g}_0$ の複素化とする (注意 9.3 参照)．$\mathfrak{g}$ の表現 $(\rho, \boldsymbol{W})$ について，ρ の $\mathfrak{g}_0$ への制限がユニタリ表現であるとき，ρ は**実型 $\mathfrak{g}_0$ に関してユニタリ** (化可能) であるという．

定義 9.8. 正定値内積 $\langle\cdot,\cdot\rangle_i$ を備えた線形空間 $\boldsymbol{V}_i$ 上に定まる $\mathfrak{g}_0$ のふたつのユニタリ表現 π_i $(i=1,2)$ が**ユニタリ同値**であるとは，内積を保つ $\mathfrak{g}_0$-同型写像

$$\begin{aligned} &A:\boldsymbol{V}_1 \xrightarrow{\sim} \boldsymbol{V}_2, \\ &\langle Av, Aw\rangle_2 = \langle v, w\rangle_1 \ (v,w\in\boldsymbol{V}_1), \quad \pi_2(X)A = A\pi_1(X) \ (X\in\mathfrak{g}_0), \end{aligned} \tag{9.31}$$

が存在するときをいう．

注意 9.8. $\boldsymbol{V}$ が有限次元であるとき，条件 (9.30) は，$\boldsymbol{V}$ 上の 1 次変換 $\pi(X)$ が内積 $\langle\cdot,\cdot\rangle$ に関して歪エルミート変換であることを意味する：$\pi(X)^* = -\pi(X)$．これは，$\pi(X)$ が $\boldsymbol{V}$ 上のユニタリ変換からなる 1 径数群

$$\mathbb{R}\ni t\longmapsto \exp t\pi(X) := \sum_{n=0}^{\infty}\frac{t^n\pi(X)^n}{n!}\in U(\boldsymbol{V})$$

を生成することと同値である．ここに，$U(\boldsymbol{V})$ は $\boldsymbol{V}$ 上のユニタリ変換全体のなす群である．

さて，$\mathfrak{g}_0$ の表現 $\pi:\mathfrak{g}_0\to\mathfrak{gl}(V)$ を複素線形に拡張して，$\mathfrak{g}$ の表現 $(\pi_{\mathbb{C}}, \boldsymbol{V})$ が得られるが，π が ユニタリ表現であることと，複素化 $\pi_{\mathbb{C}}$ が $\mathfrak{g}_0$ に関してユニタリであることとは，明らかに同じことである．以下では，記号の簡略化のため，$\pi_{\mathbb{C}}$ も π と表記することにする．

ユニタリ表現の条件 (9.30) を，後で使いやすい形に書き換えておく．

補題 9.14. σ を $\mathfrak{g}$ の実型 $\mathfrak{g}_0$ に関する複素共役作用素 (命題 8.13 (ii) 参照) とし，$Q\cup\sigma(Q)$ が複素線形空間 $\mathfrak{g}$ を生成するような部分集合 $Q\subset\mathfrak{g}$ をとる．このとき，$\mathfrak{g}_0$ の表現 $(\pi,\boldsymbol{V})$ がユニタリであるためには，任意の $X\in Q$ に対して

$$\langle\pi(X)v, w\rangle + \langle v, \pi(\sigma(X))w\rangle = 0 \quad (v,w\in\boldsymbol{V}) \tag{9.32}$$

となる内積 $\langle\cdot,\cdot\rangle$ が $\boldsymbol{V}$ 上に存在することが必要十分条件である．

証明. まず，$(\pi,\boldsymbol{V})$ が内積 $\langle\cdot,\cdot\rangle$ に関してユニタリ表現であると仮定する．$X\in\mathfrak{g}_0$ ならば $\sigma(X)=X$ であるから，等式 (9.32) は $X\in\mathfrak{g}_0$ については成立している．また，$v,w\in\boldsymbol{V}$ を固定したとき，

$$\mathfrak{g}\ni X\longmapsto \langle\pi(X)v,w\rangle + \langle v,\pi(\sigma(X))w\rangle\in\mathbb{C}$$

は複素線形写像である．よって，(9.32) は任意の $X \in \mathfrak{g}$，とくに $X \in Q$ に対して成立する．

逆に，等式 (9.32) が $X \in Q$ についてなりたつとせよ．この両辺の複素共役をとることにより，(9.32) が $X \in \sigma(Q)$ についても正しいことがわかる．仮定から，$\mathfrak{g}$ は $\mathbb{C}$ 上 $Q \cup \sigma(Q)$ で生成されるので，(9.32) は任意の $X \in \mathfrak{g}$ について成立する．とくに，$X \in \mathfrak{g}_0$ として，等式 (9.30) が得られる． □

次に，リー代数 $\mathfrak{g}_0$ の表現が与えられたとき，それをユニタリ表現とするような内積は (もし存在するなら) どのぐらいあるだろうか？ これを調べるため，$\langle \cdot , \cdot \rangle$ を線形空間 $\boldsymbol{V}$ 上の内積とする．$w \in \boldsymbol{V}$ に対して，

$$(\Phi(w))(v) := \langle v, w \rangle \quad (v \in \boldsymbol{V}) \tag{9.33}$$

は $\boldsymbol{V}$ 上の線形形式 $\Phi(w)$ を定め，

$$\Phi : \boldsymbol{V} \ni w \longmapsto \Phi(w) \in \boldsymbol{V}^* \tag{9.34}$$

は $\boldsymbol{V}$ からその双対空間 $\boldsymbol{V}^*$ への単射な歪線形写像を与える (単射であることは内積の正値性から従う).

いま，$\{v_i \mid i \in I\}$ が $\boldsymbol{V}$ の基底であって，内積 $\langle \cdot , \cdot \rangle$ に関して互いに直交しているとき，**直交基底**とよぶが，写像 Φ の像は，

$$\operatorname{Im} \Phi = \{\varphi \in \boldsymbol{V}^* \mid \text{有限個の } i \text{ を除き } \varphi(v_i) = 0\} \tag{9.35}$$

と書き表されることに注意しておく．

問題 9.11. 等式 (9.35) を確かめよ．

次の命題はシュアの補題からの帰結である．

命題 9.15. $(\pi, \boldsymbol{V})$ を $\mathfrak{g}_0$ の既約表現とする．$\langle \cdot , \cdot \rangle_1$, $\langle \cdot , \cdot \rangle_2$ はともに不変性の条件 (9.30) を満たす $\boldsymbol{V}$ 上の正定値内積であるとし，対応する歪線形写像 (9.34) をそれぞれ Φ_1,Φ_2 で表す．このとき，像 $\operatorname{Im} \Phi_1$ と $\operatorname{Im} \Phi_2$ が一致するならば，$\langle \cdot , \cdot \rangle_1$ と $\langle \cdot , \cdot \rangle_2$ は正の定数倍を除き等しい．

証明. $A := \Phi_1^{-1} \circ \Phi_2$ とおく．仮定 $\operatorname{Im} \Phi_1 = \operatorname{Im} \Phi_2$，および，ふたつの歪線形

写像の合成は $\mathbb{C}$-線形であることから，A は $\boldsymbol{V}$ 上の線形同型写像を定める．また，A の定義より，

$$\langle v, Aw\rangle_1 = \langle v, w\rangle_2 \quad (v, w \in \boldsymbol{V}) \tag{9.36}$$

である．この等式とユニタリ性の条件 (9.30) を用いて，

$$\begin{aligned}\langle v, A\pi(X)w\rangle_1 &= \langle v, \pi(X)w\rangle_2 = -\langle \pi(X)v, w\rangle_2 \\ &= -\langle \pi(X)v, Aw\rangle_1 = \langle v, \pi(X)Aw\rangle_1 \qquad (X \in \mathfrak{g}_0,\ v, w \in \boldsymbol{V})\end{aligned}$$

を得る．これから，A は表現 π の相関作用素であることがわかる．シュアの補題 (定理 9.7) によって，$A = \lambda I$ なる $\lambda \in \mathbb{C}\backslash\{0\}$ が存在する．これを (9.36) に代入すると，$\lambda\langle v, w\rangle_1 = \langle v, w\rangle_2$ を得るが，内積の正値性より $\lambda > 0$ が従う． □

表現のユニタリ同値性について，次のことは基本的である．

命題 9.16. $(\pi, \boldsymbol{V})$ を $\mathfrak{g}_0$ のユニタリ表現とし，$\boldsymbol{V}$ 上の $\mathfrak{g}_0$-不変内積を $\langle\cdot,\cdot\rangle$ で表す．いま，$\boldsymbol{V}$ 上の $\mathfrak{g}_0$-不変な内積は $\langle\cdot,\cdot\rangle$ のスカラー倍に限ると仮定する．このとき，$\mathfrak{g}_0$ の既約ユニタリ表現 $(\pi_1, \boldsymbol{V}_1)$ と $(\pi, \boldsymbol{V})$ が $\mathfrak{g}_0$ の表現として同値ならば，これらはユニタリ同値である．

証明. $A : \boldsymbol{V}_1 \to \boldsymbol{V}$ を $\mathfrak{g}_0$-同型写像とする．$\langle\cdot,\cdot\rangle_1$ を $\boldsymbol{V}_1$ 上の $\mathfrak{g}_0$-不変な内積をとすると，$\langle v, w\rangle_1' := \langle A^{-1}v, A^{-1}w\rangle_1$ $(v, w \in \boldsymbol{V})$ は $\boldsymbol{V}$ 上の $\mathfrak{g}_0$-不変な内積を定める．仮定より，ある $\lambda > 0$ が存在して，$\langle v, w\rangle_1' = \lambda\langle v, w\rangle$ となる．これは，$\sqrt{\lambda}A$ が π_1 と π の間にユニタリ同値を与えることを意味する． □

$\boldsymbol{V}$ が有限次元のときには，(9.34) により定まる写像 Φ は常に $\boldsymbol{V}^*$ の上への写像である (実際，$\Phi : \boldsymbol{V} \to \boldsymbol{V}^*$ は $\mathbb{R}$ 上線形かつ単射な写像であり，実線形空間としても，$\boldsymbol{V}$ と $\boldsymbol{V}^*$ の次元は相等しい)．したがって，次のことがわかる．

系 9.17. 実リー代数 $\mathfrak{g}_0$ の有限次元既約表現 $(\pi, \boldsymbol{V})$ について，条件 (9.30) を満たす $\boldsymbol{V}$ 上の内積 $\langle\cdot,\cdot\rangle$ は，正の定数倍を除き一意的である．したがって，ふたつの有限次元既約ユニタリ表現が同値であるならば，それらはユニタリ同値である．

9.5.2 ユニタリ化可能なハリシュ-チャンドラ加群の決定

3 次元複素単純リー代数 $\mathfrak{g} = \mathfrak{sl}(2, \mathbb{C}) = \mathbb{C}X_+ \oplus \mathbb{C}H \oplus \mathbb{C}X_-$ とその実型 $\mathfrak{g}_0 = \mathfrak{su}(1,1)$ について，$\mathfrak{g}_0$ に付随する既約ハリシュ-チャンドラ加群 $\boldsymbol{V}_\lambda$, $\boldsymbol{V}_\lambda^1$, $\boldsymbol{D}_p^+$, $\boldsymbol{D}_p^-$, $\boldsymbol{F}_p$ ($\lambda \in \mathbb{C} \backslash \mathbb{Z}$, $p = 1, 2, \cdots$) たちのうち，ユニタリなものを決定しよう．これは，群 $SU(1,1)$ の既約ユニタリ表現を分類・決定することと等価になる．

そのために，$(\pi, \boldsymbol{V})$ を任意の既約ハリシュ-チャンドラ加群とする．命題 9.12 (ii) より，$\boldsymbol{V}$ は互いに相異なるウェイトに対応するウェイトベクトルからなる基底 $S = \{v_m \mid v_m \neq 0,\ m \in \mathbb{Z}\}$ をもつ．

命題 9.18. 既約表現 $(\pi, \boldsymbol{V})$ が内積 $\langle \cdot, \cdot \rangle$ に関してユニタリであるためには，

$$\langle v_m, v_{m'} \rangle = 0 \qquad (m \neq m'), \tag{9.37}$$
$$\langle \pi(X_+) v_m, v_{m+1} \rangle + \langle v_m, \pi(X_-) v_{m+1} \rangle = 0 \quad (m \in \mathbb{Z}), \tag{9.38}$$

がなりたつことが必要十分条件である．さらに，π を $\mathfrak{g}_0$ のユニタリ表現とするような内積 $\langle \cdot, \cdot \rangle$ は，存在するならば，正の定数倍を除き一意的である．

証明. σ を $\mathfrak{g}$ の $\mathfrak{g}_0$ に関する複素共役作用素とする．$\sigma(X_+) = X_-$, $\sigma(H) = -H$ であるから，$\mathfrak{g}$ の部分集合 $Q := \{X_+, H\}$ は補題 9.14 の仮定を満たす．したがって，$\langle \cdot, \cdot \rangle$ が $\mathfrak{g}_0$ のユニタリ表現を与えるためには，ふたつの等式

$$\langle \pi(H) v_m, v_{m'} \rangle - \langle v_m, \pi(H) v_{m'} \rangle = 0,$$
$$\langle \pi(X_+) v_m, v_{m'} \rangle + \langle v_m, \pi(X_-) v_{m'} \rangle = 0,$$

が，すべての $m, m' \in \mathbb{Z}$ に対してなりたつことが必要十分条件となる．0 でない v_m たちのウェイトが互いに異なることに注意すると，1 番目の等式が (9.37) と同値であることがわかる．さらに，昇降演算子 $\pi(X_\pm)$ は v_m を $v_{m\pm1}$ のスカラー倍に移すことを考慮すれば，条件 (9.37) のもとで，2 番目の等式は (9.38) と同等であることもわかる．以上より，(9.37) および (9.38) が，$\mathfrak{g}_0$ の表現 π が $\langle \cdot, \cdot \rangle$ に関してユニタリであるための条件であることが示された．

また，等式 (9.35) より，ユニタリ内積 $\langle \cdot, \cdot \rangle$ に付随する歪線形写像 $\Phi : \boldsymbol{V} \to \boldsymbol{V}^*$ の像は，(内積の取り方によらない) 基底 S によってのみ決定されることがわかる．そこで，命題 9.15 により，後半の主張を得る． □

命題 9.18 をもとに，それぞれの既約ハリシュ-チャンドラ加群がユニタリかどうかを調べる．得られる結果を述べよう．

定理 9.19. 既約ハリシュ-チャンドラ加群 $\boldsymbol{V}_\lambda$, $\boldsymbol{V}^1_\lambda$, $\boldsymbol{D}^+_p$, $\boldsymbol{D}^-_p$, $\boldsymbol{F}_p$ $(\lambda \in \mathbb{C}\backslash\mathbb{Z},$ $p = 1, 2, \cdots)$ のうちで，実型 $\mathfrak{g}_0$ に関してユニタリなものは次のとおりである．

$$\boldsymbol{V}_{(1/2)+\sqrt{-1}s} \ (s \in \mathbb{R}), \quad \boldsymbol{V}_t \ (0 < t < 1), \tag{9.39}$$

$$\boldsymbol{V}^1_{\sqrt{-1}s} \ (s \in \mathbb{R}\backslash\{0\}), \tag{9.40}$$

$$\boldsymbol{D}^+_p, \boldsymbol{D}^-_p \ (p = 1, 2, \cdots), \tag{9.41}$$

$$\boldsymbol{F}_1. \tag{9.42}$$

証明. まず，線形空間 $\boldsymbol{V}_\lambda = \bigoplus_{n\in\mathbb{Z}} \mathbb{C}e_n$ 上に (9.4) により定まる既約な球主系列表現 π_λ $(\lambda \in \mathbb{C}\backslash\mathbb{Z})$ を考える．命題 9.18 と表現作用素 $\pi_\lambda(X_\pm)$ の定義から，$\boldsymbol{V}_\lambda$ 上の内積 $\langle\cdot,\cdot\rangle$ が $\mathfrak{g}_0$-不変であるためには，$c_n := \langle e_n, e_n\rangle > 0$ として，

$$\langle e_n, e_{n'}\rangle = 0 \ (n \neq n'), \qquad (\lambda + n)\, c_{n+1} = (n + 1 - \overline{\lambda})\, c_n, \tag{9.43}$$

が任意の整数 n, n' についてなりたつことが必要十分条件である．とくに，

$$\kappa_n(\lambda) := \frac{n + 1 - \overline{\lambda}}{\lambda + n} > 0 \quad (n \in \mathbb{Z}) \tag{9.44}$$

でなければならない．逆に，$\kappa_n(\lambda) > 0$ がすべての n についてなりたてば，$c_0 =$ 1 から出発して，正数 c_n を (9.43) の第 2 式を満たすように，帰納的に定めることができる．このとき，

$$\left\langle \sum_n a_n e_n, \sum_n b_n e_n \right\rangle := \sum_n a_n \overline{b_n} c_n \quad (a_n, b_n \in \mathbb{C})$$

は，条件 (9.43) を満たす $\boldsymbol{V}_\lambda$ 上の内積を与える．したがって，$\mathfrak{g}_0$ の表現 π_λ がユニタリであるためには，λ が条件 (9.44) を満たすことが必要十分条件になる．

いま，$\lambda = t + \sqrt{-1}s$ $(s, t \in \mathbb{R})$ とするとき，

$$\begin{aligned}\kappa_n(\lambda) &= \frac{(n + 1 - \overline{\lambda})(n + \overline{\lambda})}{|\lambda + n|^2} \\ &= \frac{\{n(n+1) + (t - t^2) + s^2\} + 2\sqrt{-1}s(t - 1/2)}{(t + n)^2 + s^2}\end{aligned}$$

であることから，(9.44) がなりたつのは，$\lambda = (1/2) + \sqrt{-1}s$ $(s \in \mathbb{R})$ または $\lambda = t$ $(0 < t < 1)$ の場合であることがわかる．したがって，既約球主系列 $\boldsymbol{V}_\lambda$ のうちでユニタリなものは，ちょうど (9.39) の表現たちである．

同様にして，既約ハリシュ-チャンドラ加群 $\boldsymbol{V}^1_\lambda$, $\boldsymbol{D}^\pm_p$, および $\boldsymbol{F}_p$ のユニタリ化可能性を調べて，それぞれ，ユニタリ表現 (9.40), (9.41) および (9.42) が得られる． □

表現のパラメータ λ のなす複素平面のなかの直線 $(1/2) + \sqrt{-1}\mathbb{R}$, $\sqrt{-1}\mathbb{R}$ を，それぞれ，主系列表現 $\boldsymbol{V}_\lambda$, $\boldsymbol{V}^1_\lambda$ の**ユニタリ軸**という．このとき，それぞれ $(e_n)_n$, $(f_n)_n$ が表現空間の正規直交基底になるように $\mathfrak{g}_0$-不変な内積を定めることができる．実際，上の定理の証明で，$\lambda = (1/2) + \sqrt{-1}s$ のときには，つねに $\kappa_n(\lambda) = 1$ となっている．一方で，表現 $\boldsymbol{V}_t$ $(0 < t < 1)$ は，**補系列** (complementary series) のユニタリ表現とよばれる．

主系列表現 π_λ, π^1_λ $(\lambda \in \mathbb{C})$ のうち，その既約部分表現がユニタリとなるような λ の集合を，それぞれ，2 枚の λ-平面 (複素平面) 上に図示しておこう (図 9.3)．例えば，左側の複素平面の原点は自明表現 $\boldsymbol{F}_1$ に対応し，右側の平面の原点は，ユニタリ化可能な無限次元既約ハリシュ-チャンドラ加群 $\boldsymbol{D}^+_1$ および $\boldsymbol{D}^-_1$ に対応している．なお，$\boldsymbol{D}^+_1$ と $\boldsymbol{D}^-_1$ は，**離散系列の極限** (limit of discrete series) とよばれる群 $SU(1,1)$ の既約ユニタリ表現を定める．

注意 9.9. 群 $SU(1,1)$ の既約ユニタリ表現の構成と分類理論は，例えば [46] Chapter VI で詳しく扱われている．

有限次元既約 $\mathfrak{g}$-加群 $\boldsymbol{F}_p$ のなかで実型 $\mathfrak{g}_0 = \mathfrak{su}(1,1)$ に関してユニタリとなるのは，1 次元の自明な表現のみである．したがって，$\mathfrak{su}(1,1)$ のユニタリ表現論では，必然的に無限次元表現を扱う必要がある．一方，コンパクト実型 $\mathfrak{g}_u = \mathfrak{su}(2)$ (例 8.1) を考えれば，次のことがわかる．

命題 9.20. $\mathfrak{sl}(2,\mathbb{C})$ の任意の有限次元既約表現 $\boldsymbol{F}_p$ は，$\mathfrak{su}(2)$ の作用についてユニタリ化可能である．

この命題は，定理 9.19 と全く同様の方法で証明することができる (定理 4.16 参照)．あるいは，$\boldsymbol{F}_p$ がコンパクトな 2 次特殊ユニタリ群 $SU(2)$ の表現に対応していることを使えば，$SU(2)$ 上の不変測度を用いた，より見通しのよい証明が可能である．

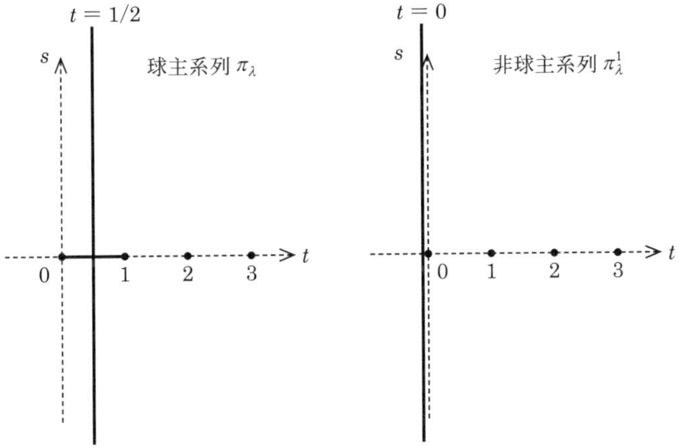

図 **9.3.** $\mathfrak{su}(1,1)$ の既約ユニタリ表現

問題 9.12. (i) 上の命題を証明せよ.

(ii) $\mathfrak{sl}(2,\mathbb{C})$ の実型 $\mathfrak{su}(1,1)$ に関してユニタリな無限次元の既約ハリシュ-チャンドラ加群 (9.39), (9.40) および (9.41) は，コンパクト実型 $\mathfrak{su}(2)$ に関してはユニタリではないことを示せ.

◆トピックス 6 (半単純リー群の表現論 (小史)). ……………………………………

本章では,「リー代数の表現論—事始《ことはじ》め」と題して，群 $SU(1,1)$ に付随する $\mathfrak{sl}(2,\mathbb{C})$ の既約 (ユニタリ) ハリシュ-チャンドラ加群を，とりわけ詳しく扱った．これは，$SU(1,1) \cong SL(2,\mathbb{R})$ がヒルベルト空間に働く，既約許容 (ユニタリ) 表現の分類・構成理論を，ハリシュ-チャンドラ流のリー代数の表現論の枠組みに翻訳して，学部学生諸君も理解できるように，初等的に解説したものである．$SL(2,\mathbb{R})$ の既約ユニタリ表現の分類は，バーグマン (V. Bargmann) により成し遂げられたが (1947)，歴史的にみても，同年にゲルファント-ナイマルク (I. N. Gelfand and M.I. Naimark) が発表した $SL(2,\mathbb{C})$ の既約ユニタリ表現の分類結果とともに，半単純リー群およびリー代数の無限次元表現論の「事始め」にふさわしい画期的な研究成果であった．この近辺の歴史については，例えば [15] 第 23 章により詳しい解説がある．また，$SL(2,\mathbb{R})$ の無限次元ユニタリ表現論と調和解析を扱った専門書も何冊か出版されている ([21], [46] など).

その後，[13], [14] における $SO(n,1)$ および $SU(n,1)$ の既約許容 (ユニタリ) 表現の分類にヒントを得たラングランズ (R. P. Langlands [30]) は，実半単純群の既約許容表現の分類問題を，既約緩増大《かんぞうだい》表現の分類に帰着することに成功した (1973)．さらにしばらくして，ナップ-ツッカーマン (A. W. Knapp and G. Zuckerman [26]) により既約緩増大表現の分類問題が離散系列表現のそれに還元され (1982)，後者は巨匠《きょしょう》ハリシュ-チャンドラによりすでに解決されていた (1965 年ごろ, [11])．このようにして，半単純リー群の既約許容表現の分類が完了する．この他に，複素旗多様体上の幾何と $\mathcal{D}$-加群の理論を用いたベイリンソン-ベルンシュタイン (A. Beilinson and J. Bernstein [2]) 分類法，および，極小コンパクト部分群の表現としての極小成分に着目したヴォーガン (D. A. Vogan, Jr. [52]) による分類理論なども知られている．なお，既約許容表現のうちどれがユニタリ化可能であるかを決定するという既約ユニタリ表現の分類問題については，多くの成果が蓄積されているが，未だ完全な解決には至っていない．

さて，表現の分類と同様，既約ユニタリ表現の幾何学的な実現も重要な研究テーマである．例えば，$SU(1,1)$ の離散系列表現 $\boldsymbol{D}_p^{\pm}(p \geq 2)$ は，複素上半平面上の (反) 正則関数のなすヒルベルト空間に実現され，保型形式の理論と深く関連する (第 6 章)．半単純リー群の正則とは限らない離散系列の構成について，ドゥ・ジッター (de Sitter) 群 $O_+(4,1)$ に対する高橋礼司の創始的研究 [47](1963) を皮切りに，1970 年前後に，岡本清郷，堀田良之といった日本人研究者が重要な貢献をしている ([16], [35] など)．また，表現論を展開するためには，各種のリー群の軌道構造に関する情報が欠かせない．この方面で，旗多様体上の群軌道に対する松木敏彦の研究 [32](1979) や冪零軌道のケーリー型変換に関する関口次郎の結果 [45](コスタント-関口対応; 1987) は重要であり，現在，リー群の表現論で活発に応用されている ([44], [9] など)．

もっとも，表現論という研究分野を広く見渡すとき，上で垣間見た半単純リー群の無限次元表現の研究は，極めて重要ではあるが，ごく一部分を占めるにすぎない．この分野での主要な成果に限っても，上記は全く網羅的とはいえない．さらに，半単純群を定義する基礎体を p 進体や有限体に変えれば，そこにはまた別の表現論の世界 (もちろん共通部分も重要である) が広がっている．また，半単純の世界にとどまらず，冪零，可解群の表現に目を向けることも効果的である．例えば，第 10，11 章で論じるように，冪零群 (リー代数) と単純群 (リー代数) という異種が交差するところに，表現の新天地が見出されるのである．

近年，数理物理学と密接に関連して，量子群，(スーパー) カッツ-ムーディ代数などの無限次元代数系の表現論の進展が目覚しい．

また，ADE 型の単純リー代数は単純特異点の解消と深く関係しており (マッカイ対応)，表現論と代数幾何学を結びつけている．他にも，保型形式，不変式論，組合せ論，代数解析，調和解析など，さまざまな分野との相互刺激を繰り返しながらアメーバのごとく広がり，発展を続ける．これが表現論の真の姿なのかもしれない．

■第10章■

ハイゼンベルグ代数のフォック表現とその拡張

前章では，最も基本的な複素単純リー代数 $\mathfrak{sl}(2,\mathbb{C})$ とその実型 $\mathfrak{su}(1,1)$ の既約表現を詳しく調べたが，今度は視点を転じて，非可換な冪零リー代数の代表としてハイゼンベルグ代数を取り上げ，その無限次元既約表現を考察することから始めたい．すなわち，(V,B) を $\mathbb{R}$ 上のシンプレクティック線形空間とし，V のシンプレクティック基底 $p_1,\cdots,p_n,q_1,\cdots,q_n$ を固定する．V が定める実ハイゼンベルグ代数 $\mathfrak{n}(V)=V\oplus\mathbb{R}\boldsymbol{e}$ を $\mathfrak{n}_0$ で表し，$\mathfrak{n}_0$ の複素化を $\mathfrak{n}=V_{\mathbb{C}}\oplus\mathbb{C}\boldsymbol{e}$ と書くことにする．ここに $V_{\mathbb{C}}=\mathbb{C}\otimes_{\mathbb{R}}V$ は実線形空間 V の複素化である．

この章では，第一に，リー代数 $\mathfrak{n}_0$ の認容《にんよう》的な既約ユニタリ表現を分類・構成する．認容的表現とは，付随するハミルトン作用素が対角化可能の変換として作用するものであるが，このような既約ユニタリ表現のうち無限次元のものは，その中心値 $\lambda=\sqrt{-1}s$ $(s\in\mathbb{R}\backslash\{0\})$ を定めるごとにユニタリ同値を除きただひとつ存在することになる (定理 10.5)．この既約ユニタリ表現は，n 変数多項式の空間 $\mathbb{C}[z_1,\cdots,z_n]$ 上へのフォック表現により実現できることがわかる (命題 10.6)．さらに，フォック表現が，$\mathfrak{n}_0$ に対応するハイゼンベルグ群 $N(V)$ の既約ユニタリ表現とどのように結びつくかも明らかにしよう (10.2.2 節)．

第二に，$\mathfrak{n}_0$ のフォック表現を，実シンプレクティックリー代数 $\mathfrak{sp}(n,\mathbb{R})$ による $\mathfrak{n}_0$ の拡大 $\tilde{\mathfrak{n}}_0=\mathfrak{sp}(n,\mathbb{R})\ltimes\mathfrak{n}_0$ のユニタリ表現に拡張する (定理 10.17)．このようにして，ヴェイユ表現とよばれる $\mathfrak{sp}(n,\mathbb{R})$ の無限次元ユニタリ表現が得られる．詳しくは次章で論じるが，ヴェイユ表現は，AIII, CI, DIII 型のエルミート型実単純リー代数の最低ウェイトをもつ既約ユニタリ表現の構成と分類に本質的な働きをする．つまり，ハイゼンベルグ代数という冪零リー代数の表現が，面白いことに，単純リー代数の表現論にも役立つ．これまで着々と進めてきたリー代数の構造や表現に関する準備を耐え抜いた読者は，この部分の面白さを十分に堪能されることであろう．

10.1　ハミルトン作用素と認容的表現

10.1.1　表現の認容性

ハイゼンベルグ代数の表現論では，既約表現の中心値とともに，ハミルトン作用素とよばれる 2 階の作用素が重要な働きをする．その説明から始めよう．リー代数 $\mathfrak{n}$ の表現に付随したハミルトン作用素，および，表現の認容性を，次のように定義する．

定義 10.1. (i)　$\mathfrak{n}$ の表現 $(\pi, \boldsymbol{V})$ に対して，$\boldsymbol{V}$ 上の 1 次変換

$$H_\pi := -\frac{1}{2}\sum_{k=1}^{n}(\pi(p_k)^2 + \pi(q_k)^2) \tag{10.1}$$

を π に付随した**ハミルトン作用素**という．

(ii)　1 次変換 H_π が $\boldsymbol{V}$ 上対角化可能であるとき，表現 π を**認容的**であるという．

注意 10.1. 表現 π の認容性はシンプレクティック基底 $p_1, \cdots, p_n, q_1, \cdots, q_n$ の取り方に依存する．

さて，$a_i^\pm \in V_{\mathbb{C}}\,(\subset \mathfrak{n})$ $(i = 1, \cdots, n)$ を

$$a_i^+ := \frac{-\sqrt{-1}p_i + q_i}{\sqrt{2}}, \quad a_i^- := \frac{\sqrt{-1}p_i + q_i}{\sqrt{2}}, \tag{10.2}$$

により定める．このとき，$a_1^+, \cdots, a_n^+, a_1^-, \cdots, a_n^-, \boldsymbol{e}$ は複素線形空間 $\mathfrak{n}$ の基底であって，交換関係

$$[a_i^+, a_j^+] = [a_i^-, a_j^-] = 0, \quad [a_i^+, a_j^-] = -\sqrt{-1}\delta_{ij}\boldsymbol{e}, \quad [a_i^\pm, \boldsymbol{e}] = 0, \tag{10.3}$$

を満たす．

次の補題は交換関係 (10.3) から容易に導かれる．

補題 10.1. (i) ハミルトン作用素 H_π は,

$$H_\pi = -\left(\sum_{k=1}^{n} \pi(a_k^{\pm})\pi(a_k^{\mp})\right) \mp \frac{n\sqrt{-1}}{2}\pi(\boldsymbol{e}) \quad (\text{複号同順}) \tag{10.4}$$

と表される.

(ii) H_π と表現作用素 $\pi(a_i^+)$, $\pi(a_i^-)$, $\pi(\boldsymbol{e})$ の間には次の交換関係がある：

$$[H_\pi, \pi(a_i^{\pm})] = \mp\sqrt{-1}\pi(\boldsymbol{e})\pi(a_i^{\pm}), \quad [H_\pi, \pi(\boldsymbol{e})] = 0. \tag{10.5}$$

既約表現がいつ認容的となるかについては, 次のことが基本的である.

命題 10.2. 中心値を $\lambda \in \mathbb{C}$ とする $\mathfrak{n}$ の既約表現 $(\pi, \boldsymbol{V})$ (定理 9.10 参照) に対して, 次の 3 条件 (a), (b), (c) は互いに同値である.

(a) 表現 π は認容的である.

(b) ハミルトン作用素 H_π はある固有値 $\mu_0 \in \mathbb{C}$ をもつ.

(c) $H_\pi \boldsymbol{W} \subset \boldsymbol{W}$ となる ($\boldsymbol{V}$ の) 有限次元部分空間 $\boldsymbol{W}$ が存在する.

このとき, H_π の固有値 μ に対応する固有空間を $\boldsymbol{V}(\mu)$ とすれば, H_π による $\boldsymbol{V}$ の固有空間分解は, (b) の μ_0 を用いて,

$$\boldsymbol{V} = \bigoplus_{m \in \mathbb{Z}} \boldsymbol{V}(\mu_0 + \sqrt{-1}m\lambda) \tag{10.6}$$

と表される. さらに, 表現作用素 $\pi(a_i^{\pm})$ の固有空間 $\boldsymbol{V}(\mu)$ への作用は

$$\pi(a_i^{\pm})\boldsymbol{V}(\mu) \subset \boldsymbol{V}(\mu \mp \sqrt{-1}\lambda) \tag{10.7}$$

を満たす.

証明. (a) ⇒ (b) ⇒ (c) は明らかである. そこで (c) を仮定して, 表現 π が認容的であることを示す. 有限次元線形空間 $\boldsymbol{W}$ は H_π-不変であるから, H_π の $\boldsymbol{W}$ への制限はある固有値 μ_0 をもつ (有限次元複素線形空間上の 1 次変換は必ず固有値をもつことを用いている). ゆえに (b) がなりたつ. いま, $v \in \boldsymbol{V}$ が $H_\pi v = \mu v$ $(\mu \in \mathbb{C})$ を満たすとき, (10.5) の第 1 式より,

$$H_\pi(\pi(a_i^{\pm})v) = (\mu \mp \sqrt{-1}\lambda)\,\pi(a_i^{\pm})v \tag{10.8}$$

が得られる．したがって，(10.7) が得られ，$\boldsymbol{U} := \bigoplus_{m\in\mathbb{Z}} \boldsymbol{V}(\mu_0 + \sqrt{-1}m\lambda)$ は，$\boldsymbol{V}$ の零でない $\mathfrak{n}$-部分加群をなすことがわかる．表現 π の既約性より $\boldsymbol{U} = \boldsymbol{V}$，すなわち (10.6) が従う．よって，表現 π は認容的であり，H_π の固有値は $\mu_0 + \sqrt{-1}m\lambda$ の形に限る． □

なお，定理 9.10 より，中心値 $\lambda = 0$ の既約表現は 1 次元であるから，当然認容的である．この表現は，V 上の線形形式 ϕ から (9.14) で定まる簡単な形をしている．以下では，零でない中心値をもつ無限次元の既約表現を扱うことにする．

10.1.2 認容的な既約ユニタリ表現の分類

実型 $\mathfrak{n}_0$ に関してユニタリであるような，$\mathfrak{n}$ の認容的 (無限次元) 既約表現 $(\pi, \boldsymbol{V})$ の構造を調べよう．$\langle\cdot,\cdot\rangle$ を $\boldsymbol{V}$ 上の $\mathfrak{n}_0$-不変内積とする．$\pi(\boldsymbol{e}) = \lambda I$ は $\boldsymbol{V}$ 上の歪エルミート変換であるから，π の中心値 λ は純虚数

$$\lambda = \sqrt{-1}s \quad (s \in \mathbb{R}\backslash\{0\}) \tag{10.9}$$

である．さらに，$\pi(p_k), \pi(q_k)$ の歪エルミート性 $\pi(p_k)^* = -\pi(p_k), \pi(q_k)^* = -\pi(q_k)$ から，

$$\langle H_\pi v, v\rangle = \frac{1}{2}\sum_{k=1}^{n}(\langle\pi(p_k)v, \pi(p_k)v\rangle + \langle\pi(q_k)v, \pi(q_k)v\rangle) \geq 0 \quad (v \in \boldsymbol{V})$$

がわかる．よって，ハミルトン作用素 H_π は $\boldsymbol{V}$ 上の非負値のエルミート変換となる．とくに，H_π の固有値はみな非負の実数であり，対応する固有空間たちは，内積 $\langle\cdot,\cdot\rangle$ に関して互いに直交する．さらに，$\boldsymbol{V}$ の固有空間分解 (10.6) を考慮すれば，H_π には最小の固有値が存在することがわかる．その値を ρ_0 で表す．

補題 10.3. ハミルトン作用素の最小固有値は $\rho_0 = n|s|/2$ で与えられる．

証明. v_0 を固有値 ρ_0 に対応する H_π の固有ベクトルとする．(10.7) より，$\pi(a_i^\pm)$ は固有空間 $\boldsymbol{V}(\rho_0)$ を $\boldsymbol{V}(\rho_0 \pm s)$ に移す．ρ_0 の最小性より，$s > 0$ ならば $\pi(a_i^-)v_0 = 0$, 一方 $s < 0$ ならば $\pi(a_i^+)v_0 = 0$ となる．これと (10.4) から，$\rho_0 = n|s|/2$ を得る． □

上の考察をもとに，既約ユニタリ表現 $(\pi, \boldsymbol{V})$ をより明示的に書き下そう．そのため，非負整数 $\alpha_1, \cdots, \alpha_n$ のなす多重指数 $\alpha = (\alpha_1, \cdots, \alpha_n)$ に対して，$\boldsymbol{V}$

上の作用素 $\pi(a^{\pm})^{\alpha}$ を，

$$\pi(a^{\pm})^{\alpha} := \pi(a_1^{\pm})^{\alpha_1} \cdots \pi(a_n^{\pm})^{\alpha_n} \quad (\text{複号同順})$$

により定める．$|\alpha| = \alpha_1 + \cdots + \alpha_n$ を α の長さとする．

定理 10.4. $(\pi, \boldsymbol{V})$ を実ハイゼンベルグ代数 $\mathfrak{n}_0$ の認容的な無限次元既約ユニタリ表現とし，その中心値を $\lambda = \sqrt{-1}s$ $(s \in \mathbb{R},\ s \neq 0)$ とする．このとき，

(i) π に付随したハミルトン作用素 H_π による $\boldsymbol{V}$ の固有空間分解は，

$$\boldsymbol{V} = \bigoplus_{m=0,1,\cdots} \boldsymbol{V}(\rho_0 + m|s|), \quad \rho_0 = \frac{n|s|}{2}, \tag{10.10}$$

により与えられる．また，固有空間 $\boldsymbol{V}(\rho_0 + m|s|)$ たちは，$\boldsymbol{V}$ 上の $\mathfrak{n}_0$-不変な内積 $\langle \cdot, \cdot \rangle$ に関して互いに直交する．

(ii) 単位ベクトル $v_0 \in \boldsymbol{V}(\rho_0)$ を固定する．多重指数 $\alpha = (\alpha_1, \cdots, \alpha_n)$ に対して，$v_\alpha \in \boldsymbol{V}$ を

$$v_\alpha := \begin{cases} (|s|^{|\alpha|}\alpha!)^{-1/2}\pi(a^{+})^{\alpha}v_0 & (s > 0 \text{ のとき}) \\ (|s|^{|\alpha|}\alpha!)^{-1/2}\pi(a^{-})^{\alpha}v_0 & (s < 0 \text{ のとき}) \end{cases}$$

と定める．ここに，$\alpha! := \alpha_1! \cdots \alpha_n!$ である．このとき，$a_i^{\pm} \in \mathfrak{n}$ の $v_\alpha \in \boldsymbol{V}$ への作用は，$s > 0$ のときは，

$$\pi(a_i^{+})v_\alpha = (s(\alpha_i + 1))^{1/2}\, v_{\alpha+\delta(i)}, \quad \pi(a_i^{-})v_\alpha = -(s\alpha_i)^{1/2}\, v_{\alpha-\delta(i)}, \tag{10.11}$$

により与えられる．一方 $s < 0$ のときは，

$$\pi(a_i^{-})v_\alpha = (|s|(\alpha_i + 1))^{1/2} v_{\alpha+\delta(i)}, \quad \pi(a_i^{+})v_\alpha = -(|s|\alpha_i)^{1/2} v_{\alpha-\delta(i)}, \tag{10.12}$$

となる．ただし，$\delta(i)$ は，第 i 成分のみが 1，他の成分は 0 である多重指数である．

(iii) 任意の整数 $m \geq 0$ に対して，

$$S(m) := \{v_\alpha \mid |\alpha| = m\} \quad (S(0) := \{v_0\}) \tag{10.13}$$

は，固有空間 $\boldsymbol{V}(\rho_0 + m|s|)$ の正規直交基底をなす．とくに，固有空間 $\boldsymbol{V}(\rho_0)$ は

1 次元である.

証明. (i) は，固有空間分解 (10.6)，補題 10.3，および，H_π がエルミート変換であることから従う．以下，(ii) と (iii) を証明するが，ここでは $s > 0$ の場合を扱う ($s < 0$ の場合も，適当に符号 $\pm$ を置き換えれば，以下の証明はそのまま通用する：注意 10.2 参照).

(ii)　(10.11) の第 1 の等式は，v_α の定義から直ちにわかる．一方，ρ_0 が H_π の最小の固有値であることから，$\pi(a_i^-)v_0 \in \boldsymbol{V}(\rho_0 - s) = \{0\}$，よって $\pi(a_i^-)v_0 = 0$ がわかる．これと

$$[\pi(a_i^-), \pi(a^+)^\alpha] = -s\alpha_i \pi(a^+)^{\alpha-\delta(i)}$$

を用いて，(10.11) の第 2 の等式を得る：

$$\begin{aligned}\pi(a_i^-)v_\alpha &= (s^{|\alpha|}\alpha!)^{-1/2}[\pi(a_i^-), \pi(a^+)^\alpha]v_0 \\ &= -s\alpha_i(s\alpha_i)^{-1/2} \times (s^{|\alpha-\delta(i)|}(\alpha-\delta(i))!)^{-1/2}\pi(a^+)^{\alpha-\delta(i)}v_0 \\ &= -(s\alpha_i)^{1/2}\, v_{\alpha-\delta(i)}.\end{aligned}$$

(iii)　ふたつの多重指数 $\alpha = (\alpha_1, \cdots, \alpha_n)$, $\beta = (\beta_1, \cdots, \beta_n)$ に対して，対応するベクトル v_α, v_β の内積は，

$$\begin{aligned}\langle v_\alpha, v_\beta\rangle &= (s^{|\alpha|}\alpha!)^{-1/2}\langle \pi(a^+)^\alpha v_0, v_\beta\rangle \\ &= (-1)^{|\alpha|}(s^{|\alpha|}\alpha!)^{-1/2}\langle v_0, \pi(a^-)^\alpha v_\beta\rangle\end{aligned} \tag{10.14}$$

と計算できる．2 番目の等式には，$(\pi(a^+)^\alpha)^* = (-1)^{|\alpha|}\pi(a^-)^\alpha$ を用いた.

$\alpha = \beta$ のとき，(10.11) の第 2 の等式より，

$$\pi(a^-)^\alpha v_\alpha = (-1)^{|\alpha|}(s^{|\alpha|}\alpha!)^{1/2}v_0$$

となって，$\langle v_\alpha, v_\alpha\rangle = 1$ を得る．一方，$\alpha \neq \beta$ のとき，ある番号 i があって，$\alpha_i > \beta_i$ と仮定して一般性を失わない．このとき，再び (10.11) より，$\pi(a_i^-)^{\alpha_i}v_\beta = 0$．これより $\pi(a^-)^\alpha v_\beta = 0$ が従い，直交関係 $\langle v_\alpha, v_\beta\rangle = 0$ を得る.

以上より，v_α たちは $\boldsymbol{V}$ におけるベクトルの正規直交系をなすことがわかった．さらに，$|\alpha| = m$ ならば $v_\alpha \in \boldsymbol{V}(\rho_0 + ms)$ である.

最後に，$S(m)$ を基底とする $\boldsymbol{V}(\rho_0 + ms)$ の部分空間を $\boldsymbol{V}_1(m)$ とし，

$$\boldsymbol{W} := \bigoplus_{m=0,1,\cdots} \boldsymbol{V}_1(m)$$

とおく．(10.11) より，$\boldsymbol{W} \neq \{0\}$ は $\mathfrak{n}$-不変である．表現 π の既約性から，$\boldsymbol{V} = \boldsymbol{W}$, すなわち，$\boldsymbol{V}(\rho_0+ms) = \boldsymbol{V}_1(m)$ $(m = 0, 1, \cdots)$，がわかる．よって，$S(m)$ は $\boldsymbol{V}(\rho_0 + ms)$ の正規直交基底をなす． □

逆に，零でない実数 s が与えられたとき，多重指数 $\alpha = (\alpha_1, \cdots, \alpha_n)$ をパラメータとするベクトルたち $(v_\alpha)_\alpha$ を正規直交基底にもつ内積線形空間

$$\boldsymbol{V} = \bigoplus_{\alpha} \mathbb{C} v_\alpha, \quad \langle v_\alpha, v_\beta \rangle = \delta_{\alpha,\beta}$$

を考える．$\boldsymbol{V}$ 上の 1 次変換 $\pi(a_i^{\pm})$ $(i = 1, \cdots, n)$ を (10.11), (10.12) によって定め，さらに $\pi(\boldsymbol{e}) = \sqrt{-1}sI$ とおく．このとき，「$(\pi, \boldsymbol{V})$ がハイゼンベルグ代数 $\mathfrak{n}_0$ の認容的な既約ユニタリ表現を与えること」を確かめるのはやさしい．

問題 10.1. 上の $(\pi, \boldsymbol{V})$ がハイゼンベルグ代数 $\mathfrak{n}_0$ の認容的な既約ユニタリ表現を与えることを示せ．

結局，次の結論が得られたことになる．

定理 10.5. 任意の $s \in \mathbb{R}\backslash\{0\}$ に対して，$\sqrt{-1}s$ を中心値にもつ，$\mathfrak{n}_0$ の認容的な既約ユニタリ表現が，ユニタリ同値を除きただひとつ存在する．

なお，$\mathfrak{n}_0$ をリー代数とするハイゼンベルグ群 $N = N(V)$ (7.3.4 節参照) の既約ユニタリ表現についても類似の結果が知られているが，これは次節 10.2.2 で述べる (定理 10.12 (ii))．また，そこでは，群 N の無限次元既約ユニタリ表現をフォック空間上に構成する．

注意 10.2. $s \in \mathbb{R}\backslash\{0\}$ に対し，ハイゼンベルグ代数 $\mathfrak{n}_0$ の自己同型 b_s を，

$$\begin{cases} b_s(p_i) := |s|^{1/2} p_i,\ b_s(q_i) := (\operatorname{sgn} s)|s|^{1/2} q_i \quad (i = 1, \cdots, n), \\ b_s(\boldsymbol{e}) := s\boldsymbol{e}, \end{cases} \tag{10.15}$$

により定めることができる．ここに $\operatorname{sgn} s$ は実数 s の符号である．したがって，$(\pi, \boldsymbol{V})$ が $\sqrt{-1}$ を中心値にもつ既約ユニタリ表現であるとき，$\pi_s := \pi \circ b_s$ は中心値 $\sqrt{-1}s$ を

もつ $\mathfrak{n}_0$ の既約ユニタリ表現を与える．このとき，$a_i^{\pm} = (\mp\sqrt{-1}p_i + q_i)/\sqrt{2}$ の表現作用素は次のようになる：

$$\pi_s(a_i^{\pm}) = (\operatorname{sgn} s)|s|^{1/2}\,\pi(a_i^{\pm(\operatorname{sgn} s)}). \tag{10.16}$$

π_s の定義より，表現のハミルトン作用素について $H_{\pi_s} = |s|H_\pi$ がなりたつので，π_s と π の認容性は互いに同値な条件となる．

問題 10.2. 9.2.1 節 (9.2) により定まる $\mathfrak{n}$ の表現 $(\pi, \mathbb{C}[z_1, \cdots, z_n])$ は，シンプレクティック基底 $p_1, \cdots, p_n, q_1, \cdots, q_n$ に関して認容的ではない．これを示せ．

10.2 フォック表現

10.2.1 ハイゼンベルグ代数のフォック表現

前節で述べた定理 10.4 は，実ハイゼンベルグ代数 $\mathfrak{n}_0$ の認容的な無限次元既約ユニタリ表現の構造を規定している．この節では，そのようなユニタリ表現を n 変数多項式の空間 $\boldsymbol{P} := \mathbb{C}[z_1, \cdots, z_n]$ 上に実現しよう．

注意 10.2 にかんがみ，$s > 0$ の場合を考える．9.2.1 節で述べたように，中心値 $\lambda = \sqrt{-1}s$ をもつ $\mathfrak{n}$ の既約表現 $(\varpi_s, \boldsymbol{P})$ が，

$$\begin{aligned}
\varpi_s(p_i) &= \sqrt{-1}s^{1/2}\left(\frac{\partial_i + z_i}{\sqrt{2}}\right),\\
\varpi_s(q_i) &= s^{1/2}\left(\frac{-\partial_i + z_i}{\sqrt{2}}\right),\\
\varpi_s(\boldsymbol{e}) &= \sqrt{-1}s\boldsymbol{1},
\end{aligned} \tag{10.17}$$

により定まる ((9.3) で $a_i = \sqrt{-1}s^{1/2}$, $b_i = s^{1/2}$ とせよ)．(10.2) と (10.4) を用いて，表現作用素 $\varpi_s(a_i^{\pm})$ およびハミルトン作用素 H_{ϖ_s} を計算すると，それぞれ，

$$\varpi_s(a_i^+) = s^{1/2}z_i, \qquad \varpi_s(a_i^-) = -s^{1/2}\partial_i, \tag{10.18}$$

$$H_{\varpi_s} = s\left(\mathrm{E} + \frac{n}{2}\boldsymbol{1}\right) \quad \text{ただし} \quad \mathrm{E} := \sum_{k=1}^{n} z_k\partial_k, \tag{10.19}$$

が得られる．単項式 $z^\alpha = z_1^{\alpha_1}\cdots z_n^{\alpha_n}$ について，

$$\mathrm{E}\,z^\alpha = |\alpha|\,z^\alpha$$

(E を**オイラー作用素**あるいは**次数作用素**という) であることから，H_{ϖ_s} は $\boldsymbol{P}$ 上対角化可能な 1 次変換であり，固有空間分解

$$\boldsymbol{P} = \bigoplus_{m=0,1,\cdots} \boldsymbol{P}(\rho_0 + ms), \quad \rho_0 = \frac{ns}{2},$$

をもつ．ここに，固有空間 $\boldsymbol{P}(\rho_0 + ms)$ は，m 次斉次多項式全体のなす部分空間 $\boldsymbol{P}_m := \bigoplus_{|\alpha|=m} \mathbb{C}z^\alpha$ に他ならない．とくに，表現 ϖ_s は認容的である．

次に，ϖ_s にユニタリ表現の構造を定めよう．そのために，$f, g \in \boldsymbol{P}$ に対して，

$$\langle f, g \rangle := (f(\partial)\overline{g})(0) \tag{10.20}$$

とおく．ここで，右辺の意味は次のとおり：$f(z) = \sum_\alpha c_\alpha z^\alpha$, $g(z) = \sum_\alpha d_\alpha z^\alpha$ $(c_\alpha, d_\alpha \in \mathbb{C})$ とするとき，変数 $z = (z_1, \cdots, z_n)$ を微分 $\partial = (\partial_1, \cdots, \partial_n)$ で置き換えて得られる定数係数の微分作用素を $f(\partial) := \sum_\alpha c_\alpha \partial^\alpha$ とする (ここに，$\partial^\alpha = \partial_1^{\alpha_1} \cdots \partial_n^{\alpha_n}$)．一方，$\overline{g} \in \boldsymbol{P}$ は，g の係数 d_α をその複素共役 $\overline{d_\alpha}$ で置き換えたものである：$\overline{g}(z) := \sum_\alpha \overline{d_\alpha}\, z^\alpha$.

このとき，$\langle \cdot, \cdot \rangle$ は $\boldsymbol{P}$ 上の正定値エルミート内積を定める (検証せよ)．また，

$$\langle z_i f,\, g \rangle = ((\partial_i f(\partial))\overline{g})(0) = (f(\partial)(\overline{\partial_i g}))(0) = \langle f,\, \partial_i g \rangle, \tag{10.21}$$

すなわち，$z_i^* = \partial_i$ であることから，$\varpi_s(a_i^+)^* = -\varpi_s(a_i^-)$ が従う．ここに A^* は $\boldsymbol{P}$ 上の 1 次変換 A の $\langle \cdot, \cdot \rangle$ に関する共役作用素である．$\varpi_s(\boldsymbol{e})^* = -\sqrt{-1}s\mathbf{1} = -\varpi_s(\boldsymbol{e})$ とあわせて，ϖ_s が実型 $\mathfrak{n}_0$ の表現としてユニタリであることがわかる (補題 9.14 参照, $\sigma(a_i^+) = a_i^-$ に注意).

以上の議論をまとめて，次の命題が得られる．

命題 10.6. 表現 $(\varpi_s, \boldsymbol{P})$ $(s > 0)$ は実ハイゼンベルグ代数 $\mathfrak{n}_0$ の認容的な既約ユニタリ表現であり，中心値 $\sqrt{-1}s$ をもつ．

既約ユニタリ表現 $(\varpi_s, \boldsymbol{P})$ をハイゼンベルグ代数 $\mathfrak{n}_0$ の**フォック表現**とよぶ．

なお，多重指数 α に対して，

$$v_\alpha := \frac{z^\alpha}{(\alpha!)^{1/2}}$$

とおくと，$(v_\alpha)_\alpha$ は $\boldsymbol{P}$ の正規直交基底をなし，表現作用素 $\varpi_s(a_i^\pm)$ の v_α への作用は，(10.11) と一致している．

10.2.2　ハイゼンベルグ群のフォック表現

こんどは対応する群の表現について論じよう．$\mathfrak{n}_0 = \mathfrak{n}(V)$ をリー代数にもつ実ハイゼンベルグ群

$$N := N(V) = \{\exp(v + t\boldsymbol{e}) \mid v \in V,\ t \in \mathbb{R}\} \quad (7.3.4\ 節参照)$$

を考える．本節では，$\mathfrak{n}_0$ のフォック表現 $(\varpi_s, \boldsymbol{P})$ $(s > 0)$ が群 N の既約ユニタリ表現ときれいに対応しているさまを詳しくみてみよう．話の流れを明らかにするために，4 ステップに分けて議論を進める．

第 1 段：C^∞-誘導表現 $\mathrm{Ind}_Z^N(\chi_s)$ とその実現

零でない実数 s に対して，N の中心 $Z := \{\exp t\boldsymbol{e} \mid t \in \mathbb{R}\}$ の 1 次元ユニタリ表現 (ユニタリ指標) χ_s を，

$$\chi_s(\exp t\boldsymbol{e}) := \exp \sqrt{-1}st$$

により定める．N 上の複素数値 C^∞ 関数全体のなす線形空間を $C^\infty(N)$ と書く．ただし，N 上の関数 $f(\exp(v + t\boldsymbol{e}))$ が C^∞ であるとは，f が $(v, t) \in V \times \mathbb{R} \cong \mathbb{R}^{2n+1}$ の関数として C^∞ であるときをいう．

Z は N の中心であるから，χ_s が定める $C^\infty(N)$ の部分空間

$$C^\infty_{\chi_s}(N) := \{f \in C^\infty(N) \mid f(gh) = \chi_s(h)^{-1} f(g),\ (g, h) \in N \times Z\} \tag{10.22}$$

には，群 N が右移動 R と左移動 L により，それぞれ線形に作用する．すなわち，$f \in C^\infty_{\chi_s}(N)$，$g_0 \in N$ に対して，

$$(L_{g_0} f)(g) := f(g_0^{-1} g), \quad (R_{g_0} f)(g) := f(g g_0), \tag{10.23}$$

とおくと，$R : N \ni g_0 \mapsto R_{g_0}$ および $L : g_0 \mapsto L_{g_0}$ は群 N の $C^\infty_{\chi_s}(N)$ 上の線形表現を与える．明らかに，表現 L と R は互いに可換である：

$$L_{g_0} R_{g_0'} = R_{g_0'} L_{g_0} \quad (g_0, g_0' \in N).$$

とくに左からの作用 L に着目して得られる表現 $(L, C^\infty_{\chi_s}(N))$ を，Z の指標 χ_s から C^∞ に誘導された N の表現 **(C^∞ 誘導表現)** とよび，記号 $\mathrm{Ind}_Z^N(\chi_s)$ で表す．一般に，表現の誘導は，問題とする群の表現をその部分群の表現から構成する手続きを与え，既約表現の構成や分類に大変役に立つ (5.7 節参照).

問題 10.3. N の表現 R は Z の指標 χ_{-s} から C^∞ に誘導された N の表現 $\mathrm{Ind}_Z^N(\chi_{-s})$ と同型になる．これを示せ.

さて，関数 $f \in C^\infty_{\chi_s}(N)$ は

$$f(\exp(v + t\boldsymbol{e})) = \chi_s(\exp t\boldsymbol{e})^{-1} f(\exp v) = \exp(-\sqrt{-1}st) \cdot f(\exp v)$$

を満たすので，f は N の部分集合 $\exp V$ 上の値によって一意に定まる．これから，

$$(Af)(v) := f(\exp v) \quad (v \in V)$$

により定まる対応 $f \mapsto Af$ は，$C^\infty_{\chi_s}(N)$ から V 上の C^∞ 関数全体のなす空間 $C^\infty(V)$ への線形同型を与えることがわかる．この A を用いて，

$$L'_{g_0} := A \circ L_{g_0} \circ A^{-1}, \quad R'_{g_0} := A \circ R_{g_0} \circ A^{-1}, \tag{10.24}$$

と定めると，L, R と同値な N の表現 L', R' が $C^\infty(V)$ 上に得られる.

表現作用素 L'_{g_0}, R'_{g_0} を書き下すと次のようになる.

補題 10.7. N の要素 $g_0 = \exp(v_0 + t_0\boldsymbol{e})$ $(v_0 \in V, t_0 \in \mathbb{R})$ と関数 $\varphi(v) \in C^\infty(V)$ に対して，等式

$$(L'_{g_0}\varphi)(v) = \exp\{\sqrt{-1}s(t_0 + (B(v_0, v)/2))\} \cdot \varphi(v - v_0), \tag{10.25}$$

$$(R'_{g_0}\varphi)(v) = \exp\{-\sqrt{-1}s(t_0 + (B(v, v_0)/2))\} \cdot \varphi(v + v_0), \tag{10.26}$$

がなりたつ．とくに，中心の元 $h \in Z$ は，

$$L'_h = \chi_s(h)I, \quad R'_h = \chi_s(h)^{-1}I \quad (I \text{ は } C^\infty(V) \text{ 上の恒等変換})$$

と，スカラー変換として作用する.

証明. L'_{g_0} の定義式 (10.24) より,

$$(L'_{g_0}\varphi)(v) = (L_{g_0}A^{-1}\varphi)(\exp\ v) = (A^{-1}\varphi)(g_0^{-1}\exp\ v) \tag{10.27}$$

である. $A^{-1}\varphi \in C^{\infty}_{\chi_s}(N)$ と

$$g_0^{-1}\exp\ v = \exp(v - v_0)\exp\{-(t_0 + (B(v_0, v)/2))\boldsymbol{e}\}$$

から, (10.27) の最右辺は,

$$\begin{aligned}\chi_s(\exp\{(t_0 + (B(v_0, v)/2))\boldsymbol{e}\}) \cdot (A^{-1}\varphi)(\exp(v - v_0))\\ = \exp\{\sqrt{-1}s(t_0 + (B(v_0, v)/2))\} \cdot \varphi(v - v_0)\end{aligned}$$

となって, 等式 (10.25) を得る. (10.26) の証明も同様である. □

第 2 段：表現 L', R' を微分する

リー代数 $\mathfrak{n}_0$ の要素 $X = v_0 + t_0\boldsymbol{e}$ に対して, $C^{\infty}(V)$ 上の 1 次変換 dL'_X, dR'_X を, それぞれ,

$$\begin{aligned}(dL'_X\varphi)(v) &:= \frac{d}{d\rho}(L'_{\exp\rho X}\varphi)(v)\bigg|_{\rho=0},\\ (dR'_X\varphi)(v) &:= \frac{d}{d\rho}(R'_{\exp\rho X}\varphi)(v)\bigg|_{\rho=0},\end{aligned}$$

により定義する. 補題 10.7 より, dL'_X, dR'_X は次の作用素となる：

$$dL'_X = -\partial_{v_0} + \sqrt{-1}s(t_0 + (B(v_0, v)/2)), \tag{10.28}$$

$$dR'_X = \partial_{v_0} - \sqrt{-1}s(t_0 + (B(v, v_0)/2)). \tag{10.29}$$

ここで,

$$\partial_{v_0}\varphi(v) := \frac{d}{d\rho}\varphi(v + \rho v_0)\bigg|_{\rho=0}$$

は v_0 が定める方向微分であり, 右辺の第 2 項は, v の関数 $\pm\sqrt{-1}s(t_0 + (B(v_0, v)/2))$ を掛けるという作用素を意味する.

一般に, リー群の表現を微分するとリー代数の表現が得られる. 次の命題は, (10.28), (10.29) を使って直接検証することも容易である.

命題 10.8. dL', dR' はハイゼンベルグ代数 $\mathfrak{n}_0$ の $C^\infty(V)$ 上への表現を定める.

表現 dL', dR' を複素線形に拡張して，複素ハイゼンベルグ代数 $\mathfrak{n} = \mathbb{C} \otimes_{\mathbb{R}} \mathfrak{n}_0$ の表現を得るが，これまでの記法に従い，これらも再び dL', dR' と記すことにする．なお，リー群 N の表現 $L' \, (\cong L)$ と $R' \, (\cong R)$ は互いに可換であるから，それらを微分して得られるリー代数の表現についても同じことがいえる：

$$[dL'_X, R'_{g_0}] = [L'_{g_0}, dR'_Y] = [dL'_X, dR'_Y] = 0 \quad (g_0 \in N,\ X, Y \in \mathfrak{n}). \tag{10.30}$$

いま，V のシンプレクティック基底 $p_1, \cdots, p_n, q_1, \cdots, q_n$ を用いて V を $\mathbb{R}^{2n}$ と同一視する：

$$V \ni v = \sum_{i=1}^{n} (x_i p_i + y_i q_i) \longleftrightarrow (x_1, y_1, \cdots, x_n, y_n) \in \mathbb{R}^{2n}. \tag{10.31}$$

V 上の関数を $2n$ 変数 $x_i, y_i \ (i = 1, \cdots, n)$ の関数とみなす．等式 (10.28), (10.29) から，表現作用素 dL'_{p_i}, dL'_{q_i}, dR'_{p_i}, dR'_{q_i} は次のように表されることがわかる．

$$dL'_{p_i} = -\partial_{x_i} + \frac{\sqrt{-1}sy_i}{2}, \qquad dL'_{q_i} = -\partial_{y_i} - \frac{\sqrt{-1}sx_i}{2}, \tag{10.32}$$

$$dR'_{p_i} = \partial_{x_i} + \frac{\sqrt{-1}sy_i}{2}, \qquad dR'_{q_i} = \partial_{y_i} - \frac{\sqrt{-1}sx_i}{2}. \tag{10.33}$$

ここに，$\partial_{x_i} = \partial/\partial x_i$, $\partial_{y_i} = \partial/\partial y_i$ は，それぞれ，変数 x_i, y_i に関する偏微分である．また，中心元 $\boldsymbol{e}$ は，スカラー作用素を与える：

$$dL'_{\boldsymbol{e}} = \sqrt{-1}sI, \quad dR'_{\boldsymbol{e}} = -\sqrt{-1}sI. \tag{10.34}$$

以下，$s > 0$ の場合を考える．複素変数 $z_i \ (i = 1, \cdots, n)$ を，

$$z_i := \frac{\sqrt{s}\,(y_i - \sqrt{-1}x_i)}{\sqrt{2}} \tag{10.35}$$

により導入する．このとき，z_i, $\overline{z_i}$ に関する偏微分は，

$$\frac{\partial}{\partial z_i} = \frac{\partial_{y_i} + \sqrt{-1}\partial_{x_i}}{\sqrt{2s}}, \qquad \frac{\partial}{\partial \overline{z_i}} = \frac{\partial_{y_i} - \sqrt{-1}\partial_{x_i}}{\sqrt{2s}},$$

で与えられることに注意せよ．これらの記号を用いて，$a_i^{\pm} = (\mp\sqrt{-1}p_i + q_i)/\sqrt{2} \in \mathfrak{n}$ が定める表現作用素を書き下すと次のようになる．

命題 10.9. $i = 1, \cdots, n$ に対して，次の等式がなりたつ．

$$dL'_{a_i^+} = \sqrt{s}\left(-\frac{\partial}{\partial \overline{z_i}} + \frac{1}{2}z_i\right), \qquad dL'_{a_i^-} = \sqrt{s}\left(-\frac{\partial}{\partial z_i} - \frac{1}{2}\overline{z_i}\right), \tag{10.36}$$

$$dR'_{a_i^+} = \sqrt{s}\left(\frac{\partial}{\partial \overline{z_i}} + \frac{1}{2}z_i\right), \qquad dR'_{a_i^-} = \sqrt{s}\left(\frac{\partial}{\partial z_i} - \frac{1}{2}\overline{z_i}\right). \tag{10.37}$$

第 3 段：よい部分表現の取り出し

実は，$C^\infty(V)$ 上の N の表現 L', R' は，既約からはほど遠く，非常に大きな表現である．しかし，表現 R' と L' は可換であるから ((10.30) 参照)，dR' の表現作用素に関する同時固有空間は，表現 L', dL' に関して不変な部分空間をなす．このようにして，$(L', C^\infty(V))$ のなかから，よい部分表現を取り出すことができる．具体的には，$C^\infty(V)$ の部分空間

$$\tilde{\mathcal{O}}(V) := \{\varphi \in C^\infty(V) \mid dR'_{a_i^+}\varphi = 0 \ (i = 1, \cdots, n)\} \tag{10.38}$$

を考える．この空間の上に表現 L' および dL' の部分表現が生じる (これらも再び L', dL' と書く)．(10.37) より，$\varphi \in C^\infty(V)$ を $z = (z_1, \cdots, z_n)$ の関数とみたとき，φ が $\tilde{\mathcal{O}}(V)$ に属するためには，$\varphi(z)$ が微分方程式

$$\left(\frac{\partial}{\partial \overline{z_i}} + \frac{1}{2}z_i\right)\varphi(z) = 0 \quad (i = 1, \cdots, n) \tag{10.39}$$

を満たすことが必要十分条件となる．

注意 10.3. $\mathfrak{n}$ 上の線形形式 η_s を $\eta_s(v + t\boldsymbol{e}) = st$ で定め，a_i^+ $(i = 1, \cdots, n)$, $\boldsymbol{e}$ が生成する $\mathfrak{n}$ の可換部分リー代数を $\mathfrak{h}_+$ で表す．このとき，N-加群 $(L', \tilde{\mathcal{O}}(V))$ を同型 $A : \mathbb{C}^\infty_{\chi_s}(N) \xrightarrow{\sim} C^\infty(V)$ により引き戻すと，$\mathbb{C}^\infty_{\chi_s}(N)$ の N-不変な部分空間

$$\{f \in C^\infty(N) \mid dR_X f = -\sqrt{-1}\eta_s(X)f \ \ (X \in \mathfrak{h}_+)\}$$

を得る．この空間に生じる表現は，リー代数 $\mathfrak{h}_+$ の 1 次元表現 $\eta_s|\mathfrak{h}_+$ から誘導された N の表現と考えることができる．

さて，$\varphi(z) \in \tilde{\mathcal{O}}(V)$ に対して，

$$(A'\varphi)(z) := (\exp |z|^2/2) \cdot \varphi(z) \tag{10.40}$$

とおく．ただし，$z = (z_1, \cdots, z_n)$，$w = (w_1, \cdots, w_n) \in \mathbb{C}^n$ の標準内積を $(z, w) := \sum_{i=1}^{n} z_i \overline{w_i}$ で表し，対応するノルムを $|z| := \sqrt{(z, z)}$ と書く．

$\mathcal{O}(V)$ を $V \cong \mathbb{C}^n$ 上で z について正則な関数全体のなす線形空間とするとき，$\tilde{\mathcal{O}}(V)$ と $\mathcal{O}(V)$ との間には次の関係がある．

補題 10.10. 対応 A' は線形同型 $\tilde{\mathcal{O}}(V) \xrightarrow{\sim} \mathcal{O}(V)$ を与える．

証明. 積の微分公式から導かれる等式

$$\left(\frac{\partial}{\partial \overline{z_i}} A'\varphi\right)(z) = (\exp |z|^2/2) \cdot \left(\frac{\partial}{\partial \overline{z_i}} + \frac{1}{2} z_i\right) \varphi(z)$$

に注意すれば，$\varphi \in \tilde{\mathcal{O}}(V)$ であることと，関数 $(A'\varphi)(z)$ がコーシー-リーマンの方程式：

$$\frac{\partial}{\partial \overline{z_i}} (A'\varphi)(z) = 0 \quad (i = 1, \cdots, n)$$

を満たすことが同値であることがわかる．これより補題が得られる． □

線形同型 A' をとおして，$\tilde{\mathcal{O}}(V)$ 上の表現 L' および dL' を正則関数の空間 $\mathcal{O}(V)$ に移そう．つまり，

$$\begin{aligned} L''_{g_0} &:= A' \circ L'_{g_0} \circ (A')^{-1} \qquad (g_0 \in N), \\ dL''_X &:= A' \circ dL'_X \circ (A')^{-1} \qquad (X \in \mathfrak{n}), \end{aligned} \tag{10.41}$$

とおく．$\mathcal{O}(V)$ 上に群 N の表現 L'' とその微分 dL'' が定まり，A' は表現 L' と L'' との間の相関作用素を与えている．

命題 10.11. (i) N の表現 $(L'', \mathcal{O}(V))$ は，

$$\begin{aligned} (L''_{g_0}\psi)(z) = \exp\{\sqrt{-1}st_0 + (z, z_0) - (|z_0|^2/2)\} \cdot \psi(z - z_0) \\ (g_0 = \exp(v_0 + t_0\boldsymbol{e}) \in N,\ \psi \in \mathcal{O}(V)) \end{aligned} \tag{10.42}$$

により定まる．ただし，$z_0 \in \mathbb{C}^n$ は $v_0 \in V$ と (10.31), (10.35) によって対応する数ベクトルである（z_0 は s によることに注意せよ）．

(ii) リー代数 $\mathfrak{n}$ の表現 $(dL'', \mathcal{O}(V))$ は,

$$dL''_{a_i^+} = s^{1/2} z_i, \quad dL''_{a_i^-} = -s^{1/2} \frac{\partial}{\partial z_i}, \quad dL''_{\boldsymbol{e}} = \sqrt{-1} sI,$$

で与えられる.

表現作用素 L'_{g_0}, $dL'_{\boldsymbol{e}}$, $dL'_{a_i^\pm}$ は, それぞれ, (10.25), (10.34), (10.36) で書き下されている. これを A' によって変換するとどのようになるかを, 補題 10.7 と同様にして調べて, 上の命題を得るわけである. 単純な作業なので, 証明の詳細は読者に委ねる：

問題 10.4. (i) (10.31), (10.35) により $v, v_0 \in V$ と対応する $\mathbb{C}^n$ のベクトルをそれぞれ z, z_0 とするとき, (10.42) の右辺に現れる内積 (z, z_0) の虚部は $sB(v_0, v)/2$ に等しいことを示せ.

(ii) 命題 10.11 を証明せよ.

第 4 段：表現のユニタリ性

$V \cong \mathbb{C}^n$ 上の正則関数 $\psi(z) \in \mathcal{O}(V)$ に対して, ψ のノルムを

$$\|\psi\| := \left(\int_{\mathbb{C}^n} |\psi(z)|^2 \exp(-|z|^2)\, dz \right)^{1/2} \qquad (dz = dx_1 dy_1 \cdots dx_n dy_n)$$

で定める. このとき,

$$\mathcal{H}(V) := \{\psi \in \mathcal{O}(V) \mid \|\psi\| < \infty\}$$

は, ノルム $\|\cdot\|$ に対応する内積

$$\langle \psi_1, \psi_2 \rangle := \int_{\mathbb{C}^n} \psi_1(z) \overline{\psi_2(z)} \exp(-|z|^2)\, dz$$

に関して, ヒルベルト空間になることがわかる (完備性が証明できる). $\mathcal{H}(V)$ を V 上の**フォック空間**という. 明らかに, $\mathcal{H}(V)$ は多項式の空間 $\boldsymbol{P} = \mathbb{C}[z_1, \cdots, z_n]$ を含む. また, 単項式 $(\alpha!)^{-1/2} z^\alpha$ たちは, α によらない正数を乗じることで, $\mathcal{H}(V)$ の完全正規直交系をつくる. この基底に関する $\psi \in \mathcal{H}(V)$ の展開は, 関数 $\psi(z)$ の冪級数展開に他ならない.

命題 10.11 (i) で書き下した表現作用素 L''_{g_0} は, $\mathcal{H}(V)$ 上のユニタリ作用素を

定める．このようにして，群 N のユニタリ表現が $\mathcal{H}(V)$ 上に得られる．この表現を $(\mathring{\varpi}_s, \mathcal{H}(V))$ で表し，N の**フォック表現**とよぶ．

表現 $\mathring{\varpi}_s$ は中心指標 χ_s をもつ：$\mathring{\varpi}_s(h) = \chi_s(h)I$ $(h \in Z)$．また，$\mathring{\varpi}_s$ の微分を多項式の空間 $\boldsymbol{P}$ で考えると，ハイゼンベルグ代数 $\mathfrak{n}$ のフォック表現 ϖ_s が得られている (命題 10.11 (ii) 参照).

次の定理は，ハイゼンベルグ代数の表現に対する定理 10.5 および命題 10.6 に相当し，群 N の無限次元既約ユニタリ表現の分類を与える．

定理 10.12. (i)　ハイゼンベルグ群 $N = N(V)$ のフォック表現 $\mathring{\varpi}_s$ は既約である．

(ii) (ストーン-フォン・ノイマン)　中心指標 χ_s をもつ N の既約ユニタリ表現は $\mathring{\varpi}_s$ とユニタリ同値である．

証明には関数解析的な議論が必要になる．本書ではリー代数 $\mathfrak{n}_0 = \mathfrak{n}(V)$ の表現を詳しく扱ったので，上の定理の証明は，他の専門書 ([31], [51] 等) に譲りたい．

ここでは $\mathfrak{n}$ の部分リー代数 $\mathfrak{h}_+$ からの表現の誘導をとおしてフォック表現 $\mathring{\varpi}_s$ を構成したが，別のタイプの誘導表現を用いて，中心指標 χ_s をもつ N の既約ユニタリ表現を実現することができる．あらすじを簡単に説明しておこう．

シュレーディンガー表現

W を V のラグランジュ部分空間 (定義 7.2 参照) とすると，$P := \exp(W \oplus \mathbb{R}\boldsymbol{e})$ は N の可換な部分群をなす．P のユニタリ指標 $\mathring{\chi}_s$ を

$$\mathring{\chi}_s(\exp(w + t\boldsymbol{e})) := \exp\sqrt{-1}st \quad (w \in W,\ t \in \mathbb{R})$$

で定め，誘導表現 $\mathrm{Ind}_P^N(\mathring{\chi}_s)$ を考える．$V = W \oplus W'$ なる V のラグランジュ部分空間 $W' \cong \mathbb{R}^n$ をとったとき，命題 7.15 (iii) に注意すると，この表現を W' 上の関数空間 $C^\infty(W')$ に実現することができる．対応して，W' 上の 2 乗可積分な関数全体のなすヒルベルト空間 $L^2(W')$ 上に，中心指標 χ_s をもつ N の既約ユニタリ表現が得られる．このユニタリ表現をハイゼンベルグ群 N の**シュレーディンガー表現**とよび，記号 $\mathring{\varpi}'_s$ で表す．

◆トピックス 7 (ハイゼンベルグ代数と量子力学). ……………………………………

ハイゼンベルグ群のユニタリ表現は**量子力学**と深く関係する．実際，自由度 n の古典力学系に対応する量子系においては，古典系での力学変数は，量子系の状態を表すヒルベルト空間上の (稠密な部分空間で定義された) 自己共役作用素の組 $Q = (Q_1, \cdots, Q_n)$, $P = (P_1, \cdots, P_n)$ で，次の交換関係を満たすものに置き換えられる：

$$[Q_i, P_j] = \sqrt{-1}\hbar\delta_{ij}, \qquad [Q_i, Q_j] = [P_i, P_j] = 0.$$

ここに，$\hbar = h/2\pi$ (h はプランク定数) である．

N の既約ユニタリ表現 $(\mathring{\varpi}_\hbar, \mathcal{H}(V))$ は，

$$Q_i := \sqrt{-1}\varpi_\hbar(q_i), \qquad P_i := \sqrt{-1}\varpi_\hbar(p_i)$$

により，このような量子力学系のモデルを与える (フォックモデル)．

一方，N のシュレーディンガー表現 $(\mathring{\varpi}'_\hbar, L^2(W'))$ は，見かけ上は異なった量子系を実現するが，表現がユニタリ同値であるため，フォックモデルと同じ物理的結果を与える．量子力学の数学的原理に興味のある読者には，第 3 章, 第 4 章とともに，[1] なども参考になるだろう．

◆トピックス 8 (キリロフ軌道理論). ……………………………………………

ハイゼンベルグ群 N の任意の既約ユニタリ表現は，フォック表現 $\mathring{\varpi}_s$ $(s > 0)$，その反傾表現 $(\mathring{\varpi}_s)^*$，あるいは，$\phi(\boldsymbol{e}) = 0$ なる $\mathfrak{n}_0$ 上の線形形式 ϕ が定める 1 次元ユニタリ指標：

$$\mathring{\pi}_\phi(\exp(v + t\boldsymbol{e})) := \exp\sqrt{-1}\phi(v) \quad (v \in V,\ t \in \mathbb{R}),$$

のいずれかとユニタリ同値になる．これらの表現の間には同値な関係はなく，群 N の既約ユニタリ表現の分類と構成が得られる．つまり，N の既約ユニタリ表現の同値類の集合 $\hat{N}$ (**ユニタリ双対**) は，

$$\hat{N} = \{[\mathring{\varpi}_s],\ [(\mathring{\varpi}_s)^*] \mid s > 0\} \cup \{[\mathring{\pi}_\phi] \mid \phi \in \mathfrak{n}_0^*,\ \phi(\boldsymbol{e}) = 0\}$$

と記述できる．ここに，$[\tau]$ は既約ユニタリ表現 τ の定める同値類である．この記述をもとに少し調べれば，集合 $\hat{N}$ と N の余随伴軌道の集合 $\mathfrak{n}_0^*/N$ (7.3.5 節参照) の間に自然な 1 対 1 対応があることに気づく：

$$\hat{N} \longleftrightarrow \mathfrak{n}_0^*/N.$$

実は，任意の連結かつ単連結な冪零リー群 N について同じことが成立する．つまり，この種の冪零リー群では，リー代数の各余随伴軌道に対応して，**偏極化** (polarization)

の考えを用いて，既約ユニタリ表現を構成・分類することができる．これがキリロフ (A. A. Kirillov, [28]) が 1962 年に発表した**軌道理論**である．

さて，歴史的には遡ることになるが，有限群の既約表現の指標たちは類関数のなす線形空間の基底をなす．このことは，群の共役類の幾何的構造と表現の間に深いつながりがあることを示唆している．つまり，群の内部構造が表現にどのように反映するか？ これを解き明かすことが，いかなる群の場合にも，表現論において重要な課題であり，研究の指導原理になっている．上記のキリロフ軌道理論は，冪零リー群に対してこの問題に満足のいく解答を与えると同時に，リー群の場合，共役類そのものより余随伴軌道を考察するのが有効であることを示唆している．

◆トピックス 9 (半単純リー群の表現と冪零軌道). ……………………………

ここで半単純リー群の表現論を軌道理論の立場から眺めてみよう．既約許容表現のラングランズ分類 (トピックス 6, p. 355 参照) は，ある意味で，各既約表現にリー代数の半単純元を通る (余) 随伴軌道： 半単純軌道，を結びつけている．最も簡単な $G = SU(1,1)$ の場合にこれを説明すると次のようになる．いま，G のリー代数

$$\mathfrak{g}_0 = \mathfrak{su}(1,1) = \left\{ \begin{pmatrix} \sqrt{-1}x_3 & x_1 + \sqrt{-1}x_2 \\ x_1 - \sqrt{-1}x_2 & -\sqrt{-1}x_3 \end{pmatrix} \middle| \; x_1, x_2, x_3 \in \mathbb{R} \right\}$$

を 3 次元ユークリッド空間 $\mathbb{R}^3 = \{ {}^t(x_1, x_2, x_3) \}$ と同一視する．このとき，G の随伴群 $\mathrm{Ad}(G) \subset GL(3, \mathbb{R})$ は，2 次形式

$$x_1^2 + x_2^2 - x_3^2 = -\det \begin{pmatrix} \sqrt{-1}x_3 & x_1 + \sqrt{-1}x_2 \\ x_1 - \sqrt{-1}x_2 & -\sqrt{-1}x_3 \end{pmatrix}$$

を不変にする固有ローレンツ群 $SO_0(2,1)$ に他ならない．よって，1.7 節でも調べたように，群 G の $\mathfrak{g}_0 \cong \mathbb{R}^3$ 上の随伴軌道は，

(i) 二葉双曲面の上葉：$\{x_1^2 + x_2^2 - x_3^2 = -R^2,\ x_3 > 0\}$ $(R > 0)$,

(ii) 二葉双曲面の下葉：$\{x_1^2 + x_2^2 - x_3^2 = -R^2,\ x_3 < 0\}$ $(R > 0)$,

(iii) 一葉双曲面：$\{x_1^2 + x_2^2 - x_3^2 = R^2\}$ $(R > 0)$,

(iv) 光錐の上半部分：$\{x_1^2 + x_2^2 - x_3^2 = 0,\ x_3 > 0\}$,

(v) 光錐の下半部分：$\{x_1^2 + x_2^2 - x_3^2 = 0,\ x_3 < 0\}$,

(vi) 原点：$\{0\}$,

のいずれかとなる．うち (i), (ii), (iii) および (vi) が半単純軌道，(iv) と (v) が零でない冪零軌道を与える．G の既約ユニタリ表現は，その幾何学的構成から，正則あるいは反正則な離散系列表現がそれぞれ二葉双曲面の上葉あるいは下葉に対応し，主系列表現

は一葉双曲面に対応している.

では, リー代数の冪零元を通る (余) 随伴軌道, つまり冪零軌道は, 半単純リー群の表現にどのように関与するのだろうか? 普遍包絡代数の原始イデアルの分類, 無限次元表現に対する階数・台・サイクルの概念の導入, あるいは群上の保型形式や表現のホイッタッカー (Whittaker) 模型理論などの進展に伴い, リー代数の冪零軌道が既約表現の退化性や大きさを特徴づける不変量として重要であることが, 1980 年前後からとくに強く認識されるようになった. また, 1990 年ごろからは, 既約ユニタリ表現の分類とも関係して, 冪零軌道の量子化により得られる「極小表現」や「冪単《べきたん》表現」の構成など, 退化したユニタリ表現に関する研究も盛んになってきている. なお, 次節で構成するヴェイユ表現は, メタプレクティック群 (シンプレクティック群の二重被覆群) に対する極小表現を与えることになる.

10.3 ヴェイユ表現—フォック表現の拡張

この節では, ハイゼンベルグ代数 $\mathfrak{n}_0 = \mathfrak{n}(V)$ のシンプレクティックリー代数 $\mathfrak{g}_0 = \mathfrak{sp}(V)$ による拡大 $\tilde{\mathfrak{n}}_0 = \mathfrak{g}_0 \ltimes \mathfrak{n}_0$ を考察し, $\mathfrak{n}_0$ の認容的な既約ユニタリ表現の $\tilde{\mathfrak{n}}_0$ への拡張を論じる. とくに, $\mathfrak{n}_0$ のフォック表現 $(\varpi_s, \boldsymbol{P})$ のユニタリな拡張を具体的に構成する. なお, 見通しよく議論をすすめるために, $\tilde{\mathfrak{n}}_0$ の複素化

$$\tilde{\mathfrak{n}} = \mathfrak{g} \ltimes \mathfrak{n} \quad (\mathfrak{g} = \mathfrak{sp}(V_{\mathbb{C}}),\ \mathfrak{n} = V_{\mathbb{C}} \oplus \mathbb{C}\boldsymbol{e})$$

を取り扱う. ここで, 実線形空間 V 上のシンプレクティック形式 B を V の複素化 $V_{\mathbb{C}}$ に複素線形に拡張し, $V_{\mathbb{C}}$ を $\mathbb{C}$ 上のシンプレクティック線形空間とみなす.

10.3.1 既約表現の拡張とその一意性

まず, 表現の拡張とは何かを一般的に定式化し, 既約表現の単純リー代数による拡張が一意的であることを示すことから始める. $\mathfrak{g}, \mathfrak{n}$ を $\mathbb{K}$ (= $\mathbb{R}$ または $\mathbb{C}$) 上の有限次元リー代数とし, 準同型写像 $\rho : \mathfrak{g} \to \mathrm{Der}(\mathfrak{n})$ をとおして, $\mathfrak{n}$ の $\mathfrak{g}$ による拡大 $\tilde{\mathfrak{n}} = \mathfrak{g} \ltimes \mathfrak{n}$ が定まっているとしよう (命題 7.13 参照). $(\pi, \boldsymbol{V})$ を $\mathfrak{n}$ の表現とするとき, $\tilde{\mathfrak{n}}$ の $\boldsymbol{V}$ 上への表現 $\tilde{\pi}$ で, その $\mathfrak{n}$ への制限が π に等しいものを, 表現 π の $\tilde{\mathfrak{n}}$ への**拡張**という.

命題 10.13. リー代数 $\mathfrak{g}$ は半単純であると仮定する. このとき,

(i) $\mathfrak{n}$ の既約表現 $(\pi, \boldsymbol{V})$ の $\tilde{\mathfrak{n}} = \mathfrak{g} \ltimes \mathfrak{n}$ への拡張は (存在するとすれば) 一意的

である．

(ii)　$(\pi, \boldsymbol{V})$ が $\mathfrak{n}$ の 1 次元表現のとき，π の拡張 $\tilde{\pi}$ が存在するためには，

$$\pi(\rho(X)Y) = 0 \quad (X \in \mathfrak{g},\ Y \in \mathfrak{n})$$

がなりたつことが必要十分条件である．このとき，$\tilde{\pi}$ は $\tilde{\pi}(X+Y) = \pi(Y)$ により与えられる．

証明. (i)　$\tilde{\pi}$ が π の $\tilde{\mathfrak{n}}$ への拡張であるとき，任意の $X \in \mathfrak{g}$ と $Y \in \mathfrak{n}$ に対し，

$$[\tilde{\pi}(X), \pi(Y)] = \pi([X, Y]) = \pi(\rho(X)Y) \tag{10.43}$$

は拡張の仕方によらず，表現 π のみにより定まる．したがって，もし別の拡張 $\tilde{\pi}'$ があったとすれば，

$$[\tilde{\pi}(X) - \tilde{\pi}'(X), \pi(Y)] = 0$$

を満たし，$\tilde{\pi}(X) - \tilde{\pi}'(X)$ は $\mathfrak{n}$ の既約表現 π に関する相関作用素となる．ゆえに，シュアの補題 (定理 9.7) より，$\kappa(X) \in \mathbb{C}$ が存在して，

$$\tilde{\pi}'(X) = \tilde{\pi}(X) + \kappa(X)I \quad (I \text{ は } \boldsymbol{V} \text{ 上の恒等変換})$$

となる．これから

$$\tilde{\pi}'([X, X']) = [\tilde{\pi}'(X), \tilde{\pi}'(X')] = [\tilde{\pi}(X), \tilde{\pi}(X')] = \tilde{\pi}([X, X']) \quad (X, X' \in \mathfrak{g})$$

が得られ，$\tilde{\pi}$ と $\tilde{\pi}'$ は $\mathfrak{g}$ の導来イデアル $D(\mathfrak{g}) = [\mathfrak{g}, \mathfrak{g}]$ 上で一致することがわかる．ところが $\mathfrak{g}$ は半単純ゆえ，$D(\mathfrak{g}) = \mathfrak{g}$ である (問題 7.12 (iii) 参照)．よって $\tilde{\pi} = \tilde{\pi}'$ を得る．

(ii)　$D(\mathfrak{g}) = \mathfrak{g}$ より，半単純リー代数 $\mathfrak{g}$ の 1 次元表現は零表現に限ることに注意せよ．もし $\mathfrak{n}$ の 1 次元表現 π の $\tilde{\mathfrak{n}}$ への拡張 $\tilde{\pi}$ が存在すれば，(10.43) より，$\pi(\rho(X)Y) = 0$ $(X \in \mathfrak{g}, Y \in \mathfrak{n})$ でなければならない．逆に $\pi(\rho(X)Y) = 0$ であるとき，$\tilde{\mathfrak{n}}$ における括弧積 (7.41) を用いて，$\tilde{\pi}(X+Y) = \pi(Y)$ が π の拡張になっていることを容易に確かめることができる．　□

上の命題 10.13 をハイゼンベルグ代数のシンプレクティックリー代数による拡大に適用すれば，次のことがわかる．

系 10.14. ハイゼンベルグ代数 $\mathfrak{n}$ の既約表現の $\tilde{\mathfrak{n}} = \mathfrak{g} \ltimes \mathfrak{n}$ ($\mathfrak{g} = \mathfrak{sp}(V_{\mathbb{C}})$) への拡張は (存在すれば) 一意的である．また，$\mathfrak{n}$ の 1 次元表現で $\tilde{\mathfrak{n}}$ に拡張できるものは，零表現のみである．

後半の主張は検証を要するが，やさしいので読者に委ねる．

問題 10.5. 系 10.14 を証明せよ．

10.3.2　半直積 $\mathfrak{g} \ltimes \mathfrak{n}$ の構造

次に，$\mathfrak{g} = \mathfrak{sp}(V_{\mathbb{C}})$ のハイゼンベルグ代数 $\mathfrak{n}$ への作用 (すなわち括弧積) を具体的に書き下してみよう．いま，

$$\tilde{\mathcal{E}} := (\sqrt{-1}a_1^+, \cdots, \sqrt{-1}a_n^+, a_1^-, \cdots, a_n^-) \tag{10.44}$$

が $V_{\mathbb{C}}$ のシンプレクティック基底を与えることに注目する．この基底に関して $V_{\mathbb{C}}$ 上の 1 次変換を行列表示することによって，$\mathfrak{g}$ を行列のなすリー代数 $\mathfrak{sp}(n, \mathbb{C})$ と同一視することにする．このとき，$X \in \mathfrak{g}$ を V のシンプレクティック基底 $\mathcal{E} = (p_1, \cdots, p_n, q_1, \cdots, q_n)$ に関して行列表示すれば，$\tilde{\boldsymbol{c}}^{-1}(X) = \boldsymbol{c}^{-1} X \boldsymbol{c}$ となる ($\tilde{\boldsymbol{c}}$ は $\mathfrak{g}$ のケーリー変換)．実際，(8.21) で定まる行列 $\boldsymbol{c}$ が基底の変換 $\tilde{\mathcal{E}} \to \mathcal{E}$ を与えるからである．よって，$\mathfrak{g}$ の実型 $\mathfrak{g}_0 = \mathfrak{sp}(V)$ は，命題 8.5 で述べた $\mathfrak{g}_0' = \mathfrak{k}_0' \oplus \mathfrak{p}_0'$ に他ならない．以下，8.2.3 節に倣《なら》い，$\mathfrak{g}_0'$, $\mathfrak{k}_0'$, $\mathfrak{p}_0'$ をそれぞれ $\mathfrak{g}_0$, $\mathfrak{k}_0$, $\mathfrak{p}_0$ と書くことにする．

さて，$E_{ij} = (\delta_{ki}\delta_{\ell j})_{1 \le k, \ell \le n}$ を n 次の (i, j)-行列単位とし，$A_{ij}, B_{ij}, C_{ij} \in \mathfrak{g}$ を次式で定める：

$$A_{ij} := \begin{pmatrix} E_{ij} & O \\ O & -E_{ji} \end{pmatrix} \qquad (1 \le i, j \le n), \tag{10.45}$$

$$B_{ij} := \begin{pmatrix} O & E_{ij} + E_{ji} \\ O & O \end{pmatrix} \qquad (1 \le i \le j \le n), \tag{10.46}$$

$$C_{ij} := \begin{pmatrix} O & O \\ E_{ij} + E_{ji} & O \end{pmatrix} \qquad (1 \le i \le j \le n). \tag{10.47}$$

A_{ij}, B_{ij} および C_{ij} たちは，それぞれ，$\mathfrak{g}$ の部分リー代数 $\mathfrak{k}$, $\mathfrak{p}_+$ および $\mathfrak{p}_-$ (例 8.3(ii) 参照) の基底をなす．また，$\mathfrak{g}$ の $\mathfrak{g}_0$ に関する複素共役作用素 σ は，

$$\sigma(A_{ij}) = -A_{ji}, \quad \sigma(B_{ij}) = C_{ij}, \tag{10.48}$$

と表示される．

基底 $\tilde{\mathcal{E}}$ をとおして $V_{\mathbb{C}}$ を $2n$ 次列ベクトルの空間 $\mathbb{C}^{2n}$ と自然に同一視するとき，$\mathfrak{g} = \mathfrak{sp}(n, \mathbb{C})$ の $\mathfrak{n} = V_{\mathbb{C}} \oplus \mathbb{C}\boldsymbol{e}$ への作用は行列の列ベクトルへの掛け算であることに注意すれば (なお，定義より $\mathbb{C}\boldsymbol{e}$ への作用は零である)，次の補題が直ちに得られる．

補題 10.15. $\mathfrak{g}$ の基底 $\{A_{ij}, B_{ij}, C_{ij}\}$ と $\mathfrak{n}$ の基底 $\{a_k^+, a_k^-, \boldsymbol{e}\}$ との間の交換関係は次のとおりである：

$$[A_{ij}, a_k^+] = \delta_{jk} a_i^+, \qquad [A_{ij}, a_k^-] = -\delta_{ik} a_j^-, \tag{10.49}$$

$$[B_{ij}, a_k^+] = 0, \qquad [B_{ij}, a_k^-] = \sqrt{-1}(\delta_{jk} a_i^+ + \delta_{ik} a_j^+), \tag{10.50}$$

$$[C_{ij}, a_k^+] = -\sqrt{-1}(\delta_{jk} a_i^- + \delta_{ik} a_j^-), \qquad [C_{ij}, a_k^-] = 0, \tag{10.51}$$

$$[X, \boldsymbol{e}] = 0 \quad (X = A_{ij}, B_{ij}, C_{ij}). \tag{10.52}$$

リー代数 $\tilde{\mathfrak{n}} = \mathfrak{g} \ltimes \mathfrak{n}$ の構造をよりはっきりと理解するため，

$$H_0 := \sum_{i=1}^{n} A_{ii} = \begin{pmatrix} E_n & O \\ O & -E_n \end{pmatrix} \in \mathfrak{k} \tag{10.53}$$

が定める $\tilde{\mathfrak{n}}$ 上の随伴作用素

$$\mathrm{ad}_{\tilde{\mathfrak{n}}} H_0 : \ U \longmapsto [H_0, U] \quad (U \in \tilde{\mathfrak{n}})$$

を考えよう．$Z_0 = \sqrt{-1} H_0/2$ が $\mathfrak{g}$ の三角型分解 $\mathfrak{g} = \mathfrak{p}_+ \oplus \mathfrak{k} \oplus \mathfrak{p}_-$ を定める $\mathfrak{k}_0$ の中心元であること (命題 8.12) を思い起こせば，上の補題から次のことが導かれる．

命題 10.16. $\mathrm{ad}_{\tilde{\mathfrak{n}}} H_0$ の μ-固有空間を $\tilde{\mathfrak{n}}(\mu)$ とする．このとき，

(i) $\tilde{\mathfrak{n}} = \mathfrak{g} \ltimes \mathfrak{n}$ は (線形空間として)

$$\tilde{\mathfrak{n}} = \tilde{\mathfrak{n}}(-2) \oplus \tilde{\mathfrak{n}}(-1) \oplus \tilde{\mathfrak{n}}(0) \oplus \tilde{\mathfrak{n}}(1) \oplus \tilde{\mathfrak{n}}(2) \tag{10.54}$$

と直和分解し，それぞれの固有空間は，

$$\tilde{\mathfrak{n}}(0)=\mathfrak{k}\oplus\mathbb{C}\boldsymbol{e},\quad \tilde{\mathfrak{n}}(\pm 1)=\bigoplus_{k=1}^{n}\mathbb{C}a_k^{\pm},\quad \tilde{\mathfrak{n}}(\pm 2)=\mathfrak{p}_{\pm}\ (\text{複号同順}), \tag{10.55}$$

と表される.

(ii) $\mathrm{ad}_{\tilde{\mathfrak{n}}}H_0\in\mathrm{Der}(\tilde{\mathfrak{n}})$ ゆえ, $[\tilde{\mathfrak{n}}(\mu),\tilde{\mathfrak{n}}(\mu')]\subset\tilde{\mathfrak{n}}(\mu+\mu')$ がなりたつ.

(iii) $\tilde{\mathfrak{n}}$ の実型 $\tilde{\mathfrak{n}}_0$ に関する複素共役作用素 σ は, 固有空間 $\tilde{\mathfrak{n}}(\mu)$ を $\tilde{\mathfrak{n}}(-\mu)$ に移す： $\sigma\,\tilde{\mathfrak{n}}(\mu)=\tilde{\mathfrak{n}}(-\mu)$.

この命題の主張 (i)–(iii) のなかで真に証明を要することは残っていないはずだが, 確かな理解を得るためにも, 読者はぜひ自分で検証されたい：

問題 10.6. 上の命題を証明せよ.

10.3.3　拡張 $\tilde{\varpi}_s$ の構成

以上の準備のもとに, $\mathfrak{n}$ のフォック表現 $(\varpi_s,\boldsymbol{P})$ を半直積 $\tilde{\mathfrak{n}}=\mathfrak{g}\ltimes\mathfrak{n}$ の表現 $\tilde{\varpi}_s$ に拡張する. 拡張の一意性は命題 10.13 ですでに示されているから, 表現 $\tilde{\varpi}_s$ を具体的に構成すればよい. 結論を述べよう.

定理 10.17. $s>0$ とする. $\boldsymbol{P}=\mathbb{C}[z_1,\cdots,z_n]$ 上の線形変換

$$\tilde{\varpi}_s(A_{ij}):=z_i\partial_j+\frac{1}{2}\delta_{ij}, \tag{10.56}$$

$$\tilde{\varpi}_s(B_{ij}):=\sqrt{-1}z_iz_j, \tag{10.57}$$

$$\tilde{\varpi}_s(C_{ij}):=\sqrt{-1}\partial_i\partial_j, \tag{10.58}$$

は, $\mathfrak{n}$ の表現 ϖ_s の $\tilde{\mathfrak{n}}=\mathfrak{g}\ltimes\mathfrak{n}$ への拡張を与える. さらに, 表現 $\tilde{\varpi}_s$ は $\tilde{\mathfrak{n}}$ の実型 $\tilde{\mathfrak{n}}_0=\mathfrak{g}_0\ltimes\mathfrak{n}_0$ に関してユニタリである.

証明の概略. (10.56), (10.57) および (10.58) によって, $\mathfrak{n}$ の表現 ϖ_s から, 線形写像 $\tilde{\varpi}_s:\tilde{\mathfrak{n}}\to\mathrm{End}_{\mathbb{C}}(\boldsymbol{P})$ をつくる. これが $\tilde{\mathfrak{n}}$ の表現を与えていることを示す. そのため, 行列の括弧積を計算して, $\mathfrak{g}$ の基底 A_{ij},B_{ij},C_{ij} の交換関係を書き下すと次のようになる.

$$[A_{ij},A_{\ell m}]=\delta_{j\ell}A_{im}-\delta_{mi}A_{\ell j}, \tag{10.59}$$

$$[A_{ij},B_{\ell m}]=\delta_{j\ell}B_{im}+\delta_{jm}B_{i\ell}, \tag{10.60}$$

$$[A_{ij},C_{\ell m}]=-\delta_{i\ell}C_{jm}-\delta_{im}C_{j\ell}, \tag{10.61}$$

$$[B_{ij}, C_{\ell m}] = \delta_{i\ell}A_{jm} + \delta_{im}A_{j\ell} + \delta_{j\ell}A_{im} + \delta_{jm}A_{i\ell}, \tag{10.62}$$

$$[B_{ij}, B_{\ell m}] = [C_{ij}, C_{\ell m}] = 0. \tag{10.63}$$

また，A_{ij}, B_{ij}, C_{ij} と $\mathfrak{n}$ の基底 $a_k^+, a_k^-, \boldsymbol{e}$ との間の交換関係は，(10.49)–(10.52) で記述されている．したがって，$\tilde{\varpi}_s$ が $\tilde{\mathfrak{n}}$ の表現であることを示すには，$\tilde{\mathfrak{n}}$ の基底 A_{ij}, B_{ij}, C_{ij},$a_k^\pm$, $\boldsymbol{e}$ を，対応する表現作用素 $\tilde{\varpi}_s(A_{ij})$, $\tilde{\varpi}_s(B_{ij})$, $\tilde{\varpi}_s(C_{ij})$, $\tilde{\varpi}_s(a_k^\pm) = \varpi_s(a_k^\pm)$, $\tilde{\varpi}_s(\boldsymbol{e}) = \varpi_s(\boldsymbol{e})$ に置き換えても，同じ交換関係式が成立することを確かめればよい．表現作用素は具体的に与えられているので，あとは計算のみのルーチン・ワークとなる．ここでは，(10.50) と (10.62) に対応する関係式を確かめておこう (残りの場合は読者に委ねる)．

まず，(10.50) に対応する場合．$\tilde{\varpi}_s(B_{ij}) = \sqrt{-1}z_iz_j$ と $\varpi_s(a_k^+) = s^{1/2}z_k$ はともに掛け算作用素であり，互いに可換となる：$[\tilde{\varpi}_s(B_{ij}), \varpi_s(a_k^+)] = 0$．一方，積の微分公式から得られる等式：

$$\partial_k \cdot z_iz_j = \delta_{jk}z_i + \delta_{ik}z_j + z_iz_j\partial_k \tag{10.64}$$

に注意すると，$\tilde{\varpi}_s(B_{ij})$ と $\varpi_s(a_k^-) = -s^{1/2}\partial_k$ との括弧積は，

$$\begin{aligned}[\tilde{\varpi}_s(B_{ij}), \varpi_s(a_k^-)] &= -s^{1/2}\sqrt{-1}\,[z_iz_j, \partial_k] \\ &= -s^{1/2}\sqrt{-1}(z_iz_j\partial_k - \partial_k z_iz_j) \\ &= s^{1/2}\sqrt{-1}(\delta_{jk}z_i + \delta_{ik}z_j) \\ &= \sqrt{-1}(\delta_{jk}\varpi_s(a_i^+) + \delta_{ik}\varpi_s(a_j^+))\end{aligned}$$

と計算され，(10.50) と同一の交換関係が得られる．

次に，$\tilde{\varpi}_s(B_{ij})$ と $\tilde{\varpi}_s(C_{\ell m})$ の括弧積を計算する．(10.64) を 2 回用いて，

$$\begin{aligned}\partial_\ell\partial_m \cdot z_iz_j &= \partial_\ell(\delta_{jm}z_i + \delta_{im}z_j + z_iz_j\partial_m) \\ &= \delta_{jm}\partial_\ell z_i + \delta_{im}\partial_\ell z_j + \delta_{j\ell}z_i\partial_m + \delta_{i\ell}z_j\partial_m + z_iz_j\partial_\ell\partial_m\ .\end{aligned}$$

さらに $\partial_\ell z_i = z_i\partial_\ell + \delta_{i\ell}$ から，

$$\begin{aligned}[\partial_\ell\partial_m, z_iz_j] &= \delta_{jm}z_i\partial_\ell + \delta_{im}z_j\partial_\ell + \delta_{j\ell}z_i\partial_m + \delta_{i\ell}z_j\partial_m + \delta_{jm}\delta_{i\ell} + \delta_{im}\delta_{j\ell} \\ &= \delta_{jm}\left(z_i\partial_\ell + \frac{1}{2}\delta_{i\ell}\right) + \delta_{im}\left(z_j\partial_\ell + \frac{1}{2}\delta_{j\ell}\right) \\ &\quad + \delta_{j\ell}\left(z_i\partial_m + \frac{1}{2}\delta_{im}\right) + \delta_{i\ell}\left(z_j\partial_m + \frac{1}{2}\delta_{jm}\right)\end{aligned}$$

を得る．これは，

$$[\tilde{\varpi}_s(B_{ij}), \tilde{\varpi}_s(C_{\ell m})] = \delta_{jm}\tilde{\varpi}_s(A_{i\ell}) + \delta_{im}\tilde{\varpi}_s(A_{j\ell}) + \delta_{j\ell}\tilde{\varpi}_s(A_{im}) + \delta_{i\ell}\tilde{\varpi}_s(A_{jm})$$

を示しており，交換関係式 (10.62) が表現作用素のレベルでも成立する．

以上により，$\tilde{\varpi}_s$ がフォック表現 ϖ_s の $\tilde{\mathfrak{n}}$ への拡張を与えることがわかった．

最後に，(10.20) で定まる $\boldsymbol{P}$ 上の内積 $\langle\cdot,\cdot\rangle$ に関して，$\tilde{\varpi}_s$ が $\tilde{\mathfrak{n}}_0 = \mathfrak{g}_0 \ltimes \mathfrak{n}_0$ のユニタリ表現であることを検証する．$z_i^* = \partial_i$ および等式 (10.48) から，$\tilde{\varpi}_s(A_{ij})$ および $\tilde{\varpi}_s(B_{ij})$ の共役作用素は，

$$\begin{aligned}\tilde{\varpi}_s(A_{ij})^* &= z_j\partial_i + \frac{1}{2}\delta_{ji} = \tilde{\varpi}_s(A_{ji}) = -\tilde{\varpi}_s(\sigma(A_{ij})), \\ \tilde{\varpi}_s(B_{ij})^* &= -\sqrt{-1}\partial_i\partial_j = -\tilde{\varpi}_s(C_{ij}) = -\tilde{\varpi}_s(\sigma(B_{ij})),\end{aligned}$$

と表される．これらの等式に注意して，補題 9.14 を適用すれば，$\tilde{\varpi}_s$ が $\mathfrak{g}_0$，したがって $\tilde{\mathfrak{n}}_0$ のユニタリ表現であることがわかる． □

注意 10.4. 全く同様に考えれば，中心値 $-\sqrt{-1}s$ $(s > 0)$ をもつ $\mathfrak{n}_0$ の認容的既約ユニタリ表現も，半直積 $\tilde{\mathfrak{n}}_0$ のユニタリ表現に拡張できる．ただし，$\tilde{\varpi}_s$ の場合と，掛け算作用素 z_i と微分作用素 ∂_i の役割が逆転する．

さて，拡張 $(\tilde{\varpi}_s, \boldsymbol{P})$ を $\mathfrak{g}_0 = \mathfrak{sp}(n, \mathbb{R})$ に制限すると，$\mathfrak{g}_0$ のユニタリ表現が得られる．(10.56)–(10.58) よりこの表現はパラメータ $s > 0$ によらないので，単に $\tilde{\varpi}$ と書くことにする．

定義 10.2. 実シンプレクティックリー代数 $\mathfrak{g}_0$ のユニタリ表現 $(\tilde{\varpi}, \boldsymbol{P})$ を**ヴェイユ表現**とよぶ．

次章ではヴェイユ表現の構造を詳しく調べる．

◆トピックス 10 (メタプレクティック群のヴェイユ表現). ………………………………

フランスの生んだ 20 世紀の偉大な数学者アンドレ・ヴェイユ (André Weil, 1906–1998) の名を冠し通常ヴェイユ表現とよばれるのは，ハイゼンベルグ群 $N(V)$ のフォ

ック表現 $(\mathring{\varpi}_s, \mathcal{H}(V))$ (あるいはシュレーディンガー表現 $(\mathring{\varpi}'_s, L^2(W'))$) を半直積群 $Mp(V) \ltimes N(V)$ に拡張して得られる $Mp(V)$ のユニタリ表現のことである ([27], [31], [39], [48], [53] などを参照). ここに, $Mp(V)$ は V 上のメタプレクティック群 (シンプレクティック群 $Sp(V)$ の二重被覆群) を表す. 本章で構成したリー代数 $\mathfrak{g}_0$ の表現 $(\tilde{\varpi}, \boldsymbol{P})$ は, $Mp(V)$ のヴェイユ表現を指数写像 $\exp : \mathfrak{g}_0 \to Mp(V)$ をとおして微分して得られるものである. なお, 群の表現のレベルで $Sp(V)$ の二重の被覆群を考える必要が生じるのは, 作用素 $\tilde{\varpi}(A_{ii}) = z_i\partial_i + (1/2)$ $(i = 1, \cdots, n)$ に現れる分数 1/2 が原因である (注意 11.1 参照).

保型形式への応用などさまざまな観点から, 群レベルでのヴェイユ表現がより重要で興味深いのは間違いない. しかし, それをわかるように解説するには結構な予備知識や考察が必要になる. 一方, 表現論の立場からみれば, ハリシュ-チャンドラの一般的な理論 [10] により, 本章で構成したリー代数 $\mathfrak{g}_0$ の表現 $(\tilde{\varpi}, \boldsymbol{P})$ はメタプレクティック群のヴェイユ表現を (原理的には) 完全に決定している.

■第11章■

ヴェイユ表現とはしご表現

いよいよ本書第 II 巻の核心部分に踏み込もう．この章では，これまでに行った準備をふまえて，シンプレクティックリー代数のヴェイユ表現 $(\tilde{\varpi}, \boldsymbol{P})$ の構造を考察する．まず，表現空間 $\boldsymbol{P}$ における最低ウェイトベクトルを決定し，表現 $\tilde{\varpi}$ を偶部分と奇部分のふたつの既約表現の直和に分解する (定理 11.1)．さらにエルミート型実リー代数 $\mathfrak{u}(p,q)$ $(n=p+q)$ や $\mathfrak{o}^*(2n)$ が $\mathfrak{sp}(\epsilon n,\mathbb{R})$ の部分リー代数として実現できること (8.2.1 節参照) に注目し，ヴェイユ表現をこれらの部分リー代数に制限したとき，どのように既約分解 (分岐) するかを明らかにする (定理 11.6 および 11.18)．ここに，自然数 ϵ は，$\mathfrak{u}(p,q)$ のときには $\epsilon=1$，$\mathfrak{o}^*(2n)$ では $\epsilon=2$ と定める．

上の分解に現れる既約表現は，その極大コンパクト部分リー代数の作用に関して，はしご状のスペクトルをもち，このため「はしご表現」(ladder representation) とよばれる．はしご表現は，$\mathfrak{u}(p,q)$, $\mathfrak{o}^*(2n)$ の $\mathfrak{sp}(\epsilon n,\mathbb{R})$ における中心化リー代数の作用によって，表現空間 $\boldsymbol{P}$ を「切り分ける」ことによって得られる．読者は，多項式というごくありきたりの関数のなす空間に，無限次元既約ユニタリ表現が関わるみごとな構造 (対称性) が見出されることに驚かれるであろう．

なお，本章で与えるヴェイユ表現の分岐則は，より一般に，一方がコンパクトなデュアルペア $(\mathfrak{sp}(n,\mathbb{R}),\mathfrak{o}(k))$, $(\mathfrak{u}(p,q),\mathfrak{u}(k))$, $(\mathfrak{o}^*(2n),\mathfrak{sp}(k))$ に関する表現のハウ対応の枠組みで定式化される ([19], [27]).

11.1 ヴェイユ表現の既約分解

$\mathfrak{g} = \mathfrak{sp}(n, \mathbb{C})$ を複素シンプレクティックリー代数とし，$\mathfrak{g}$ の実型 $\mathfrak{g}_0 = \mathfrak{sp}(n, \mathbb{R})$ とそのカルタン分解 $\mathfrak{g}_0 = \mathfrak{k}_0 \oplus \mathfrak{p}_0$ ($\mathfrak{k}_0 \cong \mathfrak{u}(n)$) を 10.3.2 節のようにとる．実リー代数 $\mathfrak{k}_0$ の $\mathfrak{g}$ における複素化 $\mathfrak{k}$ は一般線形リー代数 $\mathfrak{gl}(n, \mathbb{C})$ と同型である．この節では，n 変数多項式のなす空間 $\boldsymbol{P} = \mathbb{C}[z_1, \cdots, z_n]$ に働くヴェイユ表現 $\tilde{\varpi}$ を，$\mathfrak{g}$ の表現として，ついで $\mathfrak{k}$ の表現として既約分解する．

11.1.1 表現 $\tilde{\varpi}$ の分解公式

まず結果から述べよう．偶数次，奇数次の斉次多項式が生成する $\boldsymbol{P}$ の部分空間を，それぞれ

$$\boldsymbol{P}^{(0)} := \bigoplus_{\ell=0}^{\infty} \boldsymbol{P}_{2\ell}, \quad \boldsymbol{P}^{(1)} := \bigoplus_{\ell=0}^{\infty} \boldsymbol{P}_{2\ell+1}, \tag{11.1}$$

で表す．$\mathfrak{g}$ の基底 $\{A_{ij}, B_{ij}, C_{ij}\}$ ((10.45)–(10.47) 参照) について，定理 10.17 より，表現作用素 $\tilde{\varpi}(A_{ij}) = z_i \partial_j + (\delta_{ij}/2)$ は多項式の次数を変えず，作用素 $\tilde{\varpi}(B_{ij}) = \sqrt{-1} z_i z_j$ (または $\tilde{\varpi}(C_{ij}) = \sqrt{-1} \partial_i \partial_j$) は次数を 2 だけ上げる (または下げる)．よって，$\boldsymbol{P}^{(0)}$, $\boldsymbol{P}^{(1)}$ は $\boldsymbol{P}$ の $\mathfrak{g}$-不変部分空間をなし，(11.1) の斉次成分 $\boldsymbol{P}_{2\ell}$, $\boldsymbol{P}_{2\ell+1}$ はそれぞれ $\mathfrak{k}$-部分加群となる．明らかに $\boldsymbol{P} = \boldsymbol{P}^{(0)} \oplus \boldsymbol{P}^{(1)}$ であるが，実は次のことがわかる．

定理 11.1. (i) $\mathfrak{k}$-加群 $\boldsymbol{P}_m$ $(m = 0, 1, \cdots)$ たちはみな既約であり，m が異なれば互いに同型ではない．

(ii) $\boldsymbol{P}$ の $\mathfrak{g}$-部分加群 $\boldsymbol{P}^{(0)}$, $\boldsymbol{P}^{(1)}$ はともに既約であり，$\boldsymbol{P} = \boldsymbol{P}^{(0)} \oplus \boldsymbol{P}^{(1)}$ がヴェイユ表現 $\tilde{\varpi}$ の既約分解を与える．また，$\boldsymbol{P}^{(0)}$ と $\boldsymbol{P}^{(1)}$ は互いに同型ではない．

この定理の証明は，11.1.2 節でルートとウェイトに関する準備をした後，11.1.3 節で与えられる．

注意 11.1. k を整数とする．n 次の正則な複素正方行列全体のつくる一般線形群 $K := GL(n, \mathbb{C})$ は，線形空間 $\boldsymbol{P}_m$ に，

$$(\pi_k(g)\varphi)(z_1, \cdots, z_n) := (\det\, g)^k \varphi((z_1, \cdots, z_n)g) \quad (g \in K,\ \varphi \in \boldsymbol{P}_m) \tag{11.2}$$

によって線形に作用する．すなわち $(\pi_k, \boldsymbol{P}_m)$ は群 K の表現になる．この表現を行列の指数写像 (例えば 4.2 節，[38], [54] などを参照)：

$$\mathfrak{gl}(n, \mathbb{C}) \ni X \longmapsto \exp X := \sum_{j=0}^{\infty} \frac{X^j}{j!} \in K$$

をとおして微分すれば，リー代数 $\mathfrak{gl}(n, \mathbb{C})$ の $\boldsymbol{P}_m$ 上への表現 $d\pi_k$ が，

$$d\pi_k(X)\varphi := \frac{d}{dt}\pi_k(\exp tX)\varphi\Big|_{t=0} \quad (X \in \mathfrak{gl}(n, \mathbb{C}))$$

により得られる．とくに $X = E_{ij}$ (行列単位) とすれば，作用素 $d\pi_k(E_{ij})$ は

$$d\pi_k(E_{ij}) = z_i \partial_j + k\delta_{ij}$$

で与えられる．ここで $k = 1/2$ としたものが $\mathfrak{k}$-加群 $\boldsymbol{P}_m$ に他ならない．

しかし，表現 π_k の定義式 (11.2) で $k = 1/2$ とすると，$(\det g)^{1/2} = \sqrt{\det g}$ は g について K 上一価関数にならないため，“$\pi_{1/2}$”は群 K の表現にはならない．$\pi_{1/2}$ を群の表現にするためには，$(\det g)^{1/2}$ の多価性を解消するため，K の二重被覆群を考える必要がある (トピックス 10; p.382 参照).

11.1.2 ルートとウェイト

定理 11.1 を証明するために，(第 7 章や第 9 章で少し触れた) リー代数のルートや表現のウェイトの概念が必要になる．いま，$H_i := A_{ii}$ $(1 \leq i \leq n)$ を基底とする $\mathfrak{g}$ の可換部分リー代数

$$\mathfrak{h} := \left\{ \sum_{i=1}^{n} h_i H_i \;\middle|\; h_i \in \mathbb{C} \ (i = 1, \cdots, n) \right\} \tag{11.3}$$

を考える．$\mathfrak{h}$ は $\mathfrak{g}$ に属する対角行列全体からなり，$\mathfrak{g}$ の**カルタン部分代数**とよばれる．$\mathfrak{h}$ 上の線形形式 $\varepsilon_i \in \mathfrak{h}^*$ を

$$\varepsilon_i \left(\sum_{i=1}^{n} h_i H_i \right) = h_i$$

で定める．交換関係 (10.59)–(10.61) より，$H \in \mathfrak{h}$ の随伴作用 $\operatorname{ad} H$ は $\mathfrak{g}$ 上で同時対角化可能である．実際，

$$\begin{aligned} [H, A_{ij}] &= (\varepsilon_i - \varepsilon_j)(H)\, A_{ij} \quad (1 \leq i, j \leq n) \\ [H, B_{ij}] &= (\varepsilon_i + \varepsilon_j)(H)\, B_{ij} \quad (1 \leq i \leq j \leq n) \\ [H, C_{ij}] &= -(\varepsilon_i + \varepsilon_j)(H)\, C_{ij} \quad (1 \leq i \leq j \leq n) \end{aligned} \tag{11.4}$$

が $\mathrm{ad}\,H$ に関する $\mathfrak{g}$ の同時固有空間分解を与える．零でない同時固有値を定める $\mathfrak{h}$ 上の線形形式を $\mathfrak{g}$ の $\mathfrak{h}$ に関する**ルート**とよび，ルートの集合

$$\Delta := \{\varepsilon_i - \varepsilon_j \mid 1 \leq i, j \leq n, i \neq j\} \cup \{\pm(\varepsilon_i + \varepsilon_j) \mid 1 \leq i \leq j \leq n\}$$

を (C_n 型) **ルート系**という．$\gamma \in \Delta$ に対して，γ に対応する同時固有ベクトル (これを**ルートベクトル**という) が生成する $\mathfrak{g}$ の部分空間を $\mathfrak{g}_\gamma$ とすれば，

$$\mathfrak{g}_\gamma = \begin{cases} \mathbb{C}\,A_{ij} & (\gamma = \varepsilon_i - \varepsilon_j \text{ のとき}) \\ \mathbb{C}\,B_{ij} & (\gamma = \varepsilon_i + \varepsilon_j \text{ のとき}) \\ \mathbb{C}\,C_{ij} & (\gamma = -\varepsilon_i - \varepsilon_j \text{ のとき}) \end{cases}$$

と表され，リー代数 $\mathfrak{g}$ は線形空間として，

$$\mathfrak{g} = \mathfrak{h} \oplus \Big(\bigoplus_{\gamma \in \Delta} \mathfrak{g}_\gamma \Big) \tag{11.5}$$

と直和分解する (**ルート空間分解**)．なお，$\mathrm{ad}\,H$ が $\mathfrak{g}$ 上の微分であるから，

$$[\mathfrak{g}_{\gamma_1}, \mathfrak{g}_{\gamma_2}] \subset \mathfrak{g}_{\gamma_1+\gamma_2} \quad (\gamma_1, \gamma_2 \in \Delta \cup \{0\}) \tag{11.6}$$

となっていることに注意せよ．ただし $\mathfrak{g}_0 := \mathfrak{h}$, $\gamma_1 + \gamma_2 \notin \Delta \cup \{0\}$ のときには $\mathfrak{g}_{\gamma_1+\gamma_2} := \{0\}$ と規約する．

さて，ε_i $(1 \leq i \leq n)$ が $\mathbb{R}$ 上生成する $\mathfrak{h}^*$ の実型を $\mathfrak{h}^*_{\mathbb{R}}$ で表し，基底 $\varepsilon_1, \cdots, \varepsilon_n$ が定める**辞書式順序**を $\mathfrak{h}^*_{\mathbb{R}}$ 上に導入しよう．すなわち，相異なる $\lambda = \sum_i \lambda_i \varepsilon_i$, $\mu = \sum_i \mu_i \varepsilon_i \in \mathfrak{h}^*_{\mathbb{R}}$ $(\lambda_i, \mu_i \in \mathbb{R})$ に対して，係数 λ_i と μ_i の大小を $i = 1, 2, \cdots$ と (番号 i について昇順に) 順次比較し，はじめて $\lambda_i \neq \mu_i$ となる番号 i において $\lambda_i > \mu_i$ であるとき，$\lambda > \mu$ と約束するのである．

(11.6) から，負のルート全体の集合

$$\Delta^- := \{\varepsilon_i - \varepsilon_j \mid 1 \leq j < i \leq n\} \cup \{-\varepsilon_i - \varepsilon_j \mid 1 \leq i \leq j \leq n\}$$

に対応して，

$$\mathfrak{b}_- := \mathfrak{h} \oplus \mathfrak{u}_-, \qquad \mathfrak{u}_- := \bigoplus_{\gamma \in \Delta^-} \mathfrak{g}_\gamma, \tag{11.7}$$

は $\mathfrak{g}$ の部分リー代数をなすことがわかる．$\mathfrak{b}_-$ を $\mathfrak{g}$ の**ボレル部分代数**という．$\mathfrak{u}_-$ は冪零行列 A_{ij} $(i > j)$ および C_{ij} $(i \leq j)$ から生成される冪零部分リー代数で，$\mathfrak{b}_-$ のイデアルをなす．$\mathfrak{g} = \mathfrak{p}_+ \oplus \mathfrak{k} \oplus \mathfrak{p}_-$ を $\mathfrak{g}$ の三角型分解 (8.2.3 節参照) とするとき，

$$\mathfrak{k} = \mathbb{C} \otimes_{\mathbb{R}} \mathfrak{k}_0 \cong \mathfrak{gl}(n, \mathbb{C})$$

であって，$\mathfrak{b}_-$ は上の三角型分解にそって，

$$\begin{aligned} \mathfrak{b}_- &= (\mathfrak{b}_- \cap \mathfrak{k}) \oplus (\mathfrak{b}_- \cap \mathfrak{p}_-), \\ \mathfrak{b}_- \cap \mathfrak{k} &= \mathfrak{h} \oplus (\mathfrak{u}_- \cap \mathfrak{k}) = \mathfrak{h} \oplus \Bigl(\bigoplus_{i>j} \mathbb{C} A_{ij} \Bigr), \\ \mathfrak{b}_- \cap \mathfrak{p}_- &= \mathfrak{u}_- \cap \mathfrak{p}_- = \mathfrak{p}_- = \bigoplus_{i \leq j} \mathbb{C} C_{ij}, \end{aligned} \tag{11.8}$$

と分解する．このとき，$\mathfrak{b}_- \cap \mathfrak{k}$ は $\mathfrak{k}$ のボレル部分代数とよばれる．

一般に，$(\pi, \boldsymbol{V})$ を $\mathfrak{g}$ の表現とするとき，$\mathfrak{h}$ 上の線形形式 λ に対して $\boldsymbol{V}$ の部分線形空間 $\boldsymbol{V}(\lambda)$ を，

$$\boldsymbol{V}(\lambda) := \{ v \in \boldsymbol{V} \mid \pi(H)v = \lambda(H)v \ (H \in \mathfrak{h}) \}$$

で定義する．$\boldsymbol{V}(\lambda) \neq \{0\}$ のとき，λ を表現 π に対する**ウェイト**とよび，$\boldsymbol{V}(\lambda)$ を λ に付随する**ウェイト空間**，$v \in \boldsymbol{V}(\lambda)$ を**ウェイトベクトル**という．とくに，$\mathfrak{g}$ の $\mathfrak{h}$ に関するルート (またはルートベクトル) とは，随伴表現 $(\mathrm{ad}, \mathfrak{g})$ に関する零でないウェイト (またはウェイトベクトル) のことである．また，

$$\pi(Z)v = 0 \quad (\forall Z \in \mathfrak{u}_-) \tag{11.9}$$

なるウェイトベクトル v を $\boldsymbol{V}$ の $\mathfrak{u}_-$ に関する**最低ウェイトベクトル**よび，対応するウェイト λ を**最低ウェイト**という．

ここで，$\gamma \in \Delta \cup \{0\}$ に対して，

$$\pi(\mathfrak{g}_\gamma)\boldsymbol{V}(\lambda) \subset \boldsymbol{V}(\lambda + \gamma) \tag{11.10}$$

がなりたつことに注意する．実際，$X \in \mathfrak{g}_\gamma$, $v \in \boldsymbol{V}(\lambda)$, $H \in \mathfrak{h}$ に対して，

$$\pi(H)(\pi(X)v) = \pi(X)(\pi(H)v) + \pi([H,X])v = (\lambda+\gamma)(H)\pi(X)v$$

となるからである．したがって $\mathfrak{u}_-$ の作用は $v \in \boldsymbol{V}(\lambda)$ のウェイトを下げる．これより，π に対するウェイトたちのなかで $\mathfrak{h}_{\mathbb{R}}^*$ における辞書式順序について極小なものがあれば，それは最低ウェイトとなることがわかる．

注意 11.2. カルタン部分代数に関するルート系やボレル部分代数，あるいは表現の(最低) ウェイトといった概念は，複素半単純 (簡約) リー代数に共通して定式化される ([6], [22], [42])．11.2.1 節および 11.3.1 節では，それぞれ，一般線形リー代数 $\mathfrak{l} = \mathfrak{gl}(n,\mathbb{C})$ と直交リー代数 $\mathfrak{m} = \mathfrak{o}(2n,\mathbb{C})'$ の場合を具体的に扱う．

11.1.3 最低ウェイトベクトルの決定と分解公式の証明

話をヴェイユ表現 $(\tilde{\varpi}, \boldsymbol{P})$ の場合に戻そう．表現作用素 $\tilde{\varpi}(H_i)$ $(i=1,\cdots,n)$ は多重指数 $\alpha = (\alpha_1,\cdots,\alpha_n)$ $(\alpha_i \in \mathbb{Z}, \alpha_i \geq 0)$ が定める単項式 $z^\alpha = z_1^{\alpha_1}\cdots z_n^{\alpha_n}$ に，

$$\tilde{\varpi}(H_i)\, z^\alpha = \left(z_i\partial_i + \frac{1}{2}\right)\cdot z^\alpha = \left(\alpha_i + \frac{1}{2}\right) z^\alpha$$

により働くから，z^α はウェイト

$$\hat{\alpha} := \frac{1}{2}\delta + \sum_{i=1}^{n} \alpha_i\varepsilon_i \quad \left(\delta := \sum_{i=1}^{n}\varepsilon_i\right) \tag{11.11}$$

に対応するウェイトベクトルになる．よって表現空間 $\boldsymbol{P}$ は，

$$\boldsymbol{P} = \bigoplus_{\alpha} \boldsymbol{P}(\hat{\alpha}), \quad \boldsymbol{P}(\hat{\alpha}) = \mathbb{C}z^\alpha,$$

とウェイト空間分解する．

$\tilde{\varpi}$ の表現作用素の公式 (10.56)–(10.58) を用いて，$\mathfrak{g}$ の表現 $\boldsymbol{P} = \boldsymbol{P}^{(0)} \oplus \boldsymbol{P}^{(1)}$ に対する最低ウェイトベクトルに関して，次のことを容易に確かめることができる．

補題 11.2. (i) 単項式 z^α が $\mathfrak{u}_- \cap \mathfrak{k}$ に関する最低ウェイトベクトルである，すなわち，

$$\tilde{\varpi}(\mathfrak{u}_- \cap \mathfrak{k})\, z^\alpha = 0, \tag{11.12}$$

であるためには，$\alpha = (0, \cdots, 0, m)$ $(m = 0, 1, \cdots)$ となることが必要十分条件である．とくに，m 次斉次多項式のなす $\mathfrak{k}$-部分加群 $\boldsymbol{P}_m$ において，条件 (11.12) を満たすウェイトベクトルは定数倍を除き一意に存在し，それは z_n^m に等しい．

(ii) $\boldsymbol{P}$ の $\mathfrak{g}$-部分加群 $\boldsymbol{P}^{(0)}$, $\boldsymbol{P}^{(1)}$ は，それぞれ，(定数倍を除き) ただひとつ $\mathfrak{u}_-$ に関する最低ウェイトベクトルをもち，それらは $1 \in \boldsymbol{P}^{(0)}$, $z_n \in \boldsymbol{P}^{(1)}$ で与えられる．

問題 11.1. 上の補題を証明せよ．

以上の準備のもとに定理 11.1 を証明する．

定理 11.1 の証明.

(ii) を証明する．$\mathfrak{g}$-加群 $\boldsymbol{P}^{(\kappa)}$ $(\kappa = 0, 1)$ が既約であることを示そう．いま，$\boldsymbol{W}$ を $\boldsymbol{P}^{(\kappa)}$ の零でない $\mathfrak{g}$-部分加群とする．$\boldsymbol{W}$ は $\mathfrak{h}$ の作用で安定だから，$\boldsymbol{W}$ に属するウェイトベクトル (単項式) たちは $\boldsymbol{W}$ の基底をなす (問題 7.11)．したがって，

$$\boldsymbol{W} = \bigoplus_{m=0}^{\infty} \boldsymbol{W} \cap \boldsymbol{P}_m = \bigoplus_{\alpha} \boldsymbol{W} \cap \boldsymbol{P}(\hat{\alpha})$$

となる．ここに，右辺の α は任意の多重指数 $\alpha = (\alpha_1, \cdots, \alpha_n)$ を動く．さて，$\boldsymbol{W} \cap \boldsymbol{P}_{m_0} \neq \{0\}$ なる最小の整数 m_0 をとる．$z^\beta \in \boldsymbol{W} \cap \boldsymbol{P}_{m_0}$ となる β は有限個だから，対応するウェイト $\hat{\beta}$ たちのなかで $\mathfrak{h}_{\mathbb{R}}^*$ 上の辞書式順序に関して最小のものが存在する．これを $\hat{\beta}_0$ で表す．

$\hat{\beta}_0$ に対応する $\boldsymbol{W}$ のウェイトベクトル z^{β_0} をとれば，(11.10) および $\hat{\beta}_0$ の最小性から $\tilde{\varpi}(A_{ij}) z^{\beta_0} = 0$ $(i > j)$ がわかる．さらに，m の最小性から $\tilde{\varpi}(C_{ij}) z^{\beta_0} = 0$ $(i \leq j)$ も従う．よって，$z^{\beta_0} \in \boldsymbol{W}$ は $\mathfrak{u}_-$ に関する最低ウェイトベクトルとなる．補題 11.2 (ii) から $z_n^\kappa = z^{\beta_0} \in \boldsymbol{W}$ を得る．

さて，$\boldsymbol{W} \neq \boldsymbol{P}^{(\kappa)}$ のとき，$z^\alpha \notin \boldsymbol{W}$ なる単項式 z^α $(|\alpha| \equiv \kappa \mod 2)$ たちは，$\boldsymbol{P}^{(\kappa)}$ における $\boldsymbol{W}$ の (内積 $\langle \cdot, \cdot \rangle$ に関する) 直交補空間 $\boldsymbol{W}^\perp$ の基底をなす．また，$X \in \mathfrak{g}$, $w' \in \boldsymbol{W}^\perp$ とするとき，$\boldsymbol{W}$ は $\mathfrak{g}$-不変であるから，

$$\langle \tilde{\varpi}(X) w', w \rangle = -\langle w', \tilde{\varpi}(\sigma(X)) w \rangle = 0 \quad (w \in \boldsymbol{W})$$

となって $\tilde{\varpi}(X) w' \in \boldsymbol{W}^\perp$ を得る (ここに σ は $\mathfrak{g}$ の $\mathfrak{g}_0$ に関する複素共役変換)．

つまり $\boldsymbol{W}^{\perp}$ も $\mathfrak{g}$-不変である．前段の結果を $\boldsymbol{W}^{\perp}$ に適用することで $z_n^{\kappa} \in \boldsymbol{W}^{\perp}$ がわかるが，これは $\boldsymbol{W} \cap \boldsymbol{W}^{\perp} = \{0\}$ に反する．ゆえに $\boldsymbol{W} = \boldsymbol{P}^{(\kappa)}$ でなくてはならない．

以上で，$\boldsymbol{P}^{(\kappa)}$ 上に定まる $\mathfrak{g}$ の表現が既約であることが示された．また，$\boldsymbol{P}^{(0)}$，$\boldsymbol{P}^{(1)}$ の最低ウェイトは，それぞれ，$\delta/2, \varepsilon_n + (\delta/2)$ であって相異なるため，$\boldsymbol{P}^{(0)}$ と $\boldsymbol{P}^{(1)}$ は同型にはならない．このようにして (ii) の証明を完了する．

一方，(i) については，$\boldsymbol{P}_m$ において $\mathfrak{u}_- \cap \mathfrak{k}$ に関する最低ウェイトベクトルが一意であること (補題 11.2(i)) を用いて，$\mathfrak{k}$-加群 $\boldsymbol{P}_m$ が既約であることを示すことができる．(ii) の証明に倣えばよいので詳細は省略する．　□

注意 11.3. 聡明な読者は，上の証明において $z_n^{\kappa} = z^{\beta_0} \in \boldsymbol{W}$ が得られた時点で，この最低ウェイトベクトルに表現作用素 $\tilde{\varpi}(A_{ij}) = z_i \partial_j \ (i \neq j)$ と $\tilde{\varpi}(B_{ij}) = \sqrt{-1} z_i z_j$ を逐次施すことにより，$\boldsymbol{W} = \boldsymbol{P}^{(\kappa)}$ がわかることに気づくはずである．あえて回り道をしてみせたのは，ヴェイユ表現 $\tilde{\varpi}$ において，$\mathfrak{u}_-$ (あるいは $\mathfrak{u}_- \cap \mathfrak{k}$) に関する最低ウェイトベクトルと $\tilde{\varpi}$ の分解に現れる $\mathfrak{g}$-既約成分 (あるいは $\mathfrak{k}$-既約成分) が対応していることを，はっきりと認識しておくためである．この議論は，11.2, 11.3 節で表現 $\tilde{\varpi}$ の制限を既約分解する際にも繰り返し使われる．

ここまでに現れた既約表現の最低ウェイトを書き留めておこう．

系 11.3. (i)　m 次斉次多項式全体がつくる有限次元既約 $\mathfrak{k}$-加群 $\boldsymbol{P}_m$ は最低ウェイト $m\varepsilon_n + (\delta/2)$ をもつ．

(ii)　$\boldsymbol{P}^{(\kappa)} = \bigoplus_{\ell=0}^{\infty} \boldsymbol{P}_{2\ell+\kappa} \ (\kappa = 0, 1)$ は，最低ウェイト $\kappa\varepsilon_n + (\delta/2)$ をもつ無限次元の既約 $\mathfrak{g}$-加群である．

一般に，任意の $\lambda \in \mathfrak{h}^*$ に対して，λ を唯一の最低ウェイトにもつ既約 $\mathfrak{g}$-加群，既約 $\mathfrak{k}$-加群が，それぞれ，同型を除き一意に存在することが知られている (これは半単純あるいは簡約な複素リー代数に共通の事実である)．これらをそれぞれ $\boldsymbol{L}[\lambda], \boldsymbol{V}[\lambda]$ で表す．このとき，$\mathfrak{k}$-加群 $\boldsymbol{V}[\lambda]$ $(\lambda = \sum_i \lambda_i \varepsilon_i)$ が有限次元になるためには，

$$\lambda_1 \leq \cdots \leq \lambda_n, \quad \lambda_i - \lambda_{i+1} \in \mathbb{Z} \ \ (i = 1, \cdots, n-1),$$

が必要十分条件になる．これに加えて

$$\lambda_n \leq 0, \quad \lambda_n \in \mathbb{Z},$$

であるとき，$\boldsymbol{L}[\lambda]$ も有限次元になる．いまここで証明なしに述べたことがらについては，例えば，[6] Chap. 7, [22] Chap. 6 を参照されたい．トピックス 5 (p. 336) も参考になろう．

以上の記号のもとに，ヴェイユ表現 $(\tilde{\varpi}, \boldsymbol{P})$ の $\mathfrak{g}$-加群, $\mathfrak{k}$-加群としての既約分解は次のように表される：

$$\boldsymbol{P} \cong \boldsymbol{L}[\delta/2] \oplus \boldsymbol{L}[\varepsilon_n + (\delta/2)] \qquad (\mathfrak{g}\text{-既約分解}) \qquad (11.13)$$

$$\boldsymbol{P}^{(0)} \cong \boldsymbol{L}[\delta/2] \cong \bigoplus_{\ell=0}^{\infty} \boldsymbol{V}[2\ell\varepsilon_n + (\delta/2)] \qquad (\mathfrak{k}\text{-既約分解}) \qquad (11.14)$$

$$\boldsymbol{P}^{(1)} \cong \boldsymbol{L}[\varepsilon_n + \delta/2] \cong \bigoplus_{\ell=0}^{\infty} \boldsymbol{V}[(2\ell+1)\varepsilon_n + (\delta/2)] \qquad (\mathfrak{k}\text{-既約分解}) \qquad (11.15)$$

上のいずれの表現の既約分解においても，各既約表現は重複度なしにちょうど一回ずつ現れている．このような表現を**重複度自由** (multiplicity free) であるという．

問題 11.2. 有限次元複素リー代数 $\mathfrak{g}$ 上の加群 $\boldsymbol{V}$ とその既約分解 $\boldsymbol{V} = \bigoplus_{\ell=0}^{\infty} \boldsymbol{V}_\ell$ (各 $\boldsymbol{V}_\ell$ は既約) に対して，$\boldsymbol{V}$ 上の相関作用素全体が作用素の和と積 (合成) によってつくる環 $\mathrm{End}_{\mathfrak{g}}(\boldsymbol{V})$ を考える．このとき，$\mathfrak{g}$ の $\boldsymbol{V}$ 上への表現が重複度自由であるためには，環 $\mathrm{End}_{\mathfrak{g}}(\boldsymbol{V})$ が可換であることが必要十分条件であることを証明せよ．(シュアの補題を用いる．)

11.2 ユニタリ リー代数 $\mathfrak{u}(p,q)$ への制限とはしご表現

$n = p + q$ とし，符号 (p,q) の非退化エルミート形式に付随したユニタリリー代数 $\mathfrak{l}_0 := \mathfrak{u}(p,q)$ ((8.12) 参照) を考える．$\mathfrak{l}_0$ の複素化 $\mathfrak{l}$ は一般線形リー代数 $\mathfrak{gl}(n,\mathbb{C})$ である．8.2.1 節で構成した埋め込み：

$$\mathfrak{l} \overset{\tilde{\iota}}{\hookrightarrow} \mathfrak{g} = \mathfrak{sp}(n,\mathbb{C}) \qquad ((8.27), (8.28) \text{ を参照})$$

をとおして，$\mathfrak{l}_0, \mathfrak{l}$ をそれぞれ $\mathfrak{g}_0, \mathfrak{g}$ の部分リー代数とみなす．命題 8.7 より，$\mathfrak{l}_0$ の $\mathfrak{g}_0$ におけるその中心化リー代数 $\mathfrak{c}_0 = \mathfrak{l}_0^{\vee} \cong \mathfrak{u}(1)$ はちょうど $\mathfrak{l}_0$ の中心と一致し，

$(\mathfrak{l}_0, \mathfrak{c}_0)$ は $\mathfrak{g}_0$ においてデュアルペアをなす．同様に，$\mathfrak{l}$ と $\mathfrak{c} = \mathbb{C} \otimes_{\mathbb{R}} \mathfrak{c}_0$ は複素化 $\mathfrak{g}$ でのデュアルペアを与えている．この節では，$\mathfrak{g}$ のヴェイユ表現 $(\tilde{\varpi}, \boldsymbol{P})$ が $\mathfrak{l}$-加群，あるいは $\mathfrak{k}^{\mathfrak{l}} := \mathfrak{k} \cap \mathfrak{l}$ 上の加群としてどのように分岐するかを明らかにする．

11.2.1 部分リー代数 $\mathfrak{l} \subset \mathfrak{g}$

埋め込み $\tilde{\iota}$ の表示式 (8.28) より，$\mathfrak{g}$ の部分リー代数 $\mathfrak{l} \cong \mathfrak{gl}(n, \mathbb{C})$ はカルタン部分代数 $\mathfrak{h}$ を含む．Δ の部分集合 $\Delta_{\mathfrak{l}}$ を，

$$
\begin{aligned}
\Delta_{\mathfrak{l}} := \{\varepsilon_i - \varepsilon_j \mid 1 \le i, j \le p,\ i \ne j\} \cup \{\varepsilon_i - \varepsilon_j \mid p+1 \le i, j \le n,\ i \ne j\} \\
\cup \{\pm(\varepsilon_i + \varepsilon_j) \mid 1 \le i \le p,\ p+1 \le j \le n\} \quad (11.16)
\end{aligned}
$$

で定めれば，$\mathfrak{h}$ の $\mathfrak{l}$ 上への随伴表現により，$\mathfrak{l}$ は

$$
\mathfrak{l} = \mathfrak{h} \oplus \Big(\bigoplus_{\gamma \in \Delta_{\mathfrak{l}}} \mathfrak{g}_\gamma \Big) \quad (11.17)
$$

とルート空間分解する．$\Delta_{\mathfrak{l}}$ を $\mathfrak{l}$ の $\mathfrak{h}$ に関する (A_{n-1} 型) ルート系という．$\mathfrak{h}_{\mathbb{R}}^*$ の辞書式順序に関する負のルートたち

$$
\begin{aligned}
\Delta_{\mathfrak{l}}^- := \{\varepsilon_i - \varepsilon_j \mid 1 \le j < i \le p\} \cup \{\varepsilon_i - \varepsilon_j \mid p+1 \le j < i \le n\} \\
\cup \{-\varepsilon_i - \varepsilon_j \mid 1 \le i \le p,\ p+1 \le j \le n\}
\end{aligned}
$$

に対応して，$\mathfrak{l}$ のボレル部分代数を

$$
\mathfrak{b}_-^{\mathfrak{l}} := \mathfrak{b}_- \cap \mathfrak{l} = \mathfrak{h} \oplus \mathfrak{u}_-^{\mathfrak{l}}, \quad \mathfrak{u}_-^{\mathfrak{l}} := \mathfrak{u}_- \cap \mathfrak{l} = \bigoplus_{\gamma \in \Delta_{\mathfrak{l}}^-} \mathfrak{g}_\gamma,
$$

によって定義する．

また，エルミート型実型 $\mathfrak{l}_0 \cong \mathfrak{u}(p,q)$ に付随した三角型分解

$$
\mathfrak{l} = \mathfrak{p}_+^{\mathfrak{l}} \oplus \mathfrak{k}^{\mathfrak{l}} \oplus \mathfrak{p}_-^{\mathfrak{l}} \quad (\mathfrak{k}^{\mathfrak{l}} \cong \mathfrak{gl}(p, \mathbb{C}) \oplus \mathfrak{gl}(q, \mathbb{C})) \quad (11.18)
$$

は，$\mathfrak{g}$ の分解 $\mathfrak{g} = \mathfrak{p}_+ \oplus \mathfrak{k} \oplus \mathfrak{p}_-$ から，

$$\mathfrak{k}^{\mathfrak{l}} = \mathfrak{k} \cap \mathfrak{l} = \mathfrak{h} \oplus \Big(\bigoplus_{\substack{1 \le i,j \le p \\ i \neq j}} \mathfrak{g}_{\varepsilon_i - \varepsilon_j} \Big) \oplus \Big(\bigoplus_{\substack{p+1 \le i,j \le n \\ i \neq j}} \mathfrak{g}_{\varepsilon_i - \varepsilon_j} \Big),$$
$$\mathfrak{p}^{\mathfrak{l}}_{\pm} := \mathfrak{p}_{\pm} \cap \mathfrak{l} = \bigoplus_{\substack{1 \le i \le p \\ p+1 \le j \le n}} \mathfrak{g}_{\pm(\varepsilon_i + \varepsilon_j)}, \tag{11.19}$$

により得られる.

なお，リー代数 $\mathfrak{l}$ の表現についても，ウェイト (またはウェイトベクトル)，および，$\mathfrak{u}^{\mathfrak{l}}_{-}$, $\mathfrak{u}^{\mathfrak{l}}_{-} \cap \mathfrak{k}^{\mathfrak{l}} = \mathfrak{u}_{-} \cap \mathfrak{k} \cap \mathfrak{l}$ に関する最低ウェイト (または最低ウェイトベクトル) を，$\mathfrak{g}$ を $\mathfrak{l}$ に置き換えて，11.1.2 節と全く同様に定義する.

11.2.2 相関作用素 $\tilde{\varpi}_{\mathfrak{l}}(H_{\mathfrak{c}})$ の固有空間分解

一般に，$\mathfrak{a}$ を $\mathfrak{g}$ の部分リー代数とするとき，ヴェイユ表現 $(\tilde{\varpi}, \boldsymbol{P})$ の $\mathfrak{a}$ への制限を $\tilde{\varpi}_{\mathfrak{a}}$ で表す．ここでは $\mathfrak{l}$ への制限 $\tilde{\varpi}_{\mathfrak{l}}$ を扱う．三角型分解 $\mathfrak{l} = \mathfrak{p}^{\mathfrak{l}}_{+} \oplus \mathfrak{k}^{\mathfrak{l}} \oplus \mathfrak{p}^{\mathfrak{l}}_{-}$ にそって，

$$\begin{aligned} &\{A_{ij} \mid 1 \le i, j \le p \text{ または } p+1 \le i, j \le n\} && (\mathfrak{k}^{\mathfrak{l}} \text{ の基底}) \\ &\{B_{ij} \mid 1 \le i \le p,\ p+1 \le j \le n\} && (\mathfrak{p}^{\mathfrak{l}}_{+} \text{ の基底}) \\ &\{C_{ij} \mid 1 \le i \le p,\ p+1 \le j \le n\} && (\mathfrak{p}^{\mathfrak{l}}_{-} \text{ の基底}) \end{aligned} \tag{11.20}$$

をあわせることで，線形空間 $\mathfrak{l}$ の基底が得られる．このとき，定理 10.17 に基づき，表現 $\tilde{\varpi}_{\mathfrak{l}}$ の作用素を具体的に書き下すことができるが (自分で実際に書いてみよう)，とくに $\mathfrak{l}$ の (1 次元の) 中心 $\mathfrak{c} = \mathfrak{l}^{\vee}$ の要素

$$H_{\mathfrak{c}} := \sum_{i=1}^{p} H_i - \sum_{j=p+1}^{n} H_j = \begin{pmatrix} I(p) & O \\ O & -I(p) \end{pmatrix} \quad (\text{命題 8.7 参照}) \tag{11.21}$$

の $\boldsymbol{P}$ 上への作用は，

$$\tilde{\varpi}_{\mathfrak{l}}(H_{\mathfrak{c}}) = \left(\sum_{i=1}^{p} z_i \partial_i - \sum_{j=p+1}^{n} z_j \partial_j \right) + \frac{p-q}{2} \tag{11.22}$$

と表される.

命題 11.4. 非負整数 ℓ, m に対して，変数 $z_1, \cdots, z_p$ に関して ℓ 次斉次，か

つ，変数 $z_{p+1},\cdots,z_n$ に関して m 次斉次である多項式全体がつくる $\boldsymbol{P}$ の部分空間を $\boldsymbol{P}_{\ell,m}$ で表す．

(i)　$\boldsymbol{P}_{\ell,m}$ は $\mathfrak{k}^{\mathfrak{l}}$-不変である．さらに，$\varphi\in\boldsymbol{P}_{\ell,m}$ に対し，

$$\tilde{\varpi}_{\mathfrak{l}}(H_{\mathfrak{c}})\varphi=(\ell-m+(p-q)/2)\varphi$$

がなりたつ．

(ii)　$k\in\mathbb{Z}$ に対して，

$$\boldsymbol{P}_{(k)}:=\bigoplus_{\substack{\ell,m\geq 0\\ \ell-m=k}}\boldsymbol{P}_{\ell,m} \tag{11.23}$$

は作用素 $\tilde{\varpi}_{\mathfrak{l}}(H_{\mathfrak{c}})$ の固有値 $k+(p-q)/2$ に対応する固有空間であり，

$$\boldsymbol{P}=\bigoplus_{k=-\infty}^{\infty}\boldsymbol{P}_{(k)} \tag{11.24}$$

は $\boldsymbol{P}$ の $\tilde{\varpi}_{\mathfrak{l}}(H_{\mathfrak{c}})$ に関する固有空間分解を与える．さらに $\boldsymbol{P}_{(k)}$ は $\boldsymbol{P}$ の $\mathfrak{l}$-不変部分空間である．

証明． まず，$\boldsymbol{P}$ 上の 1 次変換

$$\sum_{i=1}^{p}z_i\partial_i=\tilde{\varpi}_{\mathfrak{l}}\left(\sum_{i=1}^{p}H_i\right)-\frac{p}{2},\qquad \sum_{j=p+1}^{n}z_j\partial_j=\tilde{\varpi}_{\mathfrak{l}}\left(\sum_{j=p+1}^{n}H_j\right)-\frac{q}{2}$$

が，それぞれ，変数 $(z_1,\cdots,z_p)$, $(z_{p+1},\cdots,z_n)$ に関する次数作用素 (10.2.1 節参照) であることに注意せよ．$\boldsymbol{P}_{\ell,m}$ はこれらの次数作用素に関する (ℓ,m)-同時固有空間であって，$\boldsymbol{P}=\bigoplus_{\ell,m=0}^{\infty}\boldsymbol{P}_{\ell,m}$ が $\boldsymbol{P}$ の同時固有空間分解を与える．一方，$\sum_{i=1}^{p}H_i$ と $\sum_{j=p+1}^{n}H_j$ は，ともに $\mathfrak{k}^{\mathfrak{l}}\cong\mathfrak{gl}(p,\mathbb{C})\oplus\mathfrak{gl}(q,\mathbb{C})$ の中心に属することから，同時固有空間 $\boldsymbol{P}_{\ell,m}$ は $\mathfrak{k}^{\mathfrak{l}}$-不変であることがわかる．

(i) の後半と (ii) の前半の主張は，$H_{\mathfrak{c}}$ の定義 (11.21) から，もはや明らかである．また $[\mathfrak{l},\mathfrak{c}]=0$ であるから，$\tilde{\varpi}_{\mathfrak{l}}(H_{\mathfrak{c}})$ は表現 $\tilde{\varpi}_{\mathfrak{l}}$ の相関作用素を与える．よって，その固有空間 $\boldsymbol{P}_{(k)}$ は $\mathfrak{l}$-不変である．□

11.2.3 表現 $\tilde{\varpi}_{\mathfrak{l}}$ の分解公式とはしご表現

結局 (11.24) が表現 $\tilde{\varpi}_{\mathfrak{l}}$ の既約分解を与えることになるのだが，これを示すため，$\mathfrak{k}^{\mathfrak{l}}$-加群 $\boldsymbol{P}_{\ell,m}$ と $\mathfrak{l}$-加群 $\boldsymbol{P}_{(k)}$ における最低ウェイトベクトルを決定する．

補題 11.5. (i) $\mathfrak{k}^{\mathfrak{l}}$-加群 $\boldsymbol{P}_{\ell,m}$ $(\ell, m \geq 0)$ において，$\mathfrak{u}_-^{\mathfrak{l}} \cap \mathfrak{k}^{\mathfrak{l}}$ に関する最低ウェイトベクトルが定数倍を除き一意に存在し，それは $z_p^\ell z_n^m$ に等しい．

(ii) $\mathfrak{l}$-加群 $\boldsymbol{P}_{(k)} = \displaystyle\bigoplus_{\ell-m=k} \boldsymbol{P}_{\ell,m}$ $(k \in \mathbb{Z})$ において，$\mathfrak{u}_-^{\mathfrak{l}}$ に関する最低ウェイトベクトルが定数倍を除き一意に存在し，それは z_p^k $(k \geq 0$ のとき$)$，または z_n^{-k} $(k \leq 0$ のとき$)$ に等しい．

証明. (i) 冪零リー代数 $\mathfrak{u}_-^{\mathfrak{l}} \cap \mathfrak{k}^{\mathfrak{l}}$ は，行列

$$A_{ij} \quad (1 \leq j < i \leq p \ \text{ または } \ p+1 \leq j < i \leq n) \tag{11.25}$$

を基底にもつので，ウェイトベクトル

$$z^\alpha = z_1^{\alpha_1} \cdots z_n^{\alpha_n} \in \boldsymbol{P}_{\ell,m} \quad (\alpha_1 + \cdots + \alpha_p = \ell,\ \alpha_{p+1} + \cdots + \alpha_n = m)$$

が $\mathfrak{u}_-^{\mathfrak{l}} \cap \mathfrak{k}^{\mathfrak{l}}$ に関する最低ウェイトベクトルであるためには，

$$0 = \tilde{\varpi}_{\mathfrak{l}}(A_{ij}) z^\alpha = z_i \partial_j z^\alpha = \alpha_j z^{\alpha - \delta(j) + \delta(i)} \tag{11.26}$$

が，上の (11.25) の範囲の勝手な (i, j) についてなりたつことが条件となる．$1 \leq j < i \leq p$ の場合の条件から，補題 11.2 (i) と全く同様にして，

$$(\alpha_1, \cdots, \alpha_{p-1}, \alpha_p) = (0, \cdots, 0, \ell)$$

が従う．さらに $p+1 \leq j < i \leq n$ の場合の条件から，

$$(\alpha_{p+1}, \cdots, \alpha_{n-1}, \alpha_n) = (0, \cdots, 0, m)$$

が得られ，結局 $z^\alpha = z_p^\ell z_n^m$ がわかる．

(ii) $k \geq 0$ の場合に証明する．$\mathfrak{u}_-^{\mathfrak{l}} = (\mathfrak{u}_-^{\mathfrak{l}} \cap \mathfrak{k}^{\mathfrak{l}}) \oplus \mathfrak{p}_-^{\mathfrak{l}}$ だから，(11.25) の A_{ij} たちに $\mathfrak{p}_-^{\mathfrak{l}}$ の基底 C_{ij} $(1 \leq i \leq p,\ p+1 \leq j \leq n)$ をあわせたものが $\mathfrak{u}_-^{\mathfrak{l}}$ の基底となっている．(i) より，$\boldsymbol{P}_{(k)}$ における $\mathfrak{u}_-^{\mathfrak{l}} \cap \mathfrak{k}^{\mathfrak{l}}$ に関する最低ウェイトベクトルは，定数倍を除き，

$$z_p^{k+t} z_n^t \quad (t = 0, 1, \cdots)$$

のいずれかである．ところが，

$$\tilde{\varpi}_{\mathfrak{l}}(C_{ij}) z_p^{k+t} z_n^t = \sqrt{-1}(k+t)t\delta_{ip}\delta_{jn} z_p^{k+t-1} z_n^{t-1}$$

であるから，$z_p^{k+t} z_n^t$ が $\mathfrak{u}_-^{\mathfrak{l}}$ に関する最低ウェイトベクトルになるためには $t = 0$ が必要十分条件となる． □

さて，上の補題 11.5 を用いて，表現 $\tilde{\varpi}_{\mathfrak{l}}$ の既約分解を次のように与えることができる．

定理 11.6. $\mathfrak{g} = \mathfrak{sp}(n, \mathbb{C})$ の部分リー代数 $\mathfrak{l} \cong \mathfrak{gl}(n, \mathbb{C})$ およびそのエルミート型実型 $\mathfrak{l}_0 \cong \mathfrak{u}(p,q)$ を考える．

(i) 非負整数 ℓ, m に対して，$\boldsymbol{P}_{\ell,m}$ は，$\mathfrak{u}_-^{\mathfrak{l}} \cap \mathfrak{k}^{\mathfrak{l}}$ に関する最低ウェイト $\ell\varepsilon_p + m\varepsilon_n + (\delta/2)$ をもつ既約 $\mathfrak{k}^{\mathfrak{l}}$-加群である．

(ii) ヴェイユ表現の $\mathfrak{k}^{\mathfrak{l}}$ への制限は重複度自由であり，$\boldsymbol{P} = \bigoplus_{\ell,m=0}^{\infty} \boldsymbol{P}_{\ell,m}$ がその既約分解を与える．

(iii) $k \in \mathbb{Z}$ に対し，$\boldsymbol{P}_{(k)} = \bigoplus_{\ell-m=k} \boldsymbol{P}_{\ell,m}$ は既約 $\mathfrak{l}$-加群であり，$\mathfrak{u}_-^{\mathfrak{l}}$ に関して最低ウェイト $k\varepsilon_p + (\delta/2)$ ($k \geq 0$ のとき), または，$-k\varepsilon_n + (\delta/2)$ ($k \leq 0$ のとき) をもつ．

(iv) ヴェイユ表現 $\tilde{\varpi}$ の $\mathfrak{l}$ への制限 $(\tilde{\varpi}_{\mathfrak{l}}, \boldsymbol{P})$ は重複度自由であり，$\boldsymbol{P} = \bigoplus_{k=-\infty}^{\infty} \boldsymbol{P}_{(k)}$ が $\tilde{\varpi}_{\mathfrak{l}}$ の既約分解を与える．

$\mathfrak{l}_0$ の既約ユニタリ表現 $(\tilde{\varpi}_{\mathfrak{l}}, \boldsymbol{P}_{(k)})$ $(k \in \mathbb{Z})$ を，$\mathfrak{l}_0 = \mathfrak{u}(p,q)$ の**はしご表現**とよぶ．

定理 11.6 は，ヴェイユ表現 $\tilde{\varpi}$ について補題 11.2 から $\tilde{\varpi}$ の既約分解 (定理 11.1, 系 11.3) を導いたのと全く同じ手順で証明することができる．同じことの繰り返しになるため，紙面の節約のため証明は割愛する．

11.1.3 節と同様に，$\lambda \in \mathfrak{h}^*$ を最低ウェイトにもつ既約 $\mathfrak{l}$-加群と既約 $\mathfrak{k}^{\mathfrak{l}}$-加群を，それぞれ，$\boldsymbol{L}^{\mathfrak{l}}[\lambda]$, $\boldsymbol{V}^{\mathfrak{k}^{\mathfrak{l}}}[\lambda]$ で表す．上の定理で与えた既約分解を最低ウェイトを用

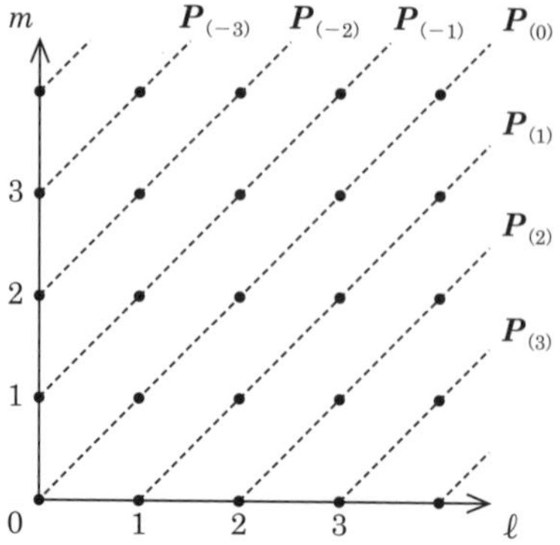

図 11.1.　$\mathfrak{u}(p,q)$ のはしご表現 $\boldsymbol{P}_{(k)}$

いて書き直しておこう：

$$\boldsymbol{P} \cong \left(\bigoplus_{k=0}^{\infty} \boldsymbol{L}^{\mathfrak{l}}[k\varepsilon_p + (\delta/2)]\right) \oplus \left(\bigoplus_{k=1}^{\infty} \boldsymbol{L}^{\mathfrak{l}}[k\varepsilon_n + (\delta/2)]\right) \tag{11.27}$$

$$\boldsymbol{P} \cong \bigoplus_{\ell,m=0}^{\infty} \boldsymbol{V}^{\mathfrak{k}^{\mathfrak{l}}}[\ell\varepsilon_p + m\varepsilon_n + (\delta/2)] \tag{11.28}$$

$$\boldsymbol{P}_{(k)} \cong \boldsymbol{L}^{\mathfrak{l}}[k\varepsilon_p + (\delta/2)] \cong \bigoplus_{m=0}^{\infty} \boldsymbol{V}^{\mathfrak{k}^{\mathfrak{l}}}[(k+m)\varepsilon_p + m\varepsilon_n + (\delta/2)] \quad (k \geq 0) \tag{11.29}$$

$$\boldsymbol{P}_{(-k)} \cong \boldsymbol{L}^{\mathfrak{l}}[k\varepsilon_n + (\delta/2)] \cong \bigoplus_{\ell=0}^{\infty} \boldsymbol{V}^{\mathfrak{k}^{\mathfrak{l}}}[\ell\varepsilon_p + (k+\ell)\varepsilon_n + (\delta/2)] \quad (k \geq 0) \tag{11.30}$$

ここに (11.27) は $\mathfrak{l}$-既約分解であり，(11.28)–(11.30) は $\mathfrak{k}^{\mathfrak{l}}$ の表現としての既約分解である．

例 11.1. $p = q = 1$ の場合，リー代数 $\mathfrak{sl}(2,\mathbb{C})$ の半単純元 $H := \begin{pmatrix} 1 & 0 \\ 0 & -1 \end{pmatrix}$ は，埋め込み $\tilde{\iota} : \mathfrak{gl}(2,\mathbb{C}) \to \mathfrak{sp}(2,\mathbb{C})$ をとおして，対角行列

$$\begin{pmatrix} E_2 & O \\ O & -E_2 \end{pmatrix} \in \mathfrak{h} \quad (E_2 \text{ は 2 次単位行列})$$

と同一視される．したがって，$\tilde{\varpi}_{\mathfrak{l}}$ の既約成分 $\boldsymbol{L}^{\mathfrak{l}}[k\varepsilon_p+(\delta/2)]$ $(p=1)$, $\boldsymbol{L}^{\mathfrak{l}}[k\varepsilon_n+(\delta/2)]$ $(n=2)$ における $\tilde{\varpi}_{\mathfrak{l}}(H)$ の固有値（ウェイト）は，$k+1+2s$ $(s=0,1,\cdots)$ となる．この表現は $\mathfrak{sl}(2,\mathbb{C})$ 上の加群としては，実型 $\mathfrak{su}(1,1)$ に関する既約ハリシュ-チャンドラ加群 $\boldsymbol{D}_{k+1}^{+}$(9.2.2 参照) に他ならない．(11.28) より，$\mathfrak{sp}(2,\mathbb{C})$ のヴェイユ表現は，部分リー代数 $\mathfrak{sl}(2,\mathbb{C})$ 上で，

$$\boldsymbol{P}\cong\boldsymbol{D}_1^{+}\oplus\left(\bigoplus_{k=2}^{\infty}[2]\cdot\boldsymbol{D}_k^{+}\right)$$

と既約分解する．ここに $[2]\cdot\boldsymbol{D}_k^{+}:=\boldsymbol{D}_k^{+}\oplus\boldsymbol{D}_k^{+}$ $(k\geq 2)$ であり，この部分の重複度が 2 であるから，上の分解は重複度自由ではない．$\mathfrak{l}=\mathfrak{gl}(2,\mathbb{C})$ から $[\mathfrak{l},\mathfrak{l}]=\mathfrak{sl}(2,\mathbb{C})$ に制限する際に，重複度の単一性がやぶれるのである．

11.3　直交リー代数 $\mathfrak{o}^*(2n)$ への制限とはしご表現

こんどは $\mathfrak{m}:=\mathfrak{o}(2n,\mathbb{C})'$ を $2n$ 次の複素直交リー代数 (実現 (8.31) による) とし，$\mathfrak{m}$ の DIII 型の実型 $\mathfrak{m}_0:=\mathfrak{o}^*(2n)$ を考える．埋め込み $\mathfrak{o}(2n,\mathbb{C})'\hookrightarrow\mathfrak{sp}(2n,\mathbb{C})$ ((8.35) 参照) をとおして，$\mathfrak{m}_0,\mathfrak{m}$ を，それぞれ，$\mathfrak{g}_0=\mathfrak{sp}(2n,\mathbb{R}),\ \mathfrak{g}=\mathfrak{sp}(2n,\mathbb{C})$ の部分リー代数とみなす．この節では，$\mathfrak{g}$ のヴェイユ表現 $(\tilde{\varpi},\boldsymbol{P})$ を $\mathfrak{m}$-加群として既約分解する．その既約成分として最低ウェイトをもつ $\mathfrak{m}_0$ の既約ユニタリ表現の一系列 $\boldsymbol{L}^{\mathfrak{m}}[\lambda_{k,0}]$ (はしご表現; 定理 11.18) を得る．

なお，分解公式を導くにあたっては，ユニタリリー代数 $\mathfrak{l}_0$ の場合と同様，$\mathfrak{g}$ におけるデュアルペア $(\mathfrak{m},\mathfrak{s})$ が大切な働きをする．ここに $\mathfrak{s}=\mathfrak{m}^{\vee}$ $(\cong\mathfrak{sl}(2,\mathbb{C}))$ は $\mathfrak{m}$ の $\mathfrak{g}$ における中心化リー代数である (命題 8.9)．このとき，$\mathfrak{m}\cap\mathfrak{s}=\{0\}$ であるから，$\mathfrak{g}$ のなかに半単純リー代数

$$\hat{\mathfrak{m}}:=\mathfrak{m}\oplus\mathfrak{s}\cong\mathfrak{o}(2n,\mathbb{C})'\oplus\mathfrak{sl}(2,\mathbb{C}) \tag{11.31}$$

が生じるが，ヴェイユ表現 $\tilde{\varpi}$ の $\hat{\mathfrak{m}}$ への制限を既約分解することが本質的なステップになる．

11.3.1　部分リー代数 $\hat{\mathfrak{m}}=\mathfrak{m}\oplus\mathfrak{s}\subset\mathfrak{g}$

まず，$\mathfrak{g}$ の部分リー代数 $\mathfrak{m}$, $\mathfrak{s}$, $\hat{\mathfrak{m}}$ の三角型分解やルート系などを，のちほど必要となる範囲で書き下すことから始める．やたらと記号が出てくるが，本節で扱

うのはすべて具体的な行列である．ここでは紙面の節約のため現れる行列を A'_{ij}, B'_{ij} などの記号により表記しているが，これらが実際にどのような行列であるかを，紙に書いて具体的に理解するとよい．

$A_{ij}, B_{ij}, C_{ij} \in \mathfrak{g}$ ((10.45)–(10.47) 参照) を用いて，行列 $A'_{ij}, B'_{ij}, C'_{ij}$ を，

$$\begin{aligned} A'_{ij} &:= A_{ij} + A_{n+i,n+j} \quad (1 \leq i, j \leq n), \\ B'_{ij} &:= B_{i,n+j} - B_{j,n+i} \quad (1 \leq i < j \leq n), \\ C'_{ij} &:= C_{i,n+j} - C_{j,n+i} \quad (1 \leq i < j \leq n), \end{aligned} \tag{11.32}$$

で定める．例えば，A'_{ij} は次の形の $4n$ 次正方行列である：

$$A'_{ij} = \begin{pmatrix} E_{ij} & O & O & O \\ O & E_{ij} & O & O \\ O & O & -E_{ji} & O \\ O & O & O & -E_{ji} \end{pmatrix} \quad (E_{ij} \in M_n(\mathbb{C}) \text{ は第 } (i,j) \text{ 行列単位}).$$

$\mathfrak{m}$ に属する行列の表示式 (8.35) から，(11.32) で定義した行列たちが部分リー代数 $\mathfrak{m}$ の基底をなすことを確かめるのはやさしい．さらに，$\mathfrak{k}^{\mathfrak{m}} := \mathfrak{k} \cap \mathfrak{m}$, $\mathfrak{p}^{\mathfrak{m}}_{\pm} := \mathfrak{p}_{\pm} \cap \mathfrak{m}$ とおけば，$\mathfrak{m}$ は $\mathfrak{g}$ の三角型分解にそって，

$$\mathfrak{m} = \mathfrak{p}^{\mathfrak{m}}_{+} \oplus \mathfrak{k}^{\mathfrak{m}} \oplus \mathfrak{p}^{\mathfrak{m}}_{-} \tag{11.33}$$

と分解し，$\{A'_{ij}\}$, $\{B'_{ij}\}$, $\{C'_{ij}\}$ は，それぞれ，$\mathfrak{k}^{\mathfrak{m}}$, $\mathfrak{p}^{\mathfrak{m}}_{+}$, $\mathfrak{p}^{\mathfrak{m}}_{-}$ の基底をなしている．

次に，$H'_i := A'_{ii}$ $(i = 1, \cdots, n)$ が，$\mathfrak{m}$ に属する対角行列全体のなす可換な部分リー代数 ($\mathfrak{m}$ のカルタン部分代数):

$$\mathfrak{h}^{\mathfrak{m}} := \mathfrak{h} \cap \mathfrak{m} = \left\{ \sum_{i=1}^{n} h_i H'_i \;\middle|\; h_i \in \mathbb{C} \right\} \subset \mathfrak{k}^{\mathfrak{m}}$$

の基底となっていることに注意して，11.1.2 節と同様に，線形形式 $\varepsilon_i \in (\mathfrak{h}^{\mathfrak{m}})^*$ を，

$$\varepsilon_i \Big(\sum_{i=1}^{n} h_i H'_i \Big) = h_i$$

により定める．このとき，$H' \in \mathfrak{h}^{\mathfrak{m}}$ の随伴作用 $\operatorname{ad} H'$ は $\mathfrak{m}$ 上で次のように同時

対角化可能である．

$$\begin{aligned}
[H', A'_{ij}] &= (\varepsilon_i - \varepsilon_j)(H')\, A'_{ij}, \\
[H', B'_{ij}] &= (\varepsilon_i + \varepsilon_j)(H')\, B'_{ij}, \\
[H', C'_{ij}] &= -(\varepsilon_i + \varepsilon_j)(H')\, C'_{ij}.
\end{aligned} \tag{11.34}$$

ここに現れる $\mathfrak{h}^{\mathfrak{m}}$ 上の零でない線形形式 ($\mathfrak{m}$ の $\mathfrak{h}^{\mathfrak{m}}$ に関するルート) の集合

$$\Delta_{\mathfrak{m}} := \{\varepsilon_i - \varepsilon_j \mid 1 \le i, j \le n, i \ne j\} \cup \{\pm(\varepsilon_i + \varepsilon_j) \mid 1 \le i < j \le n\}$$

を $\mathfrak{m}$ の $\mathfrak{h}^{\mathfrak{m}}$ に関する (D_n 型) ルート系という．$\gamma \in \Delta_{\mathfrak{m}}$ に対して，γ に対応する同時固有ベクトル (ルートベクトル) が生成する $\mathfrak{m}$ の (ルート) 部分空間 $\mathfrak{m}_\gamma$ は，

$$\mathfrak{m}_\gamma = \begin{cases} \mathbb{C}\, A'_{ij} & (\gamma = \varepsilon_i - \varepsilon_j \text{ のとき}) \\ \mathbb{C}\, B'_{ij} & (\gamma = \varepsilon_i + \varepsilon_j \text{ のとき}) \\ \mathbb{C}\, C'_{ij} & (\gamma = -\varepsilon_i - \varepsilon_j \text{ のとき}) \end{cases}$$

と表され，リー代数 $\mathfrak{m}$ は線形空間として，

$$\mathfrak{m} = \mathfrak{h}^{\mathfrak{m}} \oplus \Big(\bigoplus_{\gamma \in \Delta_{\mathfrak{m}}} \mathfrak{m}_\gamma \Big) \tag{11.35}$$

とルート空間分解する．これと三角型分解 (11.33) との間の関係は，

$$\mathfrak{k}^{\mathfrak{m}} = \mathfrak{h}^{\mathfrak{m}} \oplus \Big(\bigoplus_{\substack{1 \le i, j \le n \\ i \ne j}} \mathfrak{m}_{\varepsilon_i - \varepsilon_j} \Big), \quad \mathfrak{p}^{\mathfrak{m}}_{\pm} = \bigoplus_{1 \le i < j \le n} \mathfrak{m}_{\pm(\varepsilon_i + \varepsilon_j)} \ (\text{複号同順}), \tag{11.36}$$

となっている．

注意 11.4. $\mathfrak{l} = \mathfrak{gl}(n, \mathbb{C})$ の場合と異なり，$\mathfrak{m}$ のルート部分空間 $\mathfrak{m}_\gamma$ ($\gamma \in \Delta_{\mathfrak{m}}$) は，$\mathfrak{g}$ のルート部分空間にはなっていない．実際，この 2 種類のルート部分空間の間の関係は次のとおりである．

$$\begin{aligned}
\mathfrak{m}_{\varepsilon_i - \varepsilon_j} &= (\mathfrak{g}_{\varepsilon_i - \varepsilon_j} + \mathfrak{g}_{\varepsilon_{n+i} - \varepsilon_{n+j}}) \cap \mathfrak{m}, \\
\mathfrak{m}_{\pm(\varepsilon_i + \varepsilon_j)} &= (\mathfrak{g}_{\pm(\varepsilon_i + \varepsilon_{n+j})} + \mathfrak{g}_{\pm(\varepsilon_j + \varepsilon_{n+i})}) \cap \mathfrak{m} \quad (\text{複号同順}).
\end{aligned}$$

こんどは，$\mathfrak{m}$ の $\mathfrak{g}$ における中心化リー代数 $\mathfrak{s} = \mathbb{C}X_{\mathfrak{s},+} + \mathbb{C}H_{\mathfrak{s}} + \mathbb{C}X_{\mathfrak{s},-} \cong$

$\mathfrak{sl}(2,\mathbb{C})$ (命題 8.9) を考える．$\mathfrak{s}$ を定める標準トリプル $(X_{\mathfrak{s},+},\ H_{\mathfrak{s}},\ X_{\mathfrak{s},-})$ は，$\mathfrak{k}$ の基底 A_{ij} $(H_i = A_{ii})$ を用いて，

$$X_{\mathfrak{s},+} = \sum_{i=1}^{n} A_{i,n+i}, \quad H_{\mathfrak{s}} = \sum_{i=1}^{n}(H_i - H_{n+i}), \quad X_{\mathfrak{s},-} = \sum_{i=1}^{n} A_{n+i,i}, \tag{11.37}$$

と表される．

線形形式 $\varepsilon_1, \cdots, \varepsilon_n$ を $\mathbb{R}$ 上の基底とする $(\mathfrak{h}^{\mathfrak{m}})^*$ の実型 $(\mathfrak{h}^{\mathfrak{m}})^*_{\mathbb{R}}$ に，この基底による辞書式順序 (11.1.2 節参照) を導入し，負のルート全体の集合を $\Delta_{\mathfrak{m}}^-$ で表す：

$$\Delta_{\mathfrak{m}}^- := \{\gamma \in \Delta_{\mathfrak{m}} \mid \gamma < 0\} = \{\varepsilon_i - \varepsilon_j,\ -\varepsilon_i - \varepsilon_j \mid\ 1 \le j < i \le n\}.$$

部分リー代数 $\mathfrak{l}$ の場合と同様に，$\mathfrak{m}, \mathfrak{s}, \hat{\mathfrak{m}}$ のボレル部分代数 $\mathfrak{b}_-^{\mathfrak{m}}, \mathfrak{b}_-^{\mathfrak{s}}, \mathfrak{b}_-^{\hat{\mathfrak{m}}}$ を，$\mathfrak{g}$ のボレル部分代数 $\mathfrak{b}_- = \mathfrak{h} \oplus \mathfrak{u}_-$ との共通部分をとることによって，それぞれ，

$$\mathfrak{b}_-^{\mathfrak{m}} := \mathfrak{b}_- \cap \mathfrak{m}, \quad \mathfrak{b}_-^{\mathfrak{s}} := \mathfrak{b}_- \cap \mathfrak{s}, \quad \mathfrak{b}_-^{\hat{\mathfrak{m}}} := \mathfrak{b}_- \cap \hat{\mathfrak{m}},$$

により定義する．これらの部分代数は，

$$\begin{aligned}
&\mathfrak{b}_-^{\mathfrak{m}} = \mathfrak{h}^{\mathfrak{m}} \oplus \mathfrak{u}_-^{\mathfrak{m}}, \qquad \mathfrak{u}_-^{\mathfrak{m}} := \mathfrak{u}_- \cap \mathfrak{m} = \bigoplus_{\gamma \in \Delta_{\mathfrak{m}}^-} \mathfrak{m}_{\gamma}, \\
&\mathfrak{b}_-^{\mathfrak{s}} = \mathbb{C}H_{\mathfrak{s}} \oplus \mathbb{C}X_{\mathfrak{s},-}, \\
&\mathfrak{b}_-^{\hat{\mathfrak{m}}} = \mathfrak{h}^{\hat{\mathfrak{m}}} \oplus \mathfrak{u}_-^{\hat{\mathfrak{m}}}, \qquad \mathfrak{h}^{\hat{\mathfrak{m}}} := \mathfrak{h}^{\mathfrak{m}} \oplus \mathbb{C}H_{\mathfrak{s}},\ \mathfrak{u}_-^{\hat{\mathfrak{m}}} := \mathfrak{u}_-^{\mathfrak{m}} \oplus \mathbb{C}X_{\mathfrak{s},-} = \mathfrak{u}_- \cap \hat{\mathfrak{m}},
\end{aligned} \tag{11.38}$$

と分解する．各行の第 1 式において，右辺の第 1 項は $\mathfrak{h}$ との共通部分 (半単純部分)，第 2 項は $\mathfrak{u}_-$ との共通部分 (冪零部分) である．さらに $\mathfrak{k}$ との共通部分を考えて，$\mathfrak{k}^{\mathfrak{m}}, \mathfrak{k}^{\hat{\mathfrak{m}}} := \mathfrak{k} \cap \hat{\mathfrak{m}}$ のボレル部分代数 $\mathfrak{b}_-^{\mathfrak{k}^{\mathfrak{m}}} := \mathfrak{b}_- \cap \mathfrak{k}^{\mathfrak{m}}, \mathfrak{b}_-^{\mathfrak{k}^{\hat{\mathfrak{m}}}} := \mathfrak{b}_- \cap \mathfrak{k}^{\hat{\mathfrak{m}}}$ は，それぞれ，

$$\begin{aligned}
&\mathfrak{b}_-^{\mathfrak{k}^{\mathfrak{m}}} = \mathfrak{h}^{\mathfrak{m}} \oplus (\mathfrak{u}_- \cap \mathfrak{k}^{\mathfrak{m}}), \quad \mathfrak{u}_- \cap \mathfrak{k}^{\mathfrak{m}} = \bigoplus_{1 \le j < i \le n} \mathfrak{m}_{\varepsilon_i - \varepsilon_j}, \\
&\mathfrak{b}_-^{\mathfrak{k}^{\hat{\mathfrak{m}}}} = \mathfrak{h}^{\hat{\mathfrak{m}}} \oplus \{(\mathfrak{u}_- \cap \mathfrak{k}^{\mathfrak{m}}) \oplus \mathbb{C}X_{\mathfrak{s},-}\},
\end{aligned} \tag{11.39}$$

と表される．

11.3.2 表現 $\tilde{\varpi}_{\hat{\mathfrak{m}}}$ の作用素

いま，$\mathfrak{g} = \mathfrak{sp}(2n, \mathbb{C})$ が $\boldsymbol{P} = \mathbb{C}[z_1, \cdots, z_{2n}]$ に働くヴェイユ表現 $\tilde{\varpi}$ について，その $\hat{\mathfrak{m}} = \mathfrak{m} \oplus \mathfrak{s}$ への制限 $\tilde{\varpi}_{\hat{\mathfrak{m}}}$ の表現作用素を具体的に書き下しておこう．

命題 11.7. 表現 $\tilde{\varpi}_{\hat{\mathfrak{m}}}$ による $\hat{\mathfrak{m}}$ の基底 $A'_{ij}, B'_{ij}, C'_{ij}, X_{\mathfrak{s},+}, H_{\mathfrak{s}}, X_{\mathfrak{s},-}$ の表現作用素は次のとおり：

$$\tilde{\varpi}_{\hat{\mathfrak{m}}}(A'_{ij}) = z_i\partial_j + z_{n+i}\partial_{n+j} + \delta_{ij}, \tag{11.40}$$

$$\tilde{\varpi}_{\hat{\mathfrak{m}}}(B'_{ij}) = \sqrt{-1}(z_i z_{n+j} - z_j z_{n+i}), \tag{11.41}$$

$$\tilde{\varpi}_{\hat{\mathfrak{m}}}(C'_{ij}) = \sqrt{-1}(\partial_i\partial_{n+j} - \partial_j\partial_{n+i}), \tag{11.42}$$

$$\tilde{\varpi}_{\hat{\mathfrak{m}}}(X_{\mathfrak{s},+}) = \sum_{i=1}^{n} z_i\partial_{i+n}, \tag{11.43}$$

$$\tilde{\varpi}_{\hat{\mathfrak{m}}}(H_{\mathfrak{s}}) = \sum_{i=1}^{n}(z_i\partial_i - z_{n+i}\partial_{n+i}), \tag{11.44}$$

$$\tilde{\varpi}_{\hat{\mathfrak{m}}}(X_{\mathfrak{s},-}) = \sum_{i=1}^{n} z_{n+i}\partial_i. \tag{11.45}$$

証明. 等式 (11.32) と (11.37) に注意して定理 10.17 を適用すればよい． □

今後，$2n$ 個の変数 $z_1, \cdots, z_{2n}$ を $2 \times n$ 行列

$$z = \begin{pmatrix} z_1 & \cdots & z_i & \cdots & z_n \\ z_{n+1} & \cdots & z_{n+i} & \cdots & z_{2n} \end{pmatrix} \tag{11.46}$$

の形にならべ，$\boldsymbol{P}$ を 2 行 n 列の複素行列がつくる線形空間 $M_{2,n} := M_{2,n}(\mathbb{C})$ 上の多項式関数全体 $\mathbb{C}[M_{2,n}]$ と同一視する．表現 $\tilde{\varpi}_{\hat{\mathfrak{m}}}$ に関する最低ウェイトベクトルを決定するために，次の簡単な補題が役立つことになる．

補題 11.8. $\varphi \in \boldsymbol{P} = \mathbb{C}[M_{2,n}]$ とする．

(i) $1 \leq i \neq j \leq n$ なる (i, j) を固定するとき，$\tilde{\varpi}_{\hat{\mathfrak{m}}}(A'_{ij})\varphi = 0$ であるためには，任意の $t \in \mathbb{C}$ に対して

$$\varphi\begin{pmatrix} z_1 & \cdots & \overset{\text{第 } j \text{ 列}}{z_j + tz_i} & \cdots & z_n \\ z_{n+1} & \cdots & z_{n+j} + tz_{n+i} & \cdots & z_{2n} \end{pmatrix} = \varphi\begin{pmatrix} z_1 & \cdots & z_j & \cdots & z_n \\ z_{n+1} & \cdots & z_{n+j} & \cdots & z_{2n} \end{pmatrix} \tag{11.47}$$

がなりたつことが必要十分条件である．

(ii) $\tilde{\varpi}_{\hat{\mathfrak{m}}}(X_{\mathfrak{s},-})\varphi = 0$ であるためには，任意の $t \in \mathbb{C}$ に対して

$$\varphi\begin{pmatrix} z_1 + tz_{n+1} & \cdots & z_i + tz_{n+i} & \cdots & z_n + tz_{2n} \\ z_{n+1} & \cdots & z_{n+i} & \cdots & z_{2n} \end{pmatrix} = \varphi\begin{pmatrix} z_1 & \cdots & z_i & \cdots & z_n \\ z_{n+1} & \cdots & z_{n+i} & \cdots & z_{2n} \end{pmatrix} \tag{11.48}$$

がなりたつことが必要十分条件である．

証明. (11.47) の左辺を t の関数とみなしたものを $\psi(t)$ とする．t に関して微分して，

$$\frac{d\psi}{dt} = \{(z_i\partial_j + z_{n+i}\partial_{n+j})\,\varphi\}\begin{pmatrix} z_1 & \cdots & z_j + tz_i & \cdots & z_n \\ z_{n+1} & \cdots & z_{n+j} + tz_{n+i} & \cdots & z_{2n} \end{pmatrix}$$

を得る．これと (11.40) から，$\tilde{\varpi}_{\hat{\mathfrak{m}}}(A'_{ij})\varphi = 0$ がなりたつのは，$\psi(t)$ が t の定数関数となる場合である．よって，(i) が示された．(ii) も全く同様に考えればよい．

□

なお，条件 (11.47) は，多項式 $\varphi(z)$ が，行列 z の第 j 列に第 i 列の t 倍を加える**列基本変形**を施しても変らないことを意味する．同様に，(11.48) は，z の第 1 行に第 2 行の t 倍を加える**行基本変形**に関する $\varphi(z)$ の不変性を表している．

11.3.3 消滅代数 $\mathcal{N}$ と最低ウェイトベクトル

リー代数 $\hat{\mathfrak{m}}$ の $\mathfrak{k}$-部分 $\mathfrak{k}^{\mathfrak{m}}$ の作用に関してヴェイユ表現を既約分解するため，$\mathfrak{k}^{\hat{\mathfrak{m}}}$ のボレル部分代数 $\mathfrak{b}_-^{\mathfrak{k}^{\hat{\mathfrak{m}}}}$ の冪零部分 $\mathfrak{u}_-^{\mathfrak{k}^{\hat{\mathfrak{m}}}} := (\mathfrak{u}_- \cap \mathfrak{k}^{\mathfrak{m}}) \oplus \mathbb{C}X_{\mathfrak{s},-}$ ((11.39) 参照) が消滅させる多項式の空間：

$$\mathcal{N} := \{\varphi \in \boldsymbol{P} \mid \tilde{\varpi}_{\hat{\mathfrak{m}}}(A'_{ij})\varphi = 0 \ (1 \le j < i \le n),\ \tilde{\varpi}_{\hat{\mathfrak{m}}}(X_{\mathfrak{s},-})\varphi = 0\} \quad (11.49)$$

の構造を決定しよう．作用素 $\tilde{\varpi}_{\hat{\mathfrak{m}}}(A'_{ij})$ と $\tilde{\varpi}_{\hat{\mathfrak{m}}}(X_{\mathfrak{s},-})$ はともに 1 階の微分作用素であるから，多項式の通常の和と積に関して，$\mathcal{N}$ は $\boldsymbol{P}$ の部分代数となることに注意せよ．本稿では $\mathcal{N}$ を $\mathfrak{u}_-^{\mathfrak{k}^{\hat{\mathfrak{m}}}}$ の作用に関する**消滅代数**と名づけ，$\mathcal{N}$ の各要素のことを**消滅多項式**とよぶ．

いま多項式 $f_1, f_2 \in \boldsymbol{P}$ を，

$$\begin{aligned} f_1(z) &:= z_{2n}, \\ f_2(z) &:= z_{n-1}z_{2n} - z_n z_{2n-1} = \det \begin{pmatrix} z_{n-1} & z_n \\ z_{2n-1} & z_{2n} \end{pmatrix}, \end{aligned} \quad (11.50)$$

で定める．これらの多項式は，明らかに補題 11.8 の条件 (11.47)（ただし $i > j$）および (11.48) を満たす．よって f_1, f_2 の任意の多項式は $\mathcal{N}$ に属するが，その逆も正しい：

命題 11.9. 消滅代数 $\mathcal{N}$ は f_1, f_2 が生成する $\boldsymbol{P}$ の部分代数 $\mathbb{C}[f_1, f_2]$ に一致する．

この事実にかんがみ，f_1, f_2 を**基本消滅多項式**とよぼう．

命題 11.9 の証明. $f_1(z) \neq 0$ かつ $f_2(z) \neq 0$ なる $z \in M_{2,n}$ に対して，$2 \times n$ 行列 z に，第 i 列の何倍かを第 j 列に加える $(i > j)$，および，第 1 行に第 2 行の何倍かを加える，の 2 種類の基本変形を繰り返すことで，z は次の簡約化された行列 z' に変形できる：

$$z' := \begin{pmatrix} 0 & \cdots & 0 & f_2(z)/f_1(z) & 0 \\ 0 & \cdots & 0 & 0 & f_1(z) \end{pmatrix}.$$

実際，z の第 $(2, n)$ 成分 $f_1(z) = z_{2n}$ を要にして第 2 行，続いて第 n 列を掃き出す．得られた行列の第 $(1, n-1)$ 成分は $f_2(z)/f_1(z)$ となり，零でないから，この成分を要にして，第 1 行のうちの最初の $n-2$ 個の成分を零にすると z' が得られる．

このとき，$f \in \mathcal{N}$ に対して，補題 11.8 より $f(z) = f(z')$ がなりたつ．したがって f は f_1, f_2 の多項式に表される：$\mathcal{N} \subset \mathbb{C}[f_1, f_2]$．反対向きの包含関係は

すでに示してあるから，これで命題の証明を完了する．　□

◆トピックス 11 (数学書を読むときの心得). ……………………………………

一般に，数学の本や論文を読むときに，書いてあることがすべて正しい，あるいは論理的に完全である，と鵜《う》呑《の》みにするのはよろしくない．さまざまな理由で，実際には正しいが丁寧に書くと少しめんどうな部分を省略することはめずらしくない．定理自体が間違っていることもある．そのような場面に出くわしたとき，自分で納得ができない所をしっかりメモするなり印でもつけておいて，時間があるときにとことん考えてみることが大切である．理解の度合いが大いに深まるはずである．さらに，それが新しい研究に結びつくこともある (例えば [50]).

さて，ボレル部分代数 $\mathfrak{b}_-^{\mathfrak{k}^{\hat{\mathfrak{m}}}}$ の冪零部分 $\mathfrak{u}_-^{\mathfrak{k}^{\hat{\mathfrak{m}}}}$ は $\mathfrak{b}_-^{\mathfrak{k}^{\hat{\mathfrak{m}}}}$ のイデアルであるから，半単純部分 $\mathfrak{h}^{\hat{\mathfrak{m}}} = \mathfrak{h}^{\mathfrak{m}} \oplus \mathbb{C}H_{\mathfrak{s}}$ は冪零部分に随伴表現により作用する．これより消滅代数 $\mathcal{N}$ は $\tilde{\varpi}_{\hat{\mathfrak{m}}}(\mathfrak{h}^{\hat{\mathfrak{m}}})$-不変であることがわかる．$\mathcal{N}$ への $\mathfrak{h}^{\hat{\mathfrak{m}}}$ の作用を具体的に書くと次のようになる．

命題 11.10. $H' \in \mathfrak{h}^{\mathfrak{m}}$ と $H_{\mathfrak{s}} \in \mathfrak{s}$ は $\mathcal{N}$ の基底 $f_1^k f_2^\ell$ $(k, \ell \geq 0)$ に

$$\tilde{\varpi}_{\hat{\mathfrak{m}}}(H') \cdot f_1^k f_2^\ell = (\ell\varepsilon_{n-1} + (k+\ell)\varepsilon_n + \delta)(H') \cdot f_1^k f_2^\ell, \tag{11.51}$$

$$\tilde{\varpi}_{\hat{\mathfrak{m}}}(H_{\mathfrak{s}}) \cdot f_1^k f_2^\ell = (-k) \cdot f_1^k f_2^\ell, \tag{11.52}$$

により作用する．ただし $\delta = \varepsilon_1 + \cdots + \varepsilon_n$ である．

証明は，微分作用素 $\tilde{\varpi}_{\hat{\mathfrak{m}}}(H'_i)$ $(H' = A'_{ii})$ と $\tilde{\varpi}_{\hat{\mathfrak{m}}}(H_{\mathfrak{s}})$ の表示式 (11.40) と (11.44) に基づき，$f_1^k f_2^\ell$ の微分を直接計算すればよい．単純作業なので練習問題としておこう．なお，多項式の族 $\{f_1^k f_2^\ell \mid k, \ell = 0, 1, \cdots\}$ が 1 次独立であることは，(11.51) によって，対応するウェイトが互いに相異なることからわかる．

問題 11.3. 等式 (11.51) および (11.52) を確かめよ．

命題 11.9 と命題 11.10 をあわせて，$\boldsymbol{P}$ の $\mathfrak{u}_-^{\mathfrak{k}^{\hat{\mathfrak{m}}}}$ に関する最低ウェイトベクトル (つまり $\mathfrak{u}_-^{\mathfrak{k}^{\hat{\mathfrak{m}}}}$ で消滅する $\mathfrak{h}^{\hat{\mathfrak{m}}}$-同時固有ベクトル) と対応する最低ウェイトが次のように決定された．

定理 11.11. $\mathfrak{g} = \mathfrak{sp}(2n, \mathbb{C})$ のヴェイユ表現 $\boldsymbol{P}$ において，$\mathfrak{u}_-^{\mathfrak{k}^{\hat{\mathfrak{m}}}}$ $(\subset \mathfrak{b}_-^{\mathfrak{k}^{\hat{\mathfrak{m}}}} \subset \mathfrak{k}^{\hat{\mathfrak{m}}})$ に関する最低ウェイトベクトルは，定数倍を除き，ちょうど基本消滅多項式の単項式 $f_1^k f_2^\ell$ $(k, \ell \geq 0)$ のかたちである．また，$\lambda_{k,\ell} := \ell\varepsilon_{n-1} + (k+\ell)\varepsilon_n + \delta \in$

$(\mathfrak{h}^{\mathfrak{m}})^*_{\mathbb{R}}$ とおくとき，$f_1^k f_2^\ell$ に対応する最低ウェイトは，

$$\hat{\lambda}_{k,\ell} := (\lambda_{k,\ell}, -k) \in (\mathfrak{h}^{\mathfrak{m}})^*_{\mathbb{R}} \oplus (\mathbb{C}H_{\mathfrak{s}})^* \tag{11.53}$$

で与えられる．ただし，$H_{\mathfrak{s}}$ が生成する 1 次元線形空間上の線形形式 $\nu \in (\mathbb{C}H_{\mathfrak{s}})^*$ を複素数 $\nu(H_{\mathfrak{s}})$ と同一視している．

次に，$\boldsymbol{P} = \mathbb{C}[M_{2,n}]$ において，$\hat{\mathfrak{m}}$ のボレル部分代数 $\mathfrak{b}_-^{\hat{\mathfrak{m}}}$ の冪零部分 $\mathfrak{u}_-^{\hat{\mathfrak{m}}}$ に関する最低ウェイトベクトルを求めておこう．$\mathfrak{u}_-^{\hat{\mathfrak{m}}}$ は，すでに扱った $\mathfrak{u}_-^{\mathfrak{k}^{\hat{\mathfrak{m}}}}$ に C'_{ij} $(i < j)$ が生成する部分空間 $\mathfrak{p}_-^{\mathfrak{m}}$ を加えたものであるから，$\mathfrak{u}_-^{\mathfrak{k}^{\hat{\mathfrak{m}}}}$ に関する最低ウェイト $f_1^k f_2^\ell$ のうち，

$$\tilde{\varpi}_{\hat{\mathfrak{m}}}(C'_{ij}) \cdot f_1^k f_2^\ell = 0 \quad (1 \le i < j \le n) \tag{11.54}$$

を満たすものを求めればよい．結論は次のとおり．

定理 11.12. 多項式 $f_1^k f_2^\ell \in \boldsymbol{P}$ が条件 (11.54) を満たすのは $\ell = 0$ のときである．したがって，$\mathfrak{u}_-^{\hat{\mathfrak{m}}}$ に関する $\boldsymbol{P}$ の最低ウェイトベクトルは，定数倍を除き，$f_1^k = z_{2n}^k$ $(k = 0, 1, \cdots)$ のいずれかであり，対応する最低ウェイトは $\hat{\lambda}_{k,0} = (k\varepsilon_n + \delta, -k)$ となる．

証明. 微分作用素 $\tilde{\varpi}_{\hat{\mathfrak{m}}}(C'_{ij})$ の表示式 (11.42) に注意すれば，$f_1^k f_2^\ell$ が 4 つの変数 $z_{n-1}, z_n, z_{2n-1}, z_{2n}$ のみの多項式であることから，$i \le n-2$ のとき (11.54) はすべての非負整数 k, ℓ に対してなりたつことがわかる．したがって，$f_1^k f_2^\ell$ が問題とする最低ウェイトベクトルになるのは，$(i, j) = (n-1, n)$ の場合の方程式

$$(\partial_{n-1}\partial_{2n} - \partial_n \partial_{2n-1}) \cdot f_1^k f_2^\ell = 0 \tag{11.55}$$

を満たすときである．$\ell = 0$ ならば，$f_1^k f_2^\ell = z_{2n}^k$ は明らかに上の方程式の解である．そこで $\ell > 0$ とする．このとき左辺を実際に計算すれば，

$$(\partial_{n-1}\partial_{2n} - \partial_n \partial_{2n-1}) \cdot f_1^k f_2^\ell = \ell(\ell + 1 + k) f_1^k f_2^{\ell-1} \tag{11.56}$$

となって，零にならない．

対応する最低ウェイトに関する主張は (11.53) から直ちに得られる．□

問題 11.4. 等式 (11.56) を証明せよ．

以上で表現 $\tilde{\varpi}_{\hat{\mathfrak{m}}}$ を既約分解するために必要な最低ウェイトベクトルはすべて得られた．あとは，表現論の“常識”を援用して最終の結論を導き出すことだけが残されている．

11.3.4 表現 $\tilde{\varpi}_{\hat{\mathfrak{m}}}$ の既約分解

一般に，$\mathfrak{g}$ の部分リー代数 $\mathfrak{q}$ と $\varphi \in \boldsymbol{P}$ に対して，

$$\tilde{\varpi}(X_i)\cdots\tilde{\varpi}(X_1)\varphi \quad (X_1, \cdots, X_i \in \mathfrak{q},\ i = 0, 1, \cdots) \tag{11.57}$$

たち (ただし，$i = 0$ のときには上のベクトルは φ そのものであると規約する) が生成する $\boldsymbol{P}$ の部分線形空間 $\langle \varphi \rangle_{\mathfrak{q}}$ は，φ を含む $\boldsymbol{P}$ の $\mathfrak{q}$-不変部分空間のなかで最小のものを与える．$\langle \varphi \rangle_{\mathfrak{q}}$ を φ から生成された $\boldsymbol{P}$ の $\mathfrak{q}$-部分加群とよぶ．別の言い方をすると，$\boldsymbol{P}$ を $\mathfrak{q}$ の普遍包絡代数 $U(\mathfrak{q})$ 上の加群とみたとき (9.3.4 節参照)，$\langle \varphi \rangle_{\mathfrak{q}} = U(\mathfrak{q})\varphi$ である．

最低ウェイトベクトルから生成される $\boldsymbol{P}$ の部分加群はつねに既約になることを示そう．

命題 11.13. $\mathfrak{u}_-^{\mathfrak{k}^{\hat{\mathfrak{m}}}}$ に関する最低ウェイトベクトル $f_1^k f_2^\ell$ が生成する $\mathfrak{k}^{\hat{\mathfrak{m}}}$-部分加群 $\langle f_1^k f_2^\ell \rangle_{\mathfrak{k}^{\hat{\mathfrak{m}}}}$ は既約である．同様に，$\mathfrak{u}_-^{\hat{\mathfrak{m}}}$ に関する最低ウェイトベクトル f_1^k が生成する $\hat{\mathfrak{m}}$-部分加群 $\langle f_1^k \rangle_{\hat{\mathfrak{m}}}$ も既約である．

注意 11.5. リー代数 $\mathfrak{k}^{\hat{\mathfrak{m}}}$ の作用は多項式の次数を変えないので，$\langle f_1^k f_2^\ell \rangle_{\mathfrak{k}^{\hat{\mathfrak{m}}}}$ は斉次多項式の空間 $\boldsymbol{P}_{k+2\ell}$ に含まれ，とくに有限次元である．一方，$\mathfrak{p}_+^{\mathfrak{m}}$ $(\subset \hat{\mathfrak{m}})$ の作用は多項式の掛け算であるから，$\langle f_1^k \rangle_{\hat{\mathfrak{m}}}$ は無限次元になる．

命題 11.13 の証明. 記号の簡略化のため，$\varphi = f_1^k$, $\hat{\lambda} = \hat{\lambda}_{k,0}$ とおいて，$\hat{\mathfrak{m}}$-加群 $\boldsymbol{U} := \langle \varphi \rangle_{\hat{\mathfrak{m}}}$ の既約性を証明する．($\langle f_1^k f_2^\ell \rangle_{\mathfrak{k}^{\hat{\mathfrak{m}}}}$ の場合はよりやさしいので省略する.)　論証をはっきりさせるため，証明を 4 段階に分ける．

第 1 段：リー代数 $\hat{\mathfrak{m}}$ のカルタン部分代数 $\mathfrak{h}^{\hat{\mathfrak{m}}}$ の随伴作用に関するルート (同時固有値) の集合は，

$$\Delta_{\hat{\mathfrak{m}}} = \Delta_{\mathfrak{m}} \cup \{(0, \pm 2)\} \subset (\mathfrak{h}^{\hat{\mathfrak{m}}})^*$$

であることに注意する．$\mathfrak{h}^{\hat{\mathfrak{m}}} = \mathfrak{h}^{\mathfrak{m}} \oplus \mathbb{C}H_{\mathfrak{s}}$ の双対空間 $(\mathfrak{h}^{\hat{\mathfrak{m}}})^* = (\mathfrak{h}^{\mathfrak{m}})^* \oplus \mathbb{C}$ のなかの実型 $(\mathfrak{h}^{\hat{\mathfrak{m}}})^*_{\mathbb{R}} = (\mathfrak{h}^{\mathfrak{m}})^*_{\mathbb{R}} \oplus \mathbb{R}$ に，基底 $(\varepsilon_1, 0), \cdots, (\varepsilon_n, 0), (0, 1)$ が定める辞書式

順序を入れる．正のルート全体のなす部分集合を $\Delta_{\hat{\mathfrak{m}}}^+ := \{\gamma \in \Delta_{\hat{\mathfrak{m}}} \mid \gamma > 0\}$ で表す．

このとき，線形空間 $\boldsymbol{U}$ はベクトル

$$\tilde{\varpi}(X_{\gamma_i}) \cdots \tilde{\varpi}(X_{\gamma_1})\varphi \quad (\gamma_1, \cdots, \gamma_i \in \Delta_{\hat{\mathfrak{m}}}^+;\ i = 0, 1, \cdots) \tag{11.58}$$

たちから生成される部分空間 $\boldsymbol{U}'$ と一致する：$\boldsymbol{U} = \boldsymbol{U}'$.

第 2 段：$\boldsymbol{U} = \boldsymbol{U}'$ の証明．非負整数 r に対して，$i \leq r$ の範囲で得られるベクトル (11.57) たちが生成する $\boldsymbol{U}$ の部分空間を $\boldsymbol{U}_r$ で表す．ただし，$\boldsymbol{U}_0 = \mathbb{C}\varphi$. 同様に，(11.58) を用いて $\boldsymbol{U}'$ の部分空間 $\boldsymbol{U}'_r$ をつくる．明らかに，

$$\boldsymbol{U} = \bigcup_{r=0}^{\infty} \boldsymbol{U}_r, \quad \boldsymbol{U}' = \bigcup_{r=0}^{\infty} \boldsymbol{U}'_r, \quad \boldsymbol{U}'_r \subset \boldsymbol{U}_r,$$

であるから，逆向きの包含関係 $\boldsymbol{U}_r \subset \boldsymbol{U}'_r$ を示せば十分である．これを r に関する数学的帰納法で証明する．

まず $r = 1$ のときは，φ が最低ウェイトベクトルであることから $\boldsymbol{U}'_1 = \boldsymbol{U}_1$ が直ちにわかる．$r \geq 2$ とし，$\psi := \tilde{\varpi}(X_r)\tilde{\varpi}(X_{r-1}) \cdots \tilde{\varpi}(X_1)\varphi \in \boldsymbol{U}_r$ を考える．帰納法の仮定より，$\tilde{\varpi}(X_{r-1}) \cdots \tilde{\varpi}(X_1)\varphi \in \boldsymbol{U}_{r-1} = \boldsymbol{U}'_{r-1}$ であるから，一般性を失わず，$\tilde{\varpi}(X_{r-1}) \cdots \tilde{\varpi}(X_1)\varphi$ を $\tilde{\varpi}(X_{\gamma_i})\tilde{\varpi}(X_{\gamma_{i-1}}) \cdots \tilde{\varpi}(X_{\gamma_1})\varphi$ $(i \leq r-1)$ で置き換えてよい．このとき，

$$\begin{aligned}
\psi &= \tilde{\varpi}(X_r)(\tilde{\varpi}(X_{\gamma_i})\tilde{\varpi}(X_{\gamma_{i-1}}) \cdots \tilde{\varpi}(X_{\gamma_1})\varphi) \\
&= \tilde{\varpi}(X_{\gamma_i})(\tilde{\varpi}(X_r)\tilde{\varpi}(X_{\gamma_{i-1}}) \cdots \tilde{\varpi}(X_{\gamma_1})\varphi) \\
&\quad + \tilde{\varpi}([X_r, X_{\gamma_i}])\tilde{\varpi}(X_{\gamma_{i-1}}) \cdots \tilde{\varpi}(X_{\gamma_1})\varphi \\
&\in \tilde{\varpi}(X_{\gamma_i})\boldsymbol{U}_{r-1} + \boldsymbol{U}_{r-1} = \tilde{\varpi}(X_{\gamma_i})\boldsymbol{U}'_{r-1} + \boldsymbol{U}'_{r-1} \subset \boldsymbol{U}'_r
\end{aligned}$$

が得られ，$\boldsymbol{U}_r \subset \boldsymbol{U}'_r$ がわかる．

第 3 段：(11.10) の $\hat{\mathfrak{m}}$-加群版から，ベクトル (11.58) は $\mathfrak{h}_{\hat{\mathfrak{m}}}$ に関するウェイトベクトルであって，ウェイト

$$\hat{\lambda} + \gamma_1 + \cdots + \gamma_i$$

をもつことがわかる．また，$i \geq 1$ ならばこのウェイトは $\hat{\lambda}$ より真に大きい．ゆ

えに，$\boldsymbol{U}$ は $\mathfrak{h}^{\hat{\mathfrak{m}}}$ に関するウェイト空間の直和に分解し，$\hat{\lambda}$ に対応するウェイト空間は φ が生成する 1 次元部分空間である．つまり，$\boldsymbol{U}$ においては，$\hat{\lambda}$ に対応するウェイトベクトルは定数倍を除き一意的である．

第 4 段：最後に $\boldsymbol{U}$ の既約性を示す．$\boldsymbol{W}$ を $\boldsymbol{U}$ の $\hat{\mathfrak{m}}$-部分加群とする．定理 11.1 の証明と同様にして，$\boldsymbol{W}$ の $\boldsymbol{U}$ における直交補空間

$$\boldsymbol{W}^{\perp} := \{\xi \in \boldsymbol{U} \mid \langle \xi, \psi \rangle = 0 \ (\forall \psi \in \boldsymbol{W})\}$$

は $\hat{\mathfrak{m}}$-不変であって，$\boldsymbol{U} = \boldsymbol{W} \oplus \boldsymbol{W}^{\perp}$ は $\hat{\mathfrak{m}}$-加群 $\boldsymbol{U}$ の直和分解を与えることがわかる．ただし $\boldsymbol{U}$ は無限次元なので，

$$\boldsymbol{U} = \bigoplus_{m=0}^{\infty} \boldsymbol{U} \cap \boldsymbol{P}_m \supset \bigoplus_{m=0}^{\infty} \boldsymbol{W} \cap \boldsymbol{P}_m = \boldsymbol{W}$$

に注意して，斉次多項式空間 (有限次元) で直交補空間を考えよ．

さて，直和分解 $\boldsymbol{U} = \boldsymbol{W} \oplus \boldsymbol{W}^{\perp}$ にそった $\boldsymbol{W}$, $\boldsymbol{W}^{\perp}$ への射影作用素をそれぞれ P, P' とする：任意の $\xi \in \boldsymbol{U}$ に対して，

$$\xi = P(\xi) + P'(\xi) \quad (P(\xi) \in \boldsymbol{W},\ P'(\xi) \in \boldsymbol{W}^{\perp}).$$

このとき，P, P' は $\hat{\mathfrak{m}}$-相関作用素であることを確かめるのはやさしい．とくに，$P(\varphi) \in \boldsymbol{W}$, $P'(\varphi) \in \boldsymbol{W}^{\perp}$ は $\hat{\lambda}$ に対するウェイトベクトルになるが，もしこれらが両方零でなければ，$\boldsymbol{U}$ における $\hat{\lambda}$-ウェイト空間が 2 次元以上になってしまう．これは第 3 段の結論に反する．よって，$P(\varphi) = 0$ または $P'(\varphi) = 0$ でなくてはならない．φ は $\hat{\mathfrak{m}}$ 上で $\boldsymbol{U}$ を生成しているので，$P(\varphi) = 0$ ならば $\boldsymbol{U} = \boldsymbol{W}^{\perp}$, $P'(\varphi) = 0$ ならば $\boldsymbol{U} = \boldsymbol{W}$ がでる．結局，$\boldsymbol{W} = \{0\}$ または $\boldsymbol{W} = \boldsymbol{U}$ が得られ，$\hat{\mathfrak{m}}$-加群 $\boldsymbol{U}$ の既約性が示された． □

注意 11.6. 上の証明の第 1 段から第 3 段までは，最低ウェイトベクトルで生成される加群一般に対してなりたつことである．一方，第 4 段で，$\boldsymbol{U}$ の不変部分空間 $\boldsymbol{W}$ に $\hat{\mathfrak{m}}$-不変な補空間 $\boldsymbol{W}^{\perp}$ がとれることに (このような $\boldsymbol{U}$ を**完全可約**であるという)，$\boldsymbol{U}$ 上の表現がユニタリであることが本質的に用いられている．厳密ではないが，「ユニタリならば完全可約」，これも表現論の “常識” のうちのひとつである．

また，次のことも重要である．

命題 11.14. 非負整数 k, ℓ に対して，多項式 $f_1^k f_2^\ell$ が生成する $\mathfrak{k}^{\mathfrak{m}}$-部分加群 $\langle f_1^k f_2^\ell \rangle_{\mathfrak{k}^{\mathfrak{m}}}$，$\mathfrak{s}$-部分加群 $\langle f_1^k f_2^\ell \rangle_{\mathfrak{s}}$ はともに既約である．同様に，f_1^k が生成する $\mathfrak{m}$-部分加群 $\langle f_1^k \rangle_{\mathfrak{m}}$ も既約である．

証明は，命題 11.13 に対するものと全く同様である．あるいは，命題 11.13 から上の主張を導きだすことも可能である．

11.1.3 節や 11.2.3 節と同様に，$\hat{\lambda} \in (\mathfrak{h}^{\hat{\mathfrak{m}}})^*$ を最低ウェイトにもつ既約 $\hat{\mathfrak{m}}$-加群, 既約 $\mathfrak{k}^{\hat{\mathfrak{m}}}$-加群を，それぞれ，$\boldsymbol{L}^{\hat{\mathfrak{m}}}[\hat{\lambda}], \boldsymbol{V}^{\mathfrak{k}^{\hat{\mathfrak{m}}}}[\hat{\lambda}]$ で表す．同様に，$\boldsymbol{L}^{\mathfrak{m}}[\lambda], \boldsymbol{V}^{\mathfrak{k}^{\mathfrak{m}}}[\lambda]$ $(\lambda \in (\mathfrak{h}^{\mathfrak{m}})^*)$，$\boldsymbol{F}^{\mathfrak{s}}[\mu]$ $(\mu \in \mathbb{C} = (\mathbb{C}H_{\mathfrak{s}})^*)$ を定義する．命題 11.13 および 11.14 より，同型

$$\langle f_1^k \rangle_{\hat{\mathfrak{m}}} \cong \boldsymbol{L}^{\hat{\mathfrak{m}}}[\hat{\lambda}_{k,0}], \qquad \langle f_1^k f_2^\ell \rangle_{\mathfrak{k}^{\hat{\mathfrak{m}}}} \cong \boldsymbol{V}^{\mathfrak{k}^{\hat{\mathfrak{m}}}}[\hat{\lambda}_{k,\ell}], \tag{11.59}$$

$$\langle f_1^k \rangle_{\mathfrak{m}} \cong \boldsymbol{L}^{\mathfrak{m}}[\lambda_{k,0}], \qquad \langle f_1^k f_2^\ell \rangle_{\mathfrak{k}^{\mathfrak{m}}} \cong \boldsymbol{V}^{\mathfrak{k}^{\mathfrak{m}}}[\lambda_{k,\ell}], \tag{11.60}$$

$$\langle f_1^k f_2^\ell \rangle_{\mathfrak{s}} \cong \boldsymbol{F}^{\mathfrak{s}}[-k], \tag{11.61}$$

が得られる．なお，最後の $\boldsymbol{F}^{\mathfrak{s}}[-k]$ は最低ウェイト $-k$ をもつ $\mathfrak{s} \cong \mathfrak{sl}(2, \mathbb{C})$ の既約表現であるから，第 9 章で扱った $k+1$ 次元既約表現 $\boldsymbol{F}_{k+1}$ に他ならない．

以上の準備のもとに，表現 $(\tilde{\varpi}_{\hat{\mathfrak{m}}}, \boldsymbol{P})$ の分解を与える．

定理 11.15. $\hat{\mathfrak{m}} = \mathfrak{m} \oplus \mathfrak{s} \cong \mathfrak{o}(2n, \mathbb{C})' \oplus \mathfrak{sl}(2, \mathbb{C})$ に対して，$\boldsymbol{P} = \mathbb{C}[M_{2,n}]$ は $\hat{\mathfrak{m}}$-加群，あるいは $\mathfrak{k}^{\hat{\mathfrak{m}}}$-加群として次のように既約分解する．

$$\boldsymbol{P} = \bigoplus_{k=0}^{\infty} \langle f_1^k \rangle_{\hat{\mathfrak{m}}} \cong \bigoplus_{k=0}^{\infty} \boldsymbol{L}^{\hat{\mathfrak{m}}}[\hat{\lambda}_{k,0}] \qquad (\hat{\mathfrak{m}}\text{-既約分解}) \tag{11.62}$$

$$\boldsymbol{P} = \bigoplus_{k,\ell=0}^{\infty} \langle f_1^k f_2^\ell \rangle_{\mathfrak{k}^{\hat{\mathfrak{m}}}} \cong \bigoplus_{k,\ell=0}^{\infty} \boldsymbol{V}^{\mathfrak{k}^{\hat{\mathfrak{m}}}}[\hat{\lambda}_{k,\ell}] \qquad (\mathfrak{k}^{\hat{\mathfrak{m}}}\text{-既約分解}) \tag{11.63}$$

$$\langle f_1^k \rangle_{\hat{\mathfrak{m}}} = \bigoplus_{\ell=0}^{\infty} \langle f_1^k f_2^\ell \rangle_{\mathfrak{k}^{\hat{\mathfrak{m}}}} \cong \bigoplus_{\ell=0}^{\infty} \boldsymbol{V}^{\mathfrak{k}^{\hat{\mathfrak{m}}}}[\hat{\lambda}_{k,\ell}] \qquad (\mathfrak{k}^{\hat{\mathfrak{m}}}\text{-既約分解}) \tag{11.64}$$

なお，これらの既約分解はすべて重複度自由である．

この定理を示すために，既約表現の和に関する基本的な補題 (これも表現論における “常識”のひとつ) を用意する．

補題 11.16. 複素リー代数 $\mathfrak{q}$ 上の加群 $\boldsymbol{V}$ がある．$\boldsymbol{V}_i$ $(i = 1, 2, \cdots)$ が $\boldsymbol{V}$ の

既約な $\mathfrak{q}$-部分加群であって，どのふたつも互いに同型でないとき，$\boldsymbol{V}_i$ たちの和空間は直和になる．

$$\sum_{i=1}^{\infty} \boldsymbol{V}_i = \bigoplus_{i=1}^{\infty} \boldsymbol{V}_i.$$

証明. 背理法による．もし和 $\sum_i \boldsymbol{V}_i$ が直和でなければ，ある番号 $j \geq 2$ が存在して，$\boldsymbol{W} := \sum_{i<j} \boldsymbol{V}_i$ は直和であるが，$\sum_{i \leq j} \boldsymbol{V}_i = \boldsymbol{W} + \boldsymbol{V}_j$ は直和ではない．このとき $\boldsymbol{V}_j \cap \boldsymbol{W} \neq \{0\}$ となるが，$\mathfrak{q}$-加群 $\boldsymbol{V}_j$ の既約性から，$\boldsymbol{V}_j \subset \boldsymbol{W}$ が従う．

いま，直和分解 $\boldsymbol{W} = \bigoplus_{i<j} \boldsymbol{V}_i$ にそった $\boldsymbol{W}$ から $\boldsymbol{V}_i$ への射影作用素を P_i とする．前段の結果から，ある番号 i_0 $(i_0 < j)$ が存在して，P_{i_0} の $\boldsymbol{V}_j$ への制限 Q は零でない．このとき，Q は $\boldsymbol{V}_j$ から $\boldsymbol{V}_{i_0}$ への零でない相関作用素を与える．ところが，$\boldsymbol{V}_j$ と $\boldsymbol{V}_{i_0}$ はともに既約であるから，Q は全単射となって，同型 $\boldsymbol{V}_j \cong \boldsymbol{V}_{i_0}$ を得る．これは仮定に反する． □

定理 11.15 の証明. $\boldsymbol{P}$ の既約 $\hat{\mathfrak{m}}$-部分加群 $\langle f_1^k \rangle_{\hat{\mathfrak{m}}} \cong \boldsymbol{L}^{\hat{\mathfrak{m}}}[\hat{\lambda}_{k,0}]$ たちは，互いに相異なる最低ウェイト $\hat{\lambda}_{k,0}$ をもつから，どのふたつも互いに同型ではない．したがって補題 11.16 より，

$$\boldsymbol{U} := \sum_{k=0}^{\infty} \langle f_1^k \rangle_{\hat{\mathfrak{m}}} = \bigoplus_{k=0}^{\infty} \langle f_1^k \rangle_{\hat{\mathfrak{m}}} \quad (\text{直和})$$

がわかる．もし $\boldsymbol{U} \neq \boldsymbol{P}$ ならば，$\boldsymbol{U}$ の $\boldsymbol{P}$ における直交補空間 $\boldsymbol{U}^{\perp}$ は零でない $\hat{\mathfrak{m}}$-不変部分空間をなす．このとき，定理 11.1 の証明に倣えば，$\boldsymbol{U}^{\perp}$ のなかに $\mathfrak{u}_{-}^{\hat{\mathfrak{m}}}$ に関する最低ウェイトベクトルが存在することがわかる．これは，f_1^k $(k = 0, 1, \cdots)$ たちが $\boldsymbol{P}$ における $\mathfrak{u}_{-}^{\hat{\mathfrak{m}}}$ に関する最低ウェイトベクトルたちを尽くしていること (定理 11.12) に反する．よって (11.62) が得られた．(11.63) の証明も全く同様である．

次に (11.64) を示そう．(11.41) より，表現作用素 $-\sqrt{-1}\tilde{\varpi}_{\hat{\mathfrak{m}}}(B'_{n-1,n})$ はちょうど基本消滅多項式 f_2 を掛けるという変換を与える．したがって，任意の非負整数 ℓ に対して $f_1^k f_2^\ell = (-\sqrt{-1}\tilde{\varpi}_{\hat{\mathfrak{m}}}(B'_{n-1,n}))^\ell f_1^k \in \langle f_1^k \rangle_{\hat{\mathfrak{m}}}$ がわかり，

$$\bigoplus_{\ell=0}^{\infty} \langle f_1^k f_2^\ell \rangle_{\mathfrak{k}^{\hat{\mathfrak{m}}}} \subset \langle f_1^k \rangle_{\hat{\mathfrak{m}}}$$

を得る．ところが，証明済みの等式 (11.62) および (11.63) に照らし合わせると，上の包含関係が等号でなければ勘定があわない．

最後に，得られた既約分解が重複度自由であることは，既約成分の最低ウェイトが互いに相異なることから直ちにわかる． □

さて，多項式 $f \in \boldsymbol{P}$ が $\mathfrak{p}_-^{\mathfrak{m}}$-**調和**であるとは，

$$\tilde{\varpi}_{\hat{\mathfrak{m}}}(X)f = 0 \quad (X \in \mathfrak{p}_-^{\mathfrak{m}}) \tag{11.65}$$

がなりたつときをいう．$\mathfrak{p}_-^{\mathfrak{m}}$-調和な多項式全体のつくる線形空間を $\mathcal{H}_{\mathfrak{p}_-^{\mathfrak{m}}}$ と書く．(11.42) から，多項式 f が $\mathcal{H}_{\mathfrak{p}_-^{\mathfrak{m}}}$ に属するためには，f が微分方程式系：

$$(\partial_i \partial_{n+j} - \partial_j \partial_{n+i}) f = 0 \quad (1 \leq i < j \leq n)$$

の解であることが必要十分条件である．また，$[\mathfrak{k}^{\hat{\mathfrak{m}}}, \mathfrak{p}_-^{\mathfrak{m}}] \subset \mathfrak{p}_-^{\mathfrak{m}}$ から，$\mathcal{H}_{\mathfrak{p}_-^{\mathfrak{m}}}$ は $\boldsymbol{P}$ の $\mathfrak{k}^{\hat{\mathfrak{m}}}$-部分加群となることがわかる．定理 11.12 と $\mathfrak{k}^{\hat{\mathfrak{m}}}$-加群 $\boldsymbol{P}$ の既約分解 (11.63) をあわせると，次の系が直ちに得られる．

系 11.17. $\mathfrak{k}^{\hat{\mathfrak{m}}}$-加群 $\mathcal{H}_{\mathfrak{p}_-^{\mathfrak{m}}}$ は，$\mathcal{H}_{\mathfrak{p}_-^{\mathfrak{m}}} = \displaystyle\bigoplus_{k=0}^{\infty} \langle f_1^k \rangle_{\mathfrak{k}^{\hat{\mathfrak{m}}}}$ と既約分解する．

注意 11.7. $\mathfrak{sp}(1, \mathbb{C}) = \mathfrak{sl}(2, \mathbb{C})$ のヴェイユ表現 $\tilde{\varpi}$ の t 階 $(t \geq 2)$ のテンソル積表現 $\otimes^t \tilde{\varpi}$ ((9.1) 参照) は，自然に t 変数多項式の空間 $\mathbb{C}[z_1, \cdots, z_t] \cong \mathbb{C}[z_1] \otimes \cdots \otimes \mathbb{C}[z_t]$ に実現される．このとき，$X_- = \left(\begin{smallmatrix} 0 & 0 \\ 1 & 0 \end{smallmatrix}\right)$ の表現作用素は，

$$(\otimes^t \tilde{\varpi})(X_-) = \sqrt{-1}(\partial_{z_1}^2 + \cdots + \partial_{z_t}^2)$$

となる．したがって，$\mathfrak{p}_- = \mathbb{C}X_-$ が消滅させる多項式とは，通常の調和多項式のことに他ならない．さらに，この調和多項式の空間には t 次の直交群 (リー代数) が重複度自由に作用する．$t = 3$ の場合には第 I 巻 3.5–3.7 節で扱ったように，この表現は，$t-1$ 次元球面上に生じる準正則表現 (の既約成分の代数的直和) と同型になる．

なお，簡約な群が多項式の空間に作用するという状況で，さまざまな調和多項式の空間を考えることができる．これについては，和書では [36] が格好の入門書になろう．

一般に，$\mathfrak{m}$ の表現 $(\pi, \boldsymbol{U})$ と $\mathfrak{s}$ の表現 $(\sigma, \boldsymbol{F})$ が与えられたとき，テンソル積空間 $\boldsymbol{U} \otimes \boldsymbol{F}$ 上に直和リー代数 $\hat{\mathfrak{m}} = \mathfrak{m} \oplus \mathfrak{s}$ の表現 $\tau := \pi \otimes \sigma$ が，

$$\tau(X,Y)\cdot(\psi\otimes\eta) := \pi(X)\psi\otimes\eta + \psi\otimes\sigma(Y)\eta \qquad (X\in\mathfrak{m},\, Y\in\mathfrak{s};\ \psi\in\boldsymbol{U},\, \eta\in\boldsymbol{F})$$

により定まる．$(\tau, \boldsymbol{U}\otimes\boldsymbol{F})$ を π と σ の (外部) **テンソル積表現**という．テンソル積表現 τ では，直和因子 $\mathfrak{m}$ と $\mathfrak{s}$ の作用が標準化されているので，定義から，

$$\begin{aligned} \boldsymbol{U}\otimes\boldsymbol{F} &\cong \overbrace{\boldsymbol{U}\oplus\cdots\oplus\boldsymbol{U}}^{\dim\boldsymbol{F}\text{個}} \quad (\mathfrak{m}\text{-加群としての同型}), \\ \boldsymbol{U}\otimes\boldsymbol{F} &\cong \overbrace{\boldsymbol{F}\oplus\cdots\oplus\boldsymbol{F}}^{\dim\boldsymbol{U}\text{個}} \quad (\mathfrak{s}\text{-加群としての同型}), \end{aligned} \tag{11.66}$$

が直ちにわかる．とくに $\boldsymbol{U}$ と $\boldsymbol{F}$ が既約であれば，表現 τ に現れる既約 $\mathfrak{m}$-部分加群，既約 $\mathfrak{s}$-部分加群は，それぞれ，$\boldsymbol{U}$, $\boldsymbol{F}$ と同型になる．

締めくくりに，直和リー代数 $\hat{\mathfrak{m}}$ の既約表現 $\langle f_1^k \rangle_{\hat{\mathfrak{m}}} \cong \boldsymbol{L}^{\hat{\mathfrak{m}}}[\hat{\lambda}_{k,0}]$ をテンソル積表現の形に表し，ヴェイユ表現の $\mathfrak{m}$ への制限を既約分解しておこう．

定理 11.18. $\mathfrak{g} = \mathfrak{sp}(2n,\mathbb{C})$ におけるデュアルペア $(\mathfrak{m},\mathfrak{s}) \cong (\mathfrak{o}(2n,\mathbb{C})', \mathfrak{sl}(2,\mathbb{C}))$，および，直和リー代数 $\hat{\mathfrak{m}} = \mathfrak{m}\oplus\mathfrak{s} \subset \mathfrak{g}$ を考える．このとき，$\hat{\mathfrak{m}}$-加群 $\boldsymbol{L}^{\hat{\mathfrak{m}}}[\hat{\lambda}_{k,0}]$ $(\lambda_{k,0} = k\varepsilon_n + \delta)$ は次のテンソル積表現に分解する：

$$\boldsymbol{L}^{\hat{\mathfrak{m}}}[\hat{\lambda}_{k,0}] \cong \boldsymbol{L}^{\mathfrak{m}}[\lambda_{k,0}] \otimes \boldsymbol{F}^{\mathfrak{s}}[-k]. \tag{11.67}$$

したがって，ヴェイユ表現は $\mathfrak{m}$-加群として，

$$\boldsymbol{P} \cong \bigoplus_{k=0}^{\infty} [k+1]\cdot\boldsymbol{L}^{\mathfrak{m}}[\lambda_{k,0}], \quad \boldsymbol{L}^{\mathfrak{m}}[\lambda_{k,0}] \cong \langle f_1^k \rangle_{\mathfrak{m}}, \tag{11.68}$$

と既約分解する．ここに $k+1 = \dim\boldsymbol{F}^{\mathfrak{s}}[-k]$ は既約成分 $\boldsymbol{L}^{\mathfrak{m}}[\lambda_{k,0}]$ の $\boldsymbol{P}$ における重複度である．

実単純リー代数 $\mathfrak{m}_0 = \mathfrak{o}^*(2n)$ の既約ユニタリ表現 $\boldsymbol{L}^{\mathfrak{m}}[\lambda_{k,0}]$ $(k=0,1,\cdots)$ を $\mathfrak{m}_0$ の**はしご表現**という．分解 (11.67) をとおして，既約 $\mathfrak{s}$-加群 $\boldsymbol{F}^{\mathfrak{s}}[-k]$ に，$\mathfrak{m}$ の既約ユニタリ最低ウェイト表現 $\Theta(\boldsymbol{F}^{\mathfrak{s}}[-k]) := \boldsymbol{L}^{\mathfrak{m}}[\lambda_{k,0}]$ を対応させる．非負整数 k を動かしたとき，この対応

$$\boldsymbol{F}^{\mathfrak{s}}[-k] \overset{\Theta}{\longmapsto} \Theta(\boldsymbol{F}^{\mathfrak{s}}[-k])$$

は，$\mathfrak{s}$ の有限次元既約表現の同値類の集合から $\mathfrak{m}$ の既約で (実型 $\mathfrak{m}_0$ 上) ユニタリな表現の同値類の集合のなかへの単射を与える．Θ をデュアルペア $(\mathfrak{m}, \mathfrak{s})$ に関する表現の**ハウ対応** (あるいは**テータ対応**) という．

定理 11.18 の証明．

同型 (11.67) を示せばよい．ヴェイユ表現がユニタリであることから，$\langle f_1^k \rangle_{\hat{\mathfrak{m}}}$ は $\mathfrak{m}$-加群として，あるいは $\mathfrak{s}$-加群としても完全可約になる．直和リー代数 $\hat{\mathfrak{m}}$ の既約表現は，直和因子 $\mathfrak{m}, \mathfrak{s}$ の既約表現のテンソル積と同型になる (例えば [42] 第 16 章 定理 1 参照)．したがって既約 $\mathfrak{m}$-加群 $\boldsymbol{U}$ と既約 $\mathfrak{s}$-加群 $\boldsymbol{F}$ が存在して，$\langle f_1^k \rangle_{\hat{\mathfrak{m}}} \cong \boldsymbol{U} \otimes \boldsymbol{F}$ となる．ところが，$\mathfrak{m}$ の既約表現 $\langle f_1^k \rangle_{\mathfrak{m}} \cong \boldsymbol{L}^{\mathfrak{m}}[\lambda_{k,0}]$ および $\mathfrak{s}$ の既約表現 $\langle f_1^k \rangle_{\mathfrak{s}} \cong \boldsymbol{F}^{\mathfrak{s}}[-k]$ は，$\langle f_1^k \rangle_{\hat{\mathfrak{m}}}$ の部分表現として実際に現れている．したがって同型 (11.66) から，

$$\boldsymbol{U} \cong \boldsymbol{L}^{\mathfrak{m}}[\lambda_{k,0}], \quad \boldsymbol{F} \cong \boldsymbol{F}^{\mathfrak{s}}[-k],$$

でなければならない．　□

上の証明は，$\langle f_1^k \rangle_{\hat{\mathfrak{m}}}$ がテンソル積表現の形に書けるという事実 (表現論の "常識" ではあるが) を引用して用いている点で，若干手抜きをしている．実際に同型 (11.67) を構成することもさほど難しくないので，問題として残しておくことにする．

問題 11.5. $\hat{\mathfrak{m}}$-加群の同型 $\langle f_1^k \rangle_{\hat{\mathfrak{m}}} \cong \langle f_1^k \rangle_{\mathfrak{m}} \otimes \langle f_1^k \rangle_{\mathfrak{s}}$ を示せ．

◆トピックス 12 (ユニタリ最低ウェイト表現の研究)． ……………………………

本章では，シンプレクティックリー代数のヴェイユ表現を既約分解したり，あるいは，部分リー代数 $\mathfrak{u}(p,q)$ や $\mathfrak{o}^*(2n)$ への制限を最も簡単なデュアルペアを用いて調べることで，CI, AIII, DIII 型実単純リー代数に対し，最低ウェイトをもつ既約ユニタリ表現を構成した．同じアイデアでより高次のデュアルペア (8.37) を扱うと，さらにたくさんのユニタリ最低ウェイト表現が得られる ([27])．このようにして，$\mathfrak{sp}(n,\mathbb{R})$ および $\mathfrak{u}(p,q)$ については，ヴェイユ表現をとおしてすべての $\mathfrak{k}$-許容的 (つまり $\mathfrak{k}$ の作用が局所有限であるような) 既約ユニタリ最低ウェイト加群が得られる．しかし $\mathfrak{o}^*(2n)$ の場合はそうではない．

一般に，任意のエルミート型実単純リー代数 (8.2.2 節参照) の $\mathfrak{k}$-許容的既約ユニタリ最低 (最高) ウェイト表現の分類は，エンライト (T. J. Enright)，ハウ (R. Howe)，ワ

ラック (N. R. Wallach) の 3 名の共同研究 [7] により完成された (1983). その後，この分類理論に改良がなされたり ([8])，対称空間上の勾配型不変微分作用素を使った最低ウェイト表現の実現が得られる ([5]) など，さまざまな進展がある．最低ウェイト表現は，実単純リー代数の既約ユニタリ表現全体のなかでは ($\mathfrak{su}(1,1)$ の特別な場合を除き) ごく一部を占めるにすぎないが，退化した興味深い表現を多数含んでいる (トピックス 9, p. 375 参照).

引用文献

[1] 新井朝雄, ヒルベルト空間と量子力学, 共立出版, 改訂増補版, 2014.

[2] A. Beilinson and J. Bernstein, Localisation de $\mathfrak{g}$-modules, Comptes Rendus des Séances de l'Academie des Sciences, Série I, Mathématique, **292** (1981), 15–18.

[3] N. Bourbaki, *Groupes et Algèbres de Lie*, Chaps. IV-VI, Hermann, Paris, 1968.

[4] A. Borel et al., *Algebraic D-modules*, Perspectives in Mathematics, vol. **22**, Acadamic Press, 1987.

[5] M. G. Davidson, T. J. Enright and R. J. Stanke, Differential operators and highest weight representations, Memoirs of the American Mathematical Society, No. **455**, American Mathematical Society, Providence, R.I., 1991.

[6] J. Dixmier, *Algèbres enveloppantes*, Cahiers Scientifiques, Fasc. XXXVII, Gauthier-Villars Editeur, Paris-Brussels-Montreal, Que., 1974.

[7] T. J. Enright, R. Howe, and N. R. Wallach, A classification of unitary highest weight modules, in "*Representation theory of reductive groups* (Park City, Utah, 1982; P.C.Trombi ed.)", Progress in Mathematics, Vol. **40**, Birkhäuser, 1983, pp.97–143.

[8] T. J. Enright and A. Joseph, An intrinsic analysis of unitarizable highest weight modules, Mathematische Annalen, **288** (1990), 571–594.

[9] A. Gyoja and H. Yamashita, Associated variety, Kostant-Sekiguchi correspondence, and locally free $U(\mathfrak{n})$-action on Harish-Chandra modules, Journal of the Mathematical Society of Japan (J. Math. Soc. Japan), **51** (1999), 129–149.

[10] Harish-Chandra, Representations of a semisimple Lie group on a Banach space. I, Transactions of the American Mathematical Society (Trans. Amer. Math. Soc.), **75** (1953), 185–243.

[11] Harish-Chandra, Discrete series for semisimple Lie groups. I, Construction of invariant eigendistributions. Acta Mathematica (Acta Math.), **113** (1965), 241–318; II, Explicit determination of the characters. *ibid.*, **116** (1966), 1–111.

[12] S. Helgason, *Differential geometry, Lie groups, and symmetric spaces*, Pure and Applied Mathematics, **80**, Academic Press, New York-London, 1978.

[13] T. Hirai, On irreducible representations of the Lorentz group of n-th order, Proceedings of the Japan Academy (Proc. Japan Acad.), **38** (1962), 258–262.

[14] T. Hirai, Classification and the characters of irreducible representations of $SU(p, 1)$, Proc. Japan Acad., **42** (1966), 907–912.

[15] 平井 武, 線形代数と群の表現 I, II, すうがくぶっくす **20**, **21**, 朝倉書店, 2001.

[16] R. Hotta and R. Parthasarathy, Multiplicity formulae for discrete series, Inventiones Mathematicae (Invent. Math.), **26** (1974), 133–178.

[17] 堀田良之, 代数入門 −群と加群−, 裳華房, 新装版, 2021.

[18] R. Howe, Dual pairs in physics: harmonic oscillators, photons, electrons, and singletons, in: *Applications of group theory in physics and mathematical physics* (Chicago, 1982), pp. 179–207, Lectures in Applied Mathematics, **21**, Amer. Math. Soc., Providence, R.I., 1985.

[19] R. Howe, Remarks on classical invariant theory, Trans. Amer. Math. Soc., **313** (1989), 539–570.

[20] R. Howe, Transcending classical invariant theory, Journal of the American Mathematical Society, **2** (1989), 535–552.

[21] R. Howe and E.C. Tan, *Nonabelian harmonic analysis: Applications of* SL$(2, R)$, Universitext, Springer-Verlag, New York, 1992.

[22] J. E. Humphreys, *Introduction to Lie algebras and representation theory*, Graduate Texts in Mathematics, Vol. **9**. Springer-Verlag, New York-Berlin, 1972.

[23] 岩堀長慶, 対称群と一般線型群の表現論 – 既約指標・Young 図形とテンソル空間の分解, 岩波講座基礎数学, 岩波書店, 1978.

[24] A. W. Knapp, *Representation theory of semisimple Lie groups: an overview based on examples*, Princeton University Press, Princeton, 1986.

[25] A. W. Knapp, *Lie groups beyond an introduction*, Second Edition, Progress in Mathematics, **140**, Birkhäuser, 2002.

[26] A. W. Knapp and G. J. Zuckerman, Classification of irreducible tempered representations of semisimple groups, Annals of Mathematics, Second Series, (Ann. of Math. (2)), **116** (1982), 389–455.

[27] M. Kashiwara and M. Vergne, On the Segal-Shale-Weil representations and harmonic polynomials, Invent. Math., **44** (1978), 1–47.

[28] A. A. Kirillov, Unitary representations of nilpotent Lie groups, Russian Mathematical Surveys, **17** (1962), 53–104.

[29] 黒川信重-若山正人, 絶対カシミール元, 岩波書店, 2002.

[30] R. P. Langlands, On the classification of irreducible representations of real algebraic groups, preprint (1973); published in "*Representation theory and harmonic analysis on semisimple Lie groups* (P. J. Sally and D. A. Vogan Eds.)", pp. 101–170, Mathematical Surveys and Monographs, **31**, Amer. Math. Soc., Providence, R.I., 1989.

[31] G. Lion and M. Vergne, *The Weil representation, Maslov index and Theta series*, Progress in Mathematics, **6**, Birkhäuser, 1980.

[32] T. Matsuki, The orbits of affine symmetric spaces under the action of minimal parabolic subgroups, J. Math. Soc. Japan, **31** (1979), 331–357.

[33] 松島与三, 復刊リー環論, 共立出版, 2010.

[34] 村上信吾, 多様体, 共立出版, 第 2 版, 1989.

[35] M. S. Narasimhan and K. Okamoto, An analogue of the Borel-Weil-Bott theorem for hermitian symmetric pairs of non-compact type, Ann. of Math. (2), **91** (1970), 486–511.

[36] 西山 享, 多項式のラプソディー, 日本評論社, 1999.

[37] H. Rubenthaler, Les paires duales dans les algèbres de Lie réductives, Astérisque, **219** (1994).

[38] 齋藤正彦, 線型代数入門, 東京大学出版会, 1966.

[39] 佐武一郎, ある群拡大とユニタリ表現について, 数学 (日本数学会編集), **21** (1969), 241–253.

[40] 佐武一郎, 線型代数学, 裳華房, 新装版, 2015.

[41] I. Satake, *Algebraic structures of symmetric domains*, Iwanami Shoten, Tokyo; Princeton University Press, Princeton, N.J., 1980.

[42] 佐武一郎, [新版] リー環の話, 日本評論社, 2002.

[43] 佐藤 肇, リー代数入門 – 線形代数の続編として, 裳華房, 2000.

[44] W. Schmid and K. Vilonen, Characteristic cycles and wave front cycles of representations of reductive groups, Ann. of Math. (2), **151** (2000), 1071–1118.

[45] J. Sekiguchi, Remarks on real nilpotent orbits of a symmetric pair, J. Math. Soc. Japan, **39** (1987), 127-138.

[46] M. Sugiura, *Unitary representations and harmonic analysis: An introduction*, Kodansha, Tokyo; Halstead Press [John Wiley & Sons], New York-London-Sydney, 1975.

[47] R. Takahashi, Sur les représentations unitaires des groupes de Lorentz généralisés, Bulletin de la Société Mathématique de France, **91** (1963), 289–433.

[48] 高瀬幸一 (編集), 第 4 回整数論サマースクール報告集「Weil 表現入門」, 1996.

[49] 谷崎俊之, リー代数と量子群, 共立出版, 2002.

[50] N. Tatsuuma, H. Shimomura and T. Hirai, On group topologies and unitary representations of inductive limits of topological groups and the case of the group of diffeomorphisms, Journal of Mathematics of Kyoto University, **38** (1998), 551–578.

[51] M. Taylor, *Noncommutative harmonic analysis*, Mathematical Surveys and Monographs, **22**, Amer. Math. Soc., 1986.

[52] D.A. Vogan, Jr., The algebraic structure of the representation of semisimple Lie groups. I, Ann. of Math. (2), **109** (1979), 1–60.

[53] A. Weil, Sur certains groupes d'operateurs unitaires, Acta Math., **111** (1964), 143–211.

[54] 山内恭彦-杉浦光夫, 連続群論入門, 培風館, 新装版, 2010.

解　説

平井さんが山下さんと組んで表現論入門の続編を出した．

群の表現論は，フロベニウスらによる発生段階においては数論からの影響はあったが，代数学独自の動機，特に，群指標の研究に始まる．この時から粗く勘定してもすでに一世紀は経ったが，この主題が未だに人々の興味を引いて止まないのは，その後量子論を中心とする数理物理学や，かってはその対極にあるとみられていた保型関数論と密接に関係していることが分かってきたからであろう．特に，保型関数論は数論の一つの方法論，いやむしろその実体とも考えられている．この意味で，表現論はその原点に立ち戻っていると言える．

平井さんによる本書の第 I 部は，既刊の『線形代数と群の表現 I, II』に続いてこの理論の発生から今挙げた現代的興味との関連に至る所を，急がずゆっくりと実に丁寧に説明してくれる．

とは言っても，リー群や関数解析の一般論を延々と展開準備しておいて具体例は一刀両断というやり方ではなく，実例に応じてこの理論特有の考え方と技法を適宜紹介していくという方法をとっている．近頃の類書 (外国語のものも込めて) もこのようなやり方をとっているものが多いが，このやり方には著者の個性が強く反映されるようで，私自身は本書に最も親しみを感じ大いに楽しんだ．

もちろん，著者との 30 余年に亘《わた》る長いつき合いや，日本語で書かれているというのも一つの理由であろう．特に，我々の世代にとっては，各所に散りばめられた「閑話休題」のなかの著者自身の回想や，学問に対する態度，若い世代への感想などが，著者一流のオールドファッションドでありながら躍動的な語り口と相まって遥かなるノスタルジーに浸る快楽をもたらしてくれる．

前書でもそうであったが，物理学からの話題が近代の量子力学からの断片だけではなく，ニュートンの原典にまで遡っていることに，浅学の私など驚き (と恐怖さえ) を覚える (「閑話休題 4」)．

最後の章は，初めに言った保型関数論への表現論的入門で締め括られる．この短いページだけでもしっかり読み込めばこの分野のエッセンスが修得できるだろう．

というわけで，とにかく第 I 部を通読すれば，表現論の発生から今に至る道筋を，物理学や保型関数の見方を学びながら俯瞰できるだろう．

山下さんによる第 II 部は，より若い世代のこの分野のやり方を紹介したものである．第 I 部に比して，手法は全く「代数的」である．リー環 (または，リー代数．この呼び方についての蘊蓄《うんちく》は第 I 部「閑話休題 5」にある) というリー群の近似を与える代数系の表現論を展開する．この線型近似は，あまりにも良い近似であるので，この代数学を徹底的に行うことによって，元《もと》の群表現についての精密な情報が得られる．そしてしばしばこの方法でなければ得られない結果もまたある．

山下さんは，このような代数の技法の入門から始めて，最後にはヴェイユ表現と呼ばれている表現についての様々な結果を導いて見せる．これは，メタプレクティックという特別な群の特別な表現 (だから特別な人名ヴェイユが付いている (さらにシェイルという名前を付けることもある)) に同等なもので，元来は量子力学の基本に関係する主題である．したがって因《ちな》んだ名前ハイゼンベルグも登場する．しかも，この理論は元は関数解析的な議論 (ストーン・フォンノイマンの定理) を中心として得られたものであるが，何とこれが数論と繋がり保型関数論の表現論的扱いを強く促す動機ともなったのである．ヴェイユの寄与はここにあった．

回顧はこのくらいにして，第 II 部についてであるが，山下さんも主題に密着した着実な計算を基に明確な結果を提示している．理論展開も明快で心地よくスムーズに進んでいく．

鉛筆と紙を側に置いて追っていけば，もうすぐそこに只今発展中のお好みのテーマに関する種々の問題に取り掛かれるだろう．

2003 年 10 月

堀田 良之

(岡山理科大学理学部応用数学科 (当時))

新装版のあとがきに代えて

原著『表現論入門セミナー – 具体例から最先端にむかって』(遊星社, 2003) の出版から 20 年近くが経つ. 有り難いことに, 具体例・初歩からはじめて群の表現を特に物理学との関連で深く論じた第 I 部と, 研究の最先端を見据えてリー代数の表現を具体的に扱った第 II 部からなる原著は, 表現論への特色のある入門書として好意的に受け入れられてきた. ここ何年かは本の完売などによって新本が手に入らない状態が続いていたが, 今回, 装いを新たに再出版されることになった (第 I 巻「新装版へのまえがき」参照).

ここでは新装版のあとがきに代えて, 原著刊行後に出版された和書のなかから, 特に関係が深いものをいくつかピックアップして, 本書の先に広がる表現論の世界を垣間見ることにしよう. 文献一覧は本稿末尾に記す. なお, 第 I 巻著者のお任せにより本稿の作成は第 II 巻著者がお引き受けしました.

1. 本書第 1 章では, 表現論の創始者フロベニウスやその弟子シュアによる有限群の表現論, 特にシュアによる射影表現 (スピン表現) について対称群などを中心に具体的に扱った. その先に続くものとして第 I 巻著者による専門書 [平井 2018] が上梓されている. 同書では, スピン表現の初歩から, 対称群・交代群などの置換群, 複素鏡映群のスピン表現・スピン指標までを系統的に扱っている. さらには, 無限対称群に対する Vershik-Kerov 理論を大きく発展させ, 複素鏡映群の帰納的極限として得られる無限複素鏡映群の既約指標を完全に決定した著者たちによる最先端の研究について詳説している.

2. 本書第 6 章と第 9 章では, 3 次 Lorentz 群 $SO_0(2,1)$ の 2 重被覆群 $SL(2,\mathbb{R}) \cong SU(1,1)$ の既約表現の分類と構成について論じた (「新装版へのまえがき」参照). この話題に関係する図書として [杉浦 2018] がある. 原本は 1980 年頃に出版された上智大学数学講究録『ユニタリ表現入門 (上)(下)(杉浦光夫)』であるが, リー群の表現論における最近の発展についての解説 (小林俊行氏) や,現役世代の表現論研究者 8 名による研究コラム等を新たに盛り込み，現代的な視点で編集されている．この本では，$SL(2,\mathbb{R})$ の既約ユニタリ表現の分類には，高橋礼司先生による正定値球関数の分類が使われている．

3. n 次一般 Lorentz 群 $\mathrm{Spin}(n-1,1)$ の既約表現及び既約指標の分類・決定を主題とした [平井 2022] が近く刊行される．直交群の表現に対する Gelfand-Tsetlin 公式を用いた無限小解析によって得られた平井の分類は，1962 年に日本学士院紀要から発表され (第 II 巻引用文献 [13])，半単純リー群の無限次元表現論の初期における記念碑的成果として世界に認められてきた (第 II 巻「トピックス 6」参照)．論文発表から長き歳月を経たのちに，著者自身によるきっちりとした証明がつけられ，必要な基礎知識や関連する話題についても丁寧に著された書籍として世に出ることになった．

4. 本書第 10 章ではハイゼンベルグ群・ハイゼンベルグ代数の既約ユニタリ表現 (フォック表現) について具体的に取り扱い，冪零リー群の既約ユニタリ表現の分類・構成を与えるキリロフ軌道理論にも触れた (第 II 巻「トピックス 8」参照)．この方面では，指数型可解リー群のユニタリ表現に対する軌道の方法について詳述した本邦初の専門書 [藤原 2010] が出版されている．さらに同書では，冪零リー群の単項 (誘導) 表現における重複度の有限性が不変微分作用素代数の可換性によって特徴づけられるという「可換性予想」の解決など，著者による代表的な研究成果も詳しく扱われている．

5. [山下 2008] は第 II 巻著者による東京大学における集中講義の講義録である．簡約 (半単純) リー群の無限次元表現について，無限小解析の視点を踏まえてリー代数の表現論を代数幾何学的に扱っている．特に本書第 11 章で具体的に与えたヴェイユ表現の分岐則の一般化として，一方がコンパクトな簡約デュアルペアに関するテータ対応が，リー代数の冪零軌道が関わる表現の幾何学的不変量 (随伴多様体・等方表現) を用いて明瞭に理解できることが示されている．

最後に，本書が今後とも，特色のある入門書として，表現論に興味をもたれる読者諸氏のお役に立てることを心から願っている．

また，今回の出版に際しお世話になった日本評論社飯野玲氏・道本裕太氏に改めて感謝申し上げる．

2022 年 6 月

著者 (山下)

引用文献

[杉浦 2018] 杉浦光夫, ユニタリ表現入門 (杉浦光夫 著 / 小林俊行 解説 / 佐野茂 編), 東京図書, 2018.

[平井 2018] 平井 武, 群のスピン表現入門 – 初歩から対称群のスピン表現 (射影表現) を越えて, 数学の杜 **5**, 数学書房, 2018.

[平井 2022] 平井 武, リー群のユニタリ表現論, 共立講座「数学の輝き」から刊行予定, 共立出版.

[藤原 2010] 藤原英徳, 指数型可解リー群のユニタリ表現 – 軌道の方法, 数学の杜 **1**, 数学書房, 2010.

[山下 2008] 山下 博 (述), 阿部紀行 (記), 簡約リー群の表現と冪零軌道, 東京大学数理科学レクチャーノート **3**, 2008.

記号索引

記号

A

B

C

D

M

N

O

P

R

S

T

U

V

W

X

Z

事項索引

ア

カ

サ

タ

ナ

ハ

マ

ヤ

ラ

ワ

山下　博（やました・ひろし）

1959 年　京都府に生まれる
1987 年　京都大学大学院理学研究科数学専攻博士課程修了
京都大学理学部助手，
北海道大学大学院理学研究科助教授などを経て，
現　在　北海道大学大学院理学研究院特任教授，
北海道大学名誉教授

表現論入門《ひょうげんろんにゅうもん》セミナー　［新装版《しんそうばん》］　第《だい》II巻《かん》
リー代数《だいすう》と表現論《ひょうげんろん》

2022 年 9 月 25 日　第 1 版第 1 刷発行

著　者　山下　博
発行所　株式会社 日本評論社
〒170-8474 東京都豊島区南大塚 3-12-4
電話　(03) 3987-8621［販売］
(03) 3987-8599［編集］
印　刷　藤原印刷
製　本　井上製本所
装　丁　海保　透
図　版　関根恵子
組　版　澁谷清隆

ISBN978-4-535-78969-2